高职高专规划教材

高 等 数 学

孔祥华　主　编

苏丽红　安　然　副主编

金　俊　主　审

中国建筑工业出版社

图书在版编目(CIP)数据

高等数学/孔祥华主编. —北京：中国建筑工业出版社，
2009

高职高专规划教材
ISBN 978-7-112-11265-4

Ⅰ. 高⋯　Ⅱ. 孔⋯　Ⅲ. 高等数学—高等学校：技术
学校—教材　Ⅳ. O13

中国版本图书馆 CIP 数据核字(2009)第 151615 号

本书是高等职业教育课程改革示范教材之一。作者悉心研究了土建类高职高
专与各专业主要课程有关的高等数学的教学内容，精心选择了教材的内容，包括
基础模块、应用模块、MATLAB 数学软件使用模块。主要内容有：函数，函数的
极限与连续，导数与微分，导数的应用，不定积分，常微分方程基础，定积分及
其应用，多元函数微分学，二重积分、级数等。本书可作为高职高专土建类专业
通用数学教材，也可作为工程技术人员的参考用书。

* * *

责任编辑：朱首明　李　明
责任设计：董建平
责任校对：刘　钰　陈晶晶

高职高专规划教材

高 等 数 学

孔祥华　主　编
苏丽红　安　然　副主编
金　俊　主　审

*

中国建筑工业出版社出版、发行(北京西郊百万庄)
各地新华书店、建筑书店经销
北京天成排版公司制版
北京云浩印刷有限责任公司印刷

*

开本：787×1092 毫米　1/16　印张：13½　字数：328 千字
2009 年 9 月第一版　2014 年 6 月第三次印刷
定价：23.00 元
ISBN 978-7-112-11265-4
(18448)

前　言

　　本书是高职高专教育土建类专业的高等数学教材，在编写过程中，本书力图体现高等职业教育的办学理念，突出专业特色，具有以下特点：

　　一、实用性。本书依据教育部"高职高专高等数学教学的基本要求"制定了本教材的编写原则，"以应用为目的，以必需、够用为度"和少而精原则，内容力求简洁明了，通俗易懂，在保证科学性的基础上，注意讲清概念，减少理论证明，注重对学生应用基本运算能力和分析能力，解决问题能力的培养。

　　二、专业性。结合建筑类专业的特点及应用范围，本教材将高等数学知识与实际工程问题紧密结合起来，将真实专业案例引入教材，用高等数学知识解决专业实际问题，学以致用，使所学知识更有针对性，专业性，也充分激发了学生学习的积极性和主动性。

　　三、工具性。根据建筑类专业的应用内容，本教材在附录一、二中收录了大量的公式，包括三角函数等初等数学的内容，便于学生查找，解决实际工程问题。本教材在主要章节还引入了高等数学应用软件 MATLAB 的使用方法，使学生可以直接利用微机得出应用结果，大大方便了学生对高等数学知识的应用，使本教材成为一本真正的工具书。

　　本教材由黑龙江建筑职业技术学院孔祥华担任主编，苏丽红、安然担任副主编。第一、二、六章由孔祥华编写，第三章和第四章的第一、二、三、四、五、八节由安然编写，第五章、第八章和第九章第一节由刘春洁编写，第七章、第九章第二～八节由苏丽红编写，第四章第六、七节和附录1、2由杨晓华编写。全书由牡丹江师范学院金俊担任主审。

　　由于水平有限，书中难免存在一些缺点和不足之处，敬请广大师生、读者批评指正。

目　　录

第一章 函 数

常量与函数是微积分的基本研究对象，是高等数学学习的研究基础。在这一章里，我们将在中学代数关于函数知识的基础上来进一步讨论函数，对函数进行较系统的复习和深入的探讨，为今后的学习奠定基础。

第一节 函数的基本概念

一、集合、区间、邻域、常量与变量

1. 集合：

集合：指具有某种特定性质对象的全体。用 A、B 等表示。

元素：组成集合的对象称为集合的元素。用 a、b 等表示。

元素与集合的关系：a 在 A 中，说 a 属于 A，记为 $a \in A$，否则，$a \notin A$。集合有包含、相等关系，有并、交、差、余等运算。

2. 区间：

区间：介于两个数之间的数的全体组成的集合。

开区间：$(a, b) = \{x | a < x < b\}$；

闭区间：$[a, b] = \{x | a \leqslant x \leqslant b\}$；

半开半闭区间：$(a, b] = \{x | a < x \leqslant b\}$，$[a, b) = \{x | a \leqslant x < b\}$；

无限区间：$(a, +\infty) = \{x | x > a\}$，$(-\infty, b) = \{x | x < b\}$，$(-\infty, +\infty)$。

3. 邻域

以 a 为中心的任何开区间称为点 a 的邻域，记作 $U(a)$。

设 δ 是任一正数，则在开区间 $(a-\delta, a+\delta)$ 就是点 a 的一个邻域，这个邻域称为点 a 的 δ 邻域，记作 $U(a, \delta)$，即 $U(a, \delta) = \{x | a-\delta < x < a+\delta\}$。点 a 称为邻域的中心，δ 称为邻域的半径。

a 的 δ 邻域去掉中心 a 后，称为点 a 的去心 δ 邻域，有时把开区间 $(a-\delta, a)$ 称为 a 的左 δ 邻域，把开区间 $(a, a+\delta)$ 称为 a 的右 δ 邻域。

4. 常量与变量

在某过程中保持一定值的量为常量，可以取不同值的量为变量。

二、函数的概念

1. 定义

设 x 和 y 是两个变量，D 是一个给定数集。若对 $\forall x \in D$，y 按照一定法则，总有唯一确定的数值与之对应，则称 y 是 x 的函数，记为 $y = f(x)$，D 为定义域。

函数值的全体 $W = \{y | y = f(x), x \in D\}$ 为函数值域。

例如佛山市汽车站票价表（直达快车），站名按照表与票价一一对应。给出表中到站的

站名，就能查询到所需票价，则称票价是到站的函数。

到站	广州	深圳	阳江	……
票价	12	70	60	……

函数的表示方法有①解析法；②图示法；③表格法。

注：定义域与对应法则是函数的两个要素，它是判断两个函数是否相同的标准。

如：$f(x)=\dfrac{x-1}{x^2-1}$ 与 $g(x)=\dfrac{1}{x+1}$ 不同；

$\quad$ $f(x)=x$ 与 $g(x)=\sqrt{x^2}$ 不同；

$\quad$ $f(x)=\sin^2 x+\cos^2 x$ 与 $g(x)=1$ 相同；

$\quad$ $f(x)=x^2+1$ 与 $g(t)=t^2+1$ 相同。

2. 函数的定义域

(1) 实际问题中函数定义域由所讨论问题的实际意义来确定；

(2) 解析函数的定义域就是使该式子有意义的自变量的全体。

【例 1-1】 求下述函数的定义域：

1. $f(x)=\dfrac{1}{x-2}$

【解】 要使函数有意义，必须：

$x-2\neq 0$

即 $x\neq 2$

∴ 函数 $f(x)=\dfrac{1}{x-2}$ 的定义域是：

$\{x\mid x\neq 2\}$

2. $f(x)=\sqrt{3x+2}$

【解】 要使函数有意义，必须：

$3x+2\geqslant 0$

即 $x\geqslant -\dfrac{2}{3}$

∴ 函数 $f(x)=\sqrt{3x+2}$ 的定义域是：

$\left\{x\mid x\geqslant -\dfrac{2}{3}\right\}$

3. $f(x)=\dfrac{1}{1+\dfrac{1}{1+\dfrac{1}{x}}}$

【解】 要使函数有意义，必须：
$$\begin{cases} x\neq 0 \\ 1+\dfrac{1}{x}\neq 0 \\ 1+\dfrac{1}{1+\dfrac{1}{x}}\neq 0 \end{cases} \Rightarrow \begin{cases} x\neq 0 \\ x\neq -1 \\ x\neq -\dfrac{1}{2} \end{cases}$$

∴ 函数的定义域为：$\left\{x\mid x\in R\ \text{且}\ x\neq 0,\ -1,\ -\dfrac{1}{2}\right\}$

【例 1-2】 求下列函数的值域：

1. $y=\dfrac{x}{x+1}$

2. $f(x)=5+\sqrt{1-x}$

【解】 1. $y=\dfrac{x}{x+1}=\dfrac{x+1-1}{x+1}=1-\dfrac{1}{x+1}$ $\quad ∵\dfrac{1}{x+1}\neq 0$ $\quad ∴ y\neq 1$

即函数 $y=\dfrac{x}{x+1}$ 的值域是 $\{y\,|\,y\in R\ \text{且}\ y\neq1\}$

2. $f(x)=5+\sqrt{1-x}$ $\quad\because\sqrt{1-x}\in[0,\ +\infty)\quad\therefore f(x)\in[5,\ +\infty)$

即函数 $y=f(x)=5+\sqrt{1-x}$ 的值域是 $\{y\,|\,y\geqslant5\}$

三、函数的几种特性

1. 有界性

设有函数 $y=f(x)$，$x\in D$，$X\subset D$。若 $\exists M>0$，使对 $\forall x\in X$，有 $|f(x)|\leqslant M$，则称 $y=f(x)$ 在 X 上有界。若这样的 M 不存在（即对充分大的 $M>0$，都 $\exists x_1\in X$，使 $|f(x_1)|>M$），则称 $f(x)$ 在 X 上无界。

若 $X=D$，则称 $y=f(x)$ 为有界函数。有界函数在几何上可以用两条平行线（平行于 x 轴）夹住。如：$y=\sin x$ 在 $(-\infty,\ +\infty)$ 内有界；$f(x)=\dfrac{1}{x}$ 在 $(1,\ 2)$ 内有界，但在 $(0,\ 1)$ 内无界，由此知，有界与区间有关。

2. 单调性

设有函数 $y=f(x)$，$x\in D$，$I\subset D$。对 $\forall x_1<x_2\in I$，有 $f(x_1)<f(x_2)$，则称 $y=f(x)$ 在 I 上单调递增；若有 $f(x_1)>f(x_2)$，则称 $y=f(x)$ 在 I 上单调递减。

注意：单调性也与区间有关。如：$y=x^2$ 在 $(-\infty,\ +\infty)$ 内非单调，但在 $(0,\ +\infty)$ 内单调递增，在 $(-\infty,\ 0)$ 内单调递减。

【例 1-3】 证明 $y=x^3$ 在 $(-\infty,\ +\infty)$ 内单调递增。

【证明】 $\forall x_1<x_2\in(-\infty,\ +\infty)$，$x_2^3-x_1^3=(x_2-x_1)(x_2^2+x_1x_2+x_1^2)$，

当 x_1、x_2 同号时，右边二因子均正数，故 $x_2^3>x_1^3$；

当 x_1、x_2 异号时，$x_1^3<0$，$x_2^3>0$，故 $x_2^3>x_1^3$。

故对 $\forall x_1<x_2\in(-\infty,\ +\infty)$，有 $x_1^3<x_2^3$，所以 $f(x)$ 在 $(-\infty,\ +\infty)$ 内单调递增。

【例 1-4】 讨论函数 $f(x)=\sqrt{1-x^2}$ 的单调性。

【解】 定义域 $\{x\,|\,-1\leqslant x\leqslant1\}$，在 $[-1,\ 1]$ 上任取 x_1、x_2，且 $x_1<x_2$

则 $f(x_1)=\sqrt{1-x_1^2}\qquad f(x_2)=\sqrt{1-x_2^2}$

则 $f(x_1)-f(x_2)=\sqrt{1-x_1^2}-\sqrt{1-x_2^2}=\dfrac{(1-x_1^2)-(1-x_2^2)}{\sqrt{1-x_1^2}+\sqrt{1-x_2^2}}$

$$=\dfrac{x_2^2-x_1^2}{\sqrt{1-x_1^2}+\sqrt{1-x_2^2}}=\dfrac{(x_2+x_1)(x_2-x_1)}{\sqrt{1-x_1^2}+\sqrt{1-x_2^2}}$$

$\because x_1<x_2\quad\therefore x_2-x_1>0$ 另外，恒有 $\sqrt{1+x_1^2}+\sqrt{1+x_2^2}>0$

$\therefore$ 若 $-1\leqslant x_1<x_2\leqslant0$ 则 $x_1+x_2<0$ 则 $f(x_1)-f(x_2)<0$ $f(x_1)<f(x_2)$

若 $0<x_1<x_2\leqslant1$ 则 $x_1+x_2>0$ 则 $f(x_1)-f(x_2)>0$ $f(x_1)>f(x_2)$

$\therefore$ 在 $[-1,\ 0]$ 上 $f(x)$ 为增函数，在 $[0,\ 1]$ 上为减函数。

3. 奇偶性

设有函数 $f(x)$，$x=D=(-l,\ l)$。若对 $\forall x\in D$，有 $f(-x)=f(x)$，则称 $f(x)$ 为偶函数；若对 $\forall x\in D$，有 $f(-x)=-f(x)$，则称 $f(x)$ 为奇函数。

如：$f(x)=x^2$ 是偶函数，$f(x)=x^3$ 为奇函数；不满足上述两条的为非奇非偶函数，

3

如 $f(x)=x^2+x$。

注：奇函数的图形对称于原点，偶函数的图形对称于 y 轴。函数具有奇偶性时，其定义域必定是关于原点对称的。

【例 1-5】 讨论下述函数的奇偶性：

1. $f(x)=\dfrac{\sqrt{16^x+1}+2^x}{2^x}$

2. $f(x)=(x-1)\sqrt{\dfrac{1+x}{1-x}}$

3. $f(x)=\begin{cases}x^2+x & (x<0) \\ x-x^2 & (x>0)\end{cases}$

【解】 1. 函数定义域为 R，

$$f(-x)=\frac{\sqrt{16^{-x}+1}+2^{-x}}{2^{-x}}=2^x\sqrt{\frac{1}{16^x}+1}+1=2^x\cdot\frac{\sqrt{1+16^x}}{4^x}+1=\frac{\sqrt{16^x+1}+2^x}{2^x}=f(x)，$$

$\therefore f(x)$ 为偶函数

2. 定义域： $\begin{cases}1-x\neq0 \\ \dfrac{1+x}{1-x}\geqslant0\end{cases}\Rightarrow -1\leqslant x<1$ 　关于原点非对称区间

$\therefore$ 此函数为非奇非偶函数

3. 显然定义域关于原点对称

当 $x>0$ 时，$-x<0$　$f(-x)=x^2-x=-(x-x^2)$

当 $x<0$ 时，$-x>0$　$f(-x)=-x-x^2=-(x^2+x)$

即：$f(-x)=\begin{cases}-(x^2+x) & (x<0) \\ -(x-x^2) & (x>0)\end{cases}=-f(x)$

$\therefore$ 此函数为奇函数

4. 周期性

设有函数 $y=f(x)$，$x\in D$。若 $\exists l\neq0$ 使 $f(x+l)=f(x)(x，x\pm l\in D)$，则称 $f(x)$ 为周期函数，l 为周期。（注：本书周期函数的周期均指最小正周期）

如：$y=\sin x$，$y=\cos x$ 的周期为 2π，$y=\cos 4x$ 的周期为 $\dfrac{\pi}{2}$。

第二节　基本初等函数、初等函数

一、基本初等函数

红、黄、绿是色彩的"三原色"，由它们便可派生出更多的色彩，构成了我们五彩缤纷的大千世界；幂函数、指数函数、对数函数、三角函数、反三角函数便是函数领域的"三原色"，由它们便可衍生出我们所要研究的所有函数。（我们把幂函数 $y=x^a$（a 为实数），指数函数 $y=a^x$（$a>0$ 且 $a\neq1$）、对数函数 $y=\log_a x$（$a>0$ 且 $a\neq1$）、三角函数和反三角函数统称为基本初等函数）。在中学阶段，我们对这五类函数已系统学习过，现把这五类函数复习一下。

1. 常数函数

$y=c$（c 是常数）

2. 幂函数

(1) 形如 $y=x^a$，a 为常数。

(2) 幂函数的定义域、值域、几何特性依 a 的取值而定。

如 a 取以下值：

$y=x^a$	$y=x^2$	$y=x^{-2}=\dfrac{1}{x^2}$	$y=x^{\frac{1}{2}}=\sqrt{x}$	$y=x^3$
D_f	$x\in R$	$x\neq 0$	$x\geqslant 0$	$x\in R$
D_R	$y\geqslant 0$	$y>0$	$y\geqslant 0$	$y\in R$
几何特性	偶函数	偶函数	单调增	奇函数，单调增

(3) 运算法则（a，b 为正整数）

1）$x^{-a}=\dfrac{1}{x^a}$；

2）$x^{\frac{b}{a}}=\sqrt[a]{x^b}$；

3）$x^a x^b=x^{a+b}$；

4）$x^a \div x^b=x^{a-b}$；

5）$(x^a)^b=x^{ab}$。

3. 指数函数

(1) 形如 $y=a^x(a>0$ 且 $a\neq 1)$。

(2) $x\in R$，$y>0$

(3) 当 $x=0$ 时，$y=1$，则图象一定过点 $(0，1)$。

(4) 几何特性。单调性 $\begin{cases} 0<a<1 & \text{单调减} \\ a>1 & \text{单调增} \end{cases}$

(5) 图象。

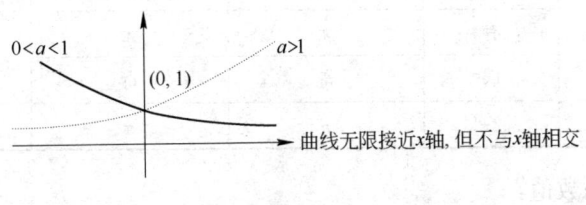

图 1-1

(6) 运算法则（同幂函数）。

4. 对数函数

(1) 形如 $y=\log_a x$ $(a>0$ 且 $a\neq 1)$。

(2) $x>0$，$y\in R$。

(3) 当 $x=1$ 时，$y=0$，则图象一定过点 $(1，0)$；

当 $x=a$ 时，$y=1$。

(4) 几何特性。单调性 $\begin{cases} 0<a<1 & \text{单调减} \\ a>1 & \text{单调增} \end{cases}$

(5) 图象：

5

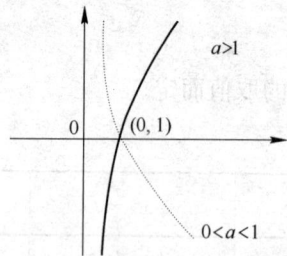

曲线无限接近y轴，但不与y轴相交

图 1-2

（6）两种特殊的对数：

1）当 $a=10$ 时，$y=\log_{10}x=\lg x$（常用对数）

2）当 $a=e$ 时，$y=\log_e x=\ln x$（自然对数，$e \approx 2.718$）

（7）运算法则：

1）$\log_a xy = \log_a x + \log_a y$；

2）$\log_a \dfrac{x}{y} = \log_a x - \log_a y$；

3）$\log_a x^y = y\log_a x$。

5．三角函数

$$y=\sin x \quad y=\cos x \quad y=\tan x \quad y=\cot x \quad y=\sec x \quad y=\csc x$$

$y=f(x)$	$\sin x$ 正弦	$\cos x$ 余弦	$\tan x$ 正切	$\cot x$ 余切	$\sec x$ 正割	$\csc x$ 余割
D_f	$x \in R$	$x \in R$	$x \neq k\pi \pm \dfrac{\pi}{2}$（90°的奇数倍）	$x \neq k\pi$（90°的偶数倍）	—	—
D_R	$-1 \leqslant y \leqslant 1$	$-1 \leqslant y \leqslant 1$	$y \in R$	$y \in R$	—	—
单调性	无	无	单调增	单调减	—	—
有界性	有	有	无	无	—	—
奇偶性	奇	偶	奇	奇	—	—
周期性	2π	2π	π	π	—	—

特殊角的三角函数值：

角度	0°	30°	45°	60°	90°
弧度	0	$\dfrac{\pi}{6}$	$\dfrac{\pi}{4}$	$\dfrac{\pi}{3}$	$\dfrac{\pi}{2}$
$\sin x$	0	$\dfrac{1}{2}$	$\dfrac{\sqrt{2}}{2}$	$\dfrac{\sqrt{3}}{2}$	1
$\cos x$	1	$\dfrac{\sqrt{3}}{2}$	$\dfrac{\sqrt{2}}{2}$	$\dfrac{1}{2}$	0
$\tan x$	0	$\dfrac{\sqrt{3}}{3}$	1	$\sqrt{3}$	不存在
$\cot x$	不存在	$\sqrt{3}$	1	$\dfrac{\sqrt{3}}{3}$	0

图象：

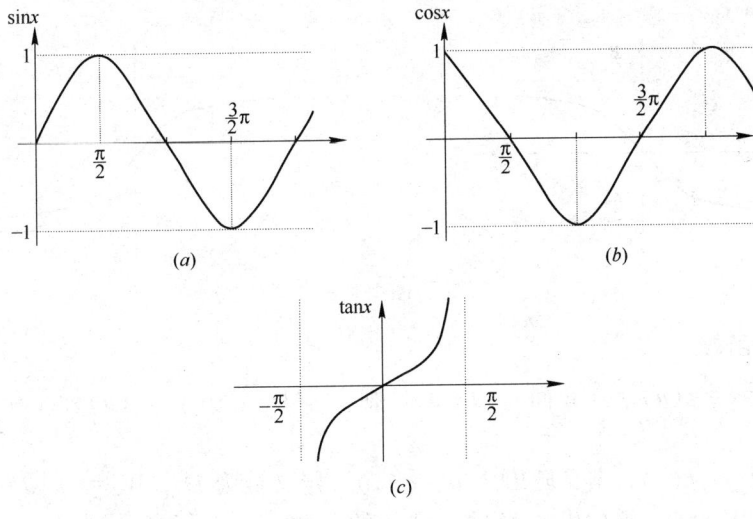

图 1-3

常用公式：

$$\sec x = \frac{1}{\cos x}$$

$$\csc x = \frac{1}{\sin x}$$

$$\tan x = \frac{\sin x}{\cos x}$$

$$\cot x = \frac{\cos x}{\sin x}$$

$$\sin^2 x + \cos^2 x = 1$$

$$1 + \tan^2 x = \sec^2 x$$

$$1 + \cot^2 x = \csc^2 x$$

$$\sin 2x = 2\sin x \cos x$$

$$\cos 2x = \cos^2 x - \sin^2 x$$

$$= 2\cos^2 x - 1$$

$$= 1 - 2\sin^2 x$$

半角公式 $\begin{cases} \sin^2 \dfrac{x}{2} = \dfrac{1-\cos x}{2} \\ \cos^2 \dfrac{x}{2} = \dfrac{1+\cos x}{2} \end{cases}$

两种特殊的三角形式求周期：

(1) $y = A\sin(\omega x + \theta)$，$T = \dfrac{2\pi}{|\omega|}$ (2) $y = |\sin x|$，$T = \pi$

6. 反三角函数

$$y = \arcsin x \quad y = \arccos x \quad y = \arctan x \quad y = \operatorname{arccot} x$$

函数	定义域	值域	有界性	奇偶性	增减性
$y = \arcsin x$	$[-1,\ 1]$	$\left[-\dfrac{\pi}{2},\ \dfrac{\pi}{2}\right]$	有界	奇函数	增函数
$y = \arccos x$	$[-1,\ 1]$	$[0,\ \pi]$	有界	非奇非偶函数	减函数
$y = \arctan x$	$(-\infty,\ +\infty)$	$\left(-\dfrac{\pi}{2},\ \dfrac{\pi}{2}\right)$	有界	奇函数	增函数
$y = \operatorname{arccot} x$	$(-\infty,\ +\infty)$	$(0,\ \pi)$	有界	非奇非偶函数	减函数

图象：

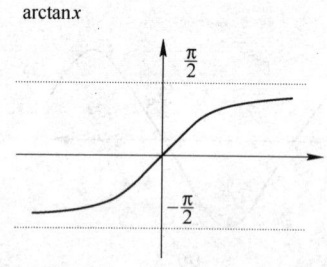
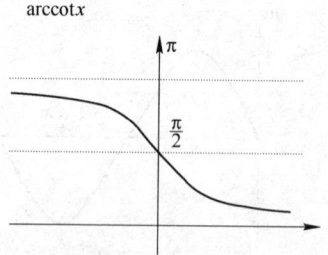

图 1-4

二、复合函数

引例：设 $y=f(u)=\sqrt{u}$，而 $u=1-x^2$，则 $y=\sqrt{1-x^2}$ 由 $y=f(u)=\sqrt{u}$ 和 $u=1-x^2$ 复合而成。

定义 设 $y=f(u)$，定义域 D_1，$u=\varphi(x)$，定义域为 D_2，$W_2=\{u|u=\varphi(x)，x\in D_2\}$。若 $D_1\bigcap W_2\neq\Phi$，则称由 x 经过 u 到 y 的函数，$y=f[\varphi(x)]$ 为由 $y=f(u)$、$u=\varphi(x)$ 复合而成的复合函数，u 称为中间变量。

注意：交非空是检验两个函数能否复合的根据。另外，复合过程也可以为多次。

例如 $y=f(u)=u^2$，$u=\varphi(x)=\sin x$，可以复合成 $y=\sin^2 x$，而 $y=\arcsin u$，$u=2+x^2$ 不可以复合，集合 $D_1=[-1，1]$，$W_2=[2，+\infty)$ 交为空。

复合函数的分解：

【例 1-6】 分解下列函数为简单函数（请读者自行完成）：

1. $y=\text{arccot}\dfrac{1}{x^2}$；   2. $y=\log_a\sqrt{x}$；   3. $y=5^{\sin(2x+1)^2}$

三、分段函数

在自变量的不同变化范围中，对应法则用不同式子来表示的函数称为分段函数。

如：$f(x)=\begin{cases}1，& x>0\\ x，& x\leqslant 0\end{cases}$ 的定义域为 $(-\infty，+\infty)$；

$y=|x|=\begin{cases}x，& x\geqslant 0\\ -x，& x<0\end{cases}$ 的定义域为 $(-\infty，+\infty)$。

下面介绍两种典型的分段函数。

【例 1-7】 $y=\text{sgn}x=\begin{cases}1，& x>0\\ 0，& x=0\\ -1，& x<0\end{cases}$ 定义域 $D_f=(-\infty，+\infty)$，值域 $D_R=\{-1，0，1\}$。

【例 1-8】 $y=[x]$，表示不超过 x 的最大整数。

如：$[\sqrt{2}]=1$，$[\pi]=3$，$[-1]=-1$，$[-3.5]=-4$。定义域 $D_f=(-\infty，+\infty)$，值域 $D_R=Z$。

四、初等函数

由基本初等函数经过有限次四则运算和有限次复合而成的并且可以用一个式子表示的函数叫初等函数。如：$y=\sqrt{1-x^2}$，$y=\sqrt[3]{\cot\dfrac{x}{2}}$ 等。

初等函数是用一个表达式表示的函数，分段函数一般不是初等函数。

显然，基本初等函数是初等函数的特殊情况。

第三节　函数在工程技术中的应用举例

函数在生产生活中随处可见，例如银行利息的计算、股票曲线等等都是与我们息息相关的，在这里，仅仅用以下几种具体的例子做代表，让读者们了解函数在某些领域内的作用。

一、函数在电工学中的应用

【例 1-9】　某正弦电流的频率为 20Hz，有效值为 $5\sqrt{2}$A，在 $t=0$ 时，电流的瞬时值为 5A，且此时刻电流在增加，求该电流的瞬时值表达式。

【解】　$\omega=2\pi f=40\pi$

$i=5\sqrt{2}\times\sqrt{2}\sin(40\pi t+\psi)=10\sin(40\pi t+\psi)$A

$t=0$ 时，$i=10\sin\psi=5$A　$\therefore\psi=30°$

$\therefore i=10\sin(40\pi t+30°)$A

【例 1-10】　在图 1-5 所示的相量图中，已知 $U=220$V，$I_1=10$A，$I_2=5\sqrt{2}$A，它们的角频率是 ω，试写出各正弦量的瞬时值表达式及其相量。

【解】　$u=220\sqrt{2}\sin\omega t$V

$$i_1=10\sqrt{2}\sin(\omega t+90°)\text{A}$$

$$i_2=10\sin(\omega t-45°)\text{A}$$

$$\dot{U}=220\angle 0°\text{V}$$

$$\dot{I}_1=10\angle 90°\text{A}$$

$$\dot{I}_2=5\sqrt{2}\angle-45°\text{A}$$

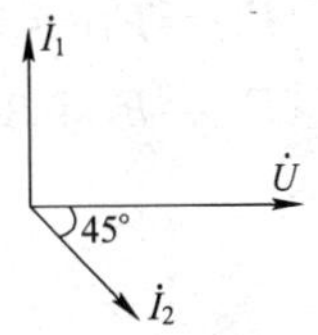

图 1-5

【例 1-11】　某单相 50Hz 的交流电源，其额定容量为 $S_N=40$kVA，额定电压 $U_N=220$V，供给照明电路，若负载都是 40W 的日光灯（可认为是 RL 串联电路），其功率因数为 0.5，试求：

1. 日光灯最多可点多少盏？

2. 用补偿电容将功率因数提高到 1，这时电路的总电流是多少？需用多大的补偿电容？

3. 功率因数提高到 1 以后，除供给以上日光灯外，若保持电源在额定情况下工作，还可多点 40W 的白炽灯多少盏？

【解】

1. $n_1=\dfrac{S_N\cos\varphi_1}{p_{\text{日光灯}}}=\dfrac{40\times1000\times0.5}{40}=500$ 盏

2. $P=UI=40n_1$

$\therefore I=(40\times500)/U=20000/220=90.9$A

$\because\cos\varphi_1=0.5\therefore\varphi_1=60°$

$\because\cos\varphi_2=1\therefore\varphi_2=0°$

$$C=\frac{P(\tan\varphi_1-\tan\varphi_2)}{2\pi fU^2}=\frac{20000(\tan60°-\tan0°)}{2\times3.14\times50\times220^2}=2280\mu F$$

3. $n_2=\dfrac{S_N\cos\varphi_2}{40}-n_1=\dfrac{40\times1000\cos0°}{40}-500=500$ 盏

二、函数在建筑工程测量中的应用

【例1-12】 已知 $x_P=370.000m$，$y_P=458.000m$，$x_A=348.758m$，$y_A=433.570m$，$\alpha_{AB}=103°48'48''$，试计算测设数据 β 和 D_{AP}。

【解】 $\alpha_{AP}=\arctan\dfrac{\Delta y_{AP}}{\Delta x_{AP}}=\arctan\dfrac{458.000m-433.570m}{370.000m-348.758m}=48°59'34''$

$$\beta=\alpha_{AB}-\alpha_{AP}=103°48'48''-48°59'34''=54°49'14''$$

$$D_{AP}=\sqrt{(370.000m-348.758m)^2+(458.000m-433.570m)^2}=32.374m$$

【例1-13】 在测站 A 进行视距测量，仪器高 $i=1.52m$，照准 B 点时，中丝读数 $l=1.96m$，视距间隔为 $n=0.935m$，竖直角 $\alpha=-3°12'$，求 AB 的水平距离 D 及高差 h。

【解】 $D_{AB}=Kn\cos^2\alpha=100\times0.935\times\cos^2(-3°27')=93.16m$

$$h=\frac{1}{2}Kn\sin2\alpha+i-v=\frac{1}{2}\times100\times0.935\times\sin[2\times(-3°27')]+1.52-1.96=-6.06m$$

三、函数在工程力学中的应用

【例1-14】 用解析法求图1-6所示汇交力系的合力。

【解】

$$\begin{cases}F_{1x}=F_1\cos30°\\F_{1y}=F_1\sin30°\end{cases};\begin{cases}F_{2x}=-F_2\cos60°\\F_{2y}=F_2\sin60°\end{cases};\begin{cases}F_{3x}=-F_3\cos45°\\F_{3y}=-F_3\sin45°\end{cases};\begin{cases}F_{4x}=F_4\cos45°\\F_{4y}=-F_4\sin45°\end{cases};$$

$$\begin{cases}F_{Rx}=\sum F_x=129.3N\\F_{Ry}=\sum F_y=112.3N\end{cases};$$

$$F_R=\sqrt{F_{Rx}^2+F_{Ry}^2}=171.3N$$

$$\alpha=\operatorname{arctg}\frac{F_{Ry}}{F_{Rx}}=\operatorname{arctg}\frac{112.3}{129.3}=40.975°$$

【例1-15】 图1-7所示长方体的边长分别为2m，4m，和3m。在原点作用沿对角线 OP 的力 F 的大小为50N。试确定该力在三个坐标轴上的投影。并以单位矢量 i、j、k 表示该力。

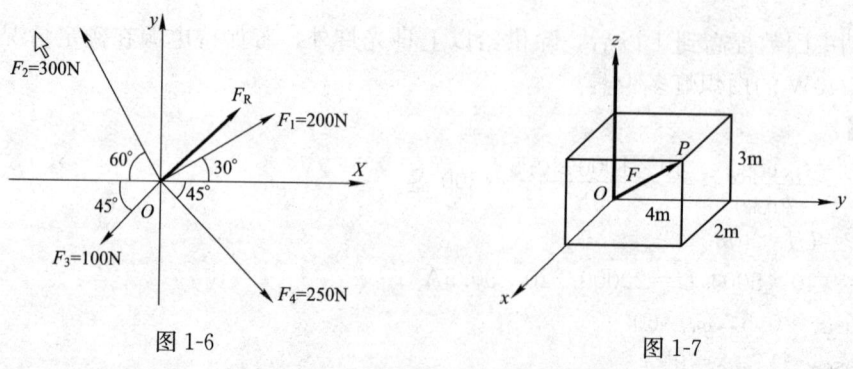

图1-6   图1-7

【解】

$$\cos\alpha = \frac{2}{\sqrt{2^2+3^2+4^2}} = \frac{2}{\sqrt{29}}$$

$$\cos\beta = \frac{4}{\sqrt{2^2+3^2+4^2}} = \frac{4}{\sqrt{29}}$$

$$\cos\gamma = \frac{3}{\sqrt{2^2+3^2+4^2}} = \frac{3}{\sqrt{29}}$$

$$F_x = F\cos\alpha = 50 \times \frac{2}{\sqrt{29}} = 18.6\text{N}$$

$$F_y = F\cos\beta = 50 \times \frac{4}{\sqrt{29}} = 37.1\text{N}$$

$$F_z = F\cos\gamma = 50 \times \frac{3}{\sqrt{29}} = 27.9\text{N}$$

$$\vec{F} = F_x\vec{i} + F_y\vec{j} + F_z\vec{k} = 18.6\vec{i} + 37.1\vec{j} + 27.9\vec{k}$$

第四节　利用 MATLAB 计算函数

数学实验是大学数学教学改革的内容。该内容的开设使得学生学会使用计算机中的数学软件去做计算和研究工作，而不再是花大量的时间去钻研计算技巧。本节介绍用 MATLAB 软件进行数学实验的方法。

在 MATLAB 下进行基本数学运算，只需将运算式直接打入提示号"≫"之后，并按入 Enter 键即可。

【例 1-16】　求解 $[12+2\times(7-4)]\div 3^3$。

【解】

≫(12+2*(7−4))/3^3

　ans＝0.6667

MATLAB 会将运算结果直接存入一变数 ans，代表 MATLAB 运算后的答案（Answer），并显示其数值于荧幕上。由上例可知，MATLAB 认识所有一般常用到的加（＋）、减（一）、乘（＊）、除（/）以及幂次运算（^）等数学运算符号。

注：

"≫"是 MATLAB 的提示符号（Prompt），但在 PC 中文视窗系统下，由于编码方式不同，此提示符号常会消失不见，但这并不会影响到 MATLAB 的运算结果。

若不想让 MATLAB 每次都显示运算结果，只需在运算式最后加上分号即可，如下例：

y＝sin(10)＊exp(−0.3＊4^2);

若要显示变数 y 的值，直接键入 y 即可：

≫y

y＝

－0.0045

在上例中，sin 是正弦函数，exp 是指数函数，这些都是 MATLAB 常用的数学函数。下表即为 MATLAB 常用的基本数学函数及三角函数：

MATLAB 常用的基本数学函数	
abs(x)	纯量的绝对值或向量的长度
angle(z)	复数 z 的相角（Phase angle）
sqrt(x)	开平方
real(z)	复数 z 的实部
imag(z)	复数 z 的虚部
conj(z)	复数 z 的共轭复数
round(x)	四舍五入至最近整数
fix(x)	无论正负，舍去小数至最近整数
floor(x)	地板函数，即舍去正小数至最近整数
ceil(x)	顶棚函数，即加入正小数至最近整数
rat(x)	将实数 x 化为分数表示
rats(x)	将实数 x 化为多项分数展开
sign(x)	符号函数（Signum function） 当 $x<0$ 时，$sign(x)=-1$ 当 $x=0$ 时，$sign(x)=0$ 当 $x>0$ 时，$sign(x)=1$
rem(x, y)	求 x 除以 y 的余数
gcd(x, y)	整数 x 和 y 的最大公因数
lcm(x, y)	整数 x 和 y 的最小公倍数
exp(x)	自然指数 e^x
pow2(x)	2 的指数 2^x
log(x)	以 e 为底的对数，即自然对数或 $ln(x)$
log2(x)	以 2 为底的对数 $log_2(x)$
log10(x)	以 10 为底的对数 $log_{10}(x)$
MATLAB 常用的三角函数	
sin(x)	正弦函数
cos(x)	余弦函数
tan(x)	正切函数
asin(x)	反正弦函数
acos(x)	反余弦函数
atan(x)	反正切函数
atan2(x, y)	四象限的反正切函数

MATLAB常用的三角函数	
sinh(x)	超越正弦函数
cosh(x)	超越余弦函数
tanh(x)	超越正切函数
asinh(x)	反超越正弦函数
acosh(x)	反超越余弦函数
atanh(x)	反超越正切函数

【例 1-17】 设 $a=5.67$，$b=7.811$，计算 $\dfrac{e^{(a+b)}}{\log_{10}^{(a+b)}}$。

【解】

≫$a=5.67$；$b=7.811$；

≫exp($a+b$)/log10($a+b$)

　ans＝

　6.3351e＋005

【例 1-18】 已知函数 $f(x)=\begin{cases} x+1, & -1\leqslant x<0 \\ 1, & 0\leqslant x<1 \\ x^3, & 1\leqslant x\leqslant 2 \end{cases}$ ，计算 $f(-0.5)$，$f(0.5)$，$f(1.5)$

并画出该函数的曲线图。（图 1-8）

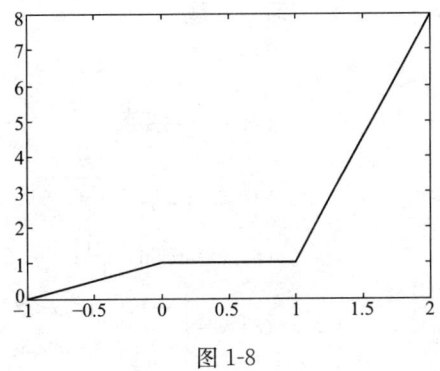

图 1-8

【解】 程序：

```
clear;
y=[];
for x=-1:0.1:2
    if  x>=-1&x<0
        y=[y,x+1];
    if  x==-0.5
        f0=x+1
    end
elseif  x>=0&x<1
```

```
            y=[y,1];
    if     x==0.5
                f=1
        end
else
        y=[y,x^3];
    if     x==1.5
                f2=x^3
                end
                end

    end
x=-1:0.1:2
plot(x,y)
```
运行结果

f0=

  0.5000

f1=

  1

f2=

  3.3750

习　题

1. 求下列函数的定义域

(1) $y=\dfrac{1}{x^2-1}$；

(2) $y=\sqrt{x+3}$；

(3) $y=\dfrac{2}{x^2-3x-4}$；

(4) $y=\dfrac{5}{1-x^2}+\sqrt{x-2}$；

(5) $y=\ln(5-x)$；

(6) $y=\arcsin\dfrac{x+1}{3}$；

(7) $y=\begin{cases}2x-1, & x<0 \\ x^2, & x\geqslant0\end{cases}$；

(8) $y=\begin{cases}-1, & 1\leqslant x<2 \\ x+1, & 2\leqslant x\leqslant3\end{cases}$。

2. 设 $f(x)=x^2-3x+2$，求 $f(0)$、$f(-2)$、$f(a)$、$f(x^2-5)$。

3. 设 $f(x)=\begin{cases}x-1, & x<0 \\ x^2+3, & x\geqslant0\end{cases}$，求 $f(-1)$、$f(0)$、$f(1)$。

4. 下列各组函数中，哪些是同一函数？为什么？

(1) $y=\lg x^4$ 与 $y=3\lg x$；

(2) $y=\lg x^3$ 与 $y=3\lg x$；

(3) $y=x$ 与 $y=\sqrt{x^2}$；

(4) $y=x^2+1$ 与 $f(x)=x^2+1$；

(5) $y=1-5x$ 与 $s=1-5t$。

5. 判断下列函数的奇偶性

(1) $y=x^2(1-x^2)$；

(2) $y=x+2\sin x$；

(3) $y=\sin x+\cos x$;

(4) $y=2x^3-3x^2+5x$;

(5) $y=\ln(\sqrt{1+x^2}-x)$;

(6) $y=\dfrac{e^{-x}-1}{e^{-x}+1}$。

6. 求下列函数的反函数

(1) $y=\sqrt{x+2}$;

(2) $y=\dfrac{x-2}{x+2}$;

(3) $y=1+\ln(x-1)$。

7. 求下列函数的复合函数

(1) $y=u^3$, $u=\sin x$;

(2) $y=\sin u$, $u=3x^2$;

(3) $y=\sqrt{u}$, $u=2-x^2$;

(4) $y=e^u$, $u=\sin v$, $v=2x-1$。

8. 将下列函数分解成较简单函数

(1) $y=\sqrt{x+2}$;

(2) $y=e^{x^2-1}$;

(3) $y=\sin[\tan(2x-1)]$;

(4) $y=\lg(\arccos\sqrt{2+x})$;

(5) $y=\sin^2(3x+5)$;

(6) $y=\dfrac{1}{1-\sqrt{\tan x}}$。

9. 设 $f(x+2)=x^2-2x-3$，求 $f(x)$、$f[f(1)]$。

第二章　函数的极限与连续

第一节　极限的概念

极限是与一些量的精确值有关的，它研究的是在自变量的某个变化过程中，函数的变化趋势。下面，我们将就函数在自变量的不同变化过程中的变化趋势分别加以讨论函数的极限。

一、$x \rightarrow x_0$ 时函数 $f(x)$ 的极限情形

定义 2.1 设函数 $y = f(x)$ 在 x_0 的某一邻域内有定义，如果当 x 无限趋向于 x_0（但不等于 x_0 时），函数 $y = f(x)$ 无限趋向于某一个常数 A，则称 A 为函数 $y = f(x)$ 当 $x \rightarrow x_0$ 时的极限，记作 $\lim\limits_{x \rightarrow x_0} f(x) = A$ 或 $f(x) \rightarrow A (x \rightarrow x_0)$。

【例 2-1】 求函数 $f(x) = x^2 + 1$ 当 $x \rightarrow 1$ 时的极限。

【解】 当 $x \rightarrow 1$ 时，$f(x) = x^2 + 1$ 的值无限趋向于 2，所以 $\lim\limits_{x \rightarrow 1} (x^2 + 1) = 2$。

【例 2-2】 求 $\lim\limits_{x \rightarrow 1} \dfrac{2x^2 - 2}{x - 1}$ 当 $x \rightarrow 1$ 时的极限。

【解】 当 $x = 1$ 时，此函数无定义，但当 $x \rightarrow 1 (x \neq 1)$ 时有 $\dfrac{2x^2 - 2}{x - 1} = 2(x + 1)$，所以 $\lim\limits_{x \rightarrow 1} \dfrac{2x^2 - 2}{x - 1} = \lim\limits_{x \rightarrow 1} 2(x + 1) = 4$。

极限定义中对于 x 如何趋向于 x_0 没有限制，即 x 可以任意地趋向于 x_0。有时我们只要考虑 x 从 x_0 的左侧或从 x_0 的右侧趋向于 x_0，这就产生了左极限和右极限的概念。

定义 2.2 若 x 小于 x_0 而趋向于 x_0（记为 $x \rightarrow x_0^-$）时，$f(x)$ 趋向于数 A，则称 A 为当 $x \rightarrow x_0$ 时 $f(x)$ 的左极限，或简称 $f(x)$ 在 x_0 处的左极限为 A。记为 $\lim\limits_{x \rightarrow x_0^-} f(x) = A$ 或 $f(x_0 - 0) = A$。

若 x 大于 x_0 而趋向于 x_0（记为 $x \rightarrow x_0^+$）时，$f(x)$ 趋向于数 A，则称 A 为当 $x \rightarrow x_0$ 时 $f(x)$ 的右极限，或简称 $f(x)$ 在 x_0 处的右极限为 A。记为 $\lim\limits_{x \rightarrow x_0^+} f(x) = A$ 或 $f(x_0 + 0) = A$。左极限和右极限统称单侧极限。

定理 2.1 $\lim\limits_{x \rightarrow x_0} f(x) = A \Leftrightarrow \lim\limits_{x \rightarrow x_0^+} f(x) = \lim\limits_{x \rightarrow x_0^-} f(x) = A$，即 $f(x)$ 在 x_0 处的左右极限都存在并且相等。

【例 2-3】 试求函数 $f(x) = \begin{cases} x + 1, & -\infty < x < 0 \\ x^2, & 0 \leqslant x \leqslant 1 \\ 1, & x > 1 \end{cases}$ 在 $x = 0$ 和 $x = 1$ 处的极限。

【解】 1. 因为

$$\lim_{x \to 0^-} f(x) = \lim_{x \to 0^-} (x+1) = 1$$
$$\lim_{x \to 0^+} f(x) = \lim_{x \to 0^+} x^2 = 0$$

（以上两个极限均可用极限定义加以验证）即 $f(x)$ 在 $x=0$ 处的左、右极限不相等，所以在 $x=0$ 处的极限不存在。

2. 因为
$$\lim_{x \to 1^-} f(x) = \lim_{x \to 1^-} x^2 = 1$$
$$\lim_{x \to 1^+} f(x) = \lim_{x \to 1^+} 1 = 1$$

即 $f(x)$ 在 $x=1$ 处的左、右极限相等，所以在 $x=1$ 处的极限存在且为 1（以上极限可用极限定义加以验证）。

自变量 x 除了 $x \to x_0$ 的变化过程之外，还有其绝对值无限增大（记为 $x \to \infty$）的变化过程，下面我们将讨论这种情形。

二、$x \to \infty$ 时函数 $f(x)$ 的极限

$x \to \infty$ 有两种情况，一种是 $x > 0$ 无限增大时，记作 $x \to +\infty$；一种是 $x < 0$ 无限减少时，记作 $x \to -\infty$。

定义 2.3 对于函数 $y = f(x)$，若当自变量 x 绝对值无限增大（即 $x \to \infty$）时，函数 $y = f(x)$ 无限趋向于某一个常数 A，则称 A 为 $f(x)$ 当 $x \to \infty$ 时的极限。记作 $\lim\limits_{x \to \infty} f(x) = A$ 或 $f(x) \to A(x \to \infty)$。$\lim\limits_{x \to \infty} f(x) = A$ 的几何意义是随 $|x|$ 的无限增大，曲线 $y = f(x)$ 上的点与曲线 $y = A$ 无限靠近，如图 2-1。

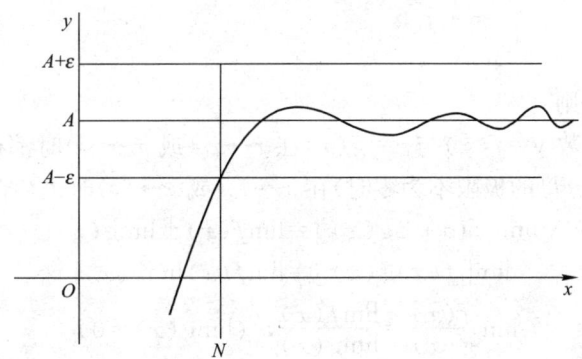

图 2-1

【例 2-4】 求当 $x \to \infty$ 时，函数 $f(x) = \dfrac{1}{x} - 3$ 的极限。

【解】 因为 $\dfrac{1}{x}$ 当 $x \to \infty$ 时为 0，所以函数 $f(x) = \dfrac{1}{x} - 3$ 无限趋向于 -3，即
$$\lim_{x \to \infty} f\left(\frac{1}{x} - 3\right) = -3$$

【例 2-5】 求 $\lim\limits_{x \to -\infty} e^x$。

【解】 因为当 $x \to -\infty$，$e^{-\infty} \to 0$

所以 $\lim\limits_{x \to -\infty} e^x = 0$

【例 2-6】 求 $\lim\limits_{x \to -\infty} \dfrac{1}{x-1}$。

【解】 因为当 $x \to -\infty$，$x-1 \to -\infty$

所以 $\lim\limits_{x \to -\infty} \dfrac{1}{x-1} = 0$

第二节　极限的运算法则

本节将通过介绍无穷小量、极限的运算法则、两个重要极限和函数极限的有关性质，初步给出一些求解极限的方法。

一、无穷小量

定义 2.4 若函数 $a = a(x)$ 在 x 的某种趋向下以零为极限则称 a 为这种趋势下的无穷小量。

应当注意，绝对值很小的常数以及负无穷大量都不是无穷小量。但是零是无穷小量，因为它的极限为零。

定理 2.2 有限个无穷小量(当 $x \to x_0$ 或 $x \to \infty$ 时)的代数和，仍然是无穷小量。

定理 2.3 有界函数与无穷小量的乘积是无穷小量。

推论 1 有限个无穷小量(自变量同一趋向下)之积为无穷小量。

推论 2 常数与无穷小量之积为无穷小量。

定理 2.4 若 $\lim f(x) = \infty$，则 $\lim \dfrac{1}{f(x)} = 0$。反之，设 $f(x) \neq 0$，若 $\lim f(x) = 0$，则 $\lim \dfrac{1}{f(x)} = \infty$。

二、极限运算法则

定理 2.5 若函数 $y = f(x)$ 与 $z = g(x)$ 在 $x \to x_0$(或 $x \to \infty$)时都存在极限，则它们的和、差、积、商(当分母的极限不为零时)在 $x \to x_0$(或 $x \to \infty$)时也存在极限，且

$$\lim[f(x) \pm g(x)] = \lim f(x) \pm \lim g(x);$$
$$\lim[f(x)g(x)] = \lim f(x)\lim g(x);$$
$$\lim \frac{f(x)}{g(x)} = \frac{\lim f(x)}{\lim g(x)}, \quad (\lim g(x) \neq 0)。$$

极限运算法则的证明从略。

推论 1 常数可以提到极限号前，即

$$\lim c f(x) = c \lim f(x)$$

推论 2 若 $\lim f(x) = A$，且 m 为自然数，则

$$\lim [f(x)]^m = [\lim f(x)]^m = A^m$$

特殊地，有 $\lim\limits_{x \to x_0} x^m = (\lim\limits_{x \to x_0} x)^m = x_0^m$。

定理 2.6 设函数 $y = f[\varphi(x)]$ 由函数 $y = f(u)$、$u = \varphi(x)$ 复合而成，若 $\lim\limits_{x \to x_0} \varphi(x) = u_0$，且 x_0 的一个邻域内(除 x_0 外)$\varphi(x) \neq u_0$，又有 $\lim\limits_{u \to u_0} f(u) = A$，则

$\lim\limits_{x \to x_0} f[\varphi(x)] = \lim\limits_{u \to u_0} f(u) = A$。证明从略。

这使我们可以采用变量替换的方法计算复合函数的极限。

【例 2-7】 求 $\lim\limits_{x\to 1}(x^2+6x-3)$。

【解】 $\lim\limits_{x\to 1}(x^2+6x-3)=\lim\limits_{x\to 1}x^2+\lim\limits_{x\to 1}6x-\lim\limits_{x\to 1}3=1^2+6-3=4$

1. 多项式函数在 x_0 处的极限等于该函数在 x_0 处的函数值。

【例 2-8】 求 $\lim\limits_{x\to -1}\dfrac{4x^2-3x+1}{2x^2-6x+4}$。

【解】 $\lim\limits_{x\to -1}\dfrac{4x^2-3x+1}{2x^2-6x+4}=\dfrac{\lim\limits_{x\to -1}(4x^2-3x+1)}{\lim\limits_{x\to -1}(2x^2-6x+4)}=\dfrac{4(-1)^2-3(-1)+1}{12}=\dfrac{8}{12}=\dfrac{2}{3}$

【例 2-9】 求 $\lim\limits_{x\to 2}\left[(3x^2+3)(4x^4+6)\right]$。

【解】 $\lim\limits_{x\to 2}\left[(3x^2+3)(4x^4+6)\right]=\lim\limits_{x\to 2}(3x^2+3)\lim\limits_{x\to 2}(4x^4+6)=15\times 70=1050$

2. $\dfrac{A(x)}{0}$ 型的极限，是先求其倒数的极限然后再倒过来。

【例 2-10】 求 $\lim\limits_{x\to 1}\dfrac{x^2-3}{x^2-5x+4}$。

【解】 $\lim\limits_{x\to 1}\dfrac{x^2-5x+4}{x^2-3}=\dfrac{\lim\limits_{x\to 1}(x^2-5x+4)}{\lim\limits_{x\to 1}(x^2-3)}=\dfrac{0}{-2}=0$，

即 $x\to 1$ 时 $\dfrac{x^2-5x+4}{x^2-3}$ 为无穷小量，因此，由无穷小量与无穷大量的关系可知：当 $x\to 1$ 时，$\dfrac{x^2-3}{x^2-5x+4}$ 为无穷大量，即 $\lim\limits_{x\to 1}\dfrac{x^2-3}{x^2-5x+4}=\infty$

3. "$\dfrac{0}{0}$" 型极限，这种求极限的方法的要点是，先将分子、分母因式分解，然后消除分子、分母公共的无穷小量因子。

【例 2-11】 求 $\lim\limits_{x\to 3}\dfrac{x-3}{x^2-9}$。

【解】 $\lim\limits_{x\to 3}\dfrac{x-3}{x^2-9}=\lim\limits_{x\to 3}\dfrac{x-3}{(x-3)(x+3)}=\lim\limits_{x\to 3}\dfrac{1}{x+3}=\dfrac{1}{6}$

【例 2-12】 $\lim\limits_{x\to 1}\dfrac{x^3+x^2-x-1}{x^2+3x-4}$。

$$\lim\limits_{x\to 1}\dfrac{(x-1)(x+1)^2}{(x-1)(x+4)}=\lim\limits_{x\to 1}\dfrac{(x+1)^2}{(x+4)}=\dfrac{4}{5}$$

4. "$\dfrac{\infty}{\infty}$" 型的极限。对于它们也不能直接应用商的运算法则。

【例 2-13】 若 $a_n\neq 0$，$b_m\neq 0$，m、n 为正数，试证

$$\lim\limits_{x\to \infty}\dfrac{a_nx^n+a_{n-1}x^{n-1}+\cdots+a_1x+a_0}{b_mx^m+b_{m-1}x^{m-1}+\cdots+b_1x+b_0}=\begin{cases}\dfrac{a_n}{b_m}, & m=n \\ 0, & m>n \\ \infty, & m<n\end{cases}$$

【证明】 分子分母同时除以次数最高次项即可得证。

【例 2-14】 求 $\lim\limits_{x\to \infty}\dfrac{3x^2-2x-1}{2x^3-x^2+5}$。

【解】 $\lim\limits_{x\to\infty}\dfrac{3x^2-2x-1}{2x^3-x^2+5}=\lim\limits_{x\to\infty}\dfrac{\dfrac{3}{x}-\dfrac{2}{x^2}-\dfrac{1}{x^3}}{2-\dfrac{1}{x}+\dfrac{5}{x^3}}=0$

【例 2-15】 求 $\lim\limits_{x\to\infty}\dfrac{3x^3-3x^2+3x+1}{4x^2-4x+2}$。

【解】 $\lim\limits_{x\to\infty}\dfrac{3x^3-3x^2+3x+1}{4x^2-4x+2}=\lim\limits_{x\to\infty}\dfrac{3-\dfrac{3}{x}+\dfrac{3}{x^2}+\dfrac{1}{x^3}}{\dfrac{4}{x}-\dfrac{4}{x^2}+\dfrac{2}{x^3}}=\infty$

【例 2-16】 求 $\lim\limits_{x\to\infty}\dfrac{5x^3-4x^2+3x+2}{4x^3-5x^2+3x+4}$。

【解】 $\lim\limits_{x\to\infty}\dfrac{5x^3-4x^2+3x+2}{4x^3-5x^2+3x+4}=\lim\limits_{x\to\infty}\dfrac{5-\dfrac{4}{x}+\dfrac{3}{x^2}+\dfrac{2}{x^3}}{4-\dfrac{5}{x}+\dfrac{3}{x^2}+\dfrac{4}{x^3}}=\dfrac{5}{4}$

5. 复合函数求极限的方法是从里到外取极限。

【例 2-17】 计算 $\lim\limits_{x\to0}\sin3x$。

【解】 令 $u=3x$，则函数 $y=\sin3x$ 可视为由 $y=\sin u$、$u=3x$ 构成的复合函数。因为 $x\to0$ 时 $u=3x\to0$，且 $u\to0$ 时 $\sin u\to0$，可得

$$\lim\limits_{x\to0}\sin3x=0$$

【例 2-18】 计算 $\lim\limits_{x\to\infty}2^{\frac{1}{x}}$。

【解】 令 $u=\dfrac{1}{x}$，因为 $\lim\limits_{x\to\infty}\dfrac{1}{x}=0$，且 $\lim\limits_{u\to0}2^u=1$，所以

$$\lim\limits_{x\to\infty}2^{\frac{1}{x}}=1$$

三、两个重要极限

1. 第一重要极限：$\lim\limits_{x\to0}\dfrac{\sin x}{x}=1$。

这个极限十分重要，称之为第一重要极限，运用它可以推证或计算得到许多其他的极限。

【例 2-19】 计算 $\lim\limits_{x\to0}\dfrac{\tan x}{x}$。

【解】 $\lim\limits_{x\to0}\dfrac{\tan x}{x}=\lim\limits_{x\to0}\dfrac{\sin x}{x}\cdot\dfrac{1}{\cos x}=\lim\limits_{x\to0}\dfrac{\sin x}{x}\cdot\lim\limits_{x\to0}\dfrac{1}{\cos x}=1$

这个结果可以作为公式使用。

【例 2-20】 计算 $\lim\limits_{x\to0}\dfrac{1-\cos x}{x^2}$。

【解】 $\lim\limits_{x\to0}\dfrac{1-\cos x}{x^2}=\lim\limits_{x\to0}\dfrac{2\sin^2\dfrac{x}{2}}{x^2}=\lim\limits_{x\to0}\dfrac{1}{2}\left(\dfrac{\sin\dfrac{x}{2}}{\dfrac{x}{2}}\right)^2=\dfrac{1}{2}\lim\limits_{\frac{x}{2}\to0}\left(\dfrac{\sin\dfrac{x}{2}}{\dfrac{x}{2}}\right)^2=\dfrac{1}{2}$

这个结果可以作为公式使用。

【**例 2-21**】 计算 $\lim\limits_{x\to 0}\dfrac{\sin 7x}{4x}$。

【**解**】 令 $7x=u$，当 $x\to 0$ 时 $u\to 0$，因此有

$$\lim_{x\to 0}\frac{\sin 7x}{4x}=\lim_{u\to 0}\frac{\sin u}{\frac{4}{7}u}=\frac{7}{4}\lim_{u\to 0}\frac{\sin u}{u}=\frac{7}{4}$$

【**例 2-22**】 $\lim\limits_{x\to 0}\dfrac{\tan 4x-\tan 3x}{7x}$。

【**解**】 $\lim\limits_{x\to 0}\dfrac{\tan 4x-\tan 3x}{7x}=\lim\limits_{x\to 0}\dfrac{\tan 4x}{7x}-\lim\limits_{x\to 0}\dfrac{\tan 3x}{7x}$

$$=\lim_{x\to 0}\frac{4x}{7x}-\lim_{x\to 0}\frac{3x}{7x}=\frac{4}{7}-\frac{3}{7}=\frac{1}{7}$$

2. 第二重要极限：$\lim\limits_{x\to\infty}\left(1+\dfrac{1}{x}\right)^x=e$，称为 1^∞ 型极限。

人们常运用这个重要极限计算一些极限，运用时的关键，是将所给函数向 $\left(1+\dfrac{1}{x}\right)^x$ 或 $(1+x)^{\frac{1}{x}}$ 这两种标准形式转化。

【**例 2-23**】 计算 $\lim\limits_{x\to\infty}\left(1+\dfrac{1}{x}\right)^{\frac{x}{2}}$。

【**解**】 因为 $\left(1+\dfrac{1}{x}\right)^{\frac{x}{2}}=\left[\left(1+\dfrac{1}{x}\right)^x\right]^{\frac{1}{2}}$ 且 $\lim\limits_{x\to\infty}\left(1+\dfrac{1}{x}\right)^x=e$，所以，由复合函数极限的计算方法，有 $\lim\limits_{x\to\infty}\left(1+\dfrac{1}{x}\right)^{\frac{x}{2}}=\lim\limits_{x\to\infty}\left[\left(1+\dfrac{1}{x}\right)^x\right]^{\frac{1}{2}}=\left[\lim\limits_{x\to\infty}\left(1+\dfrac{1}{x}\right)^x\right]^{\frac{1}{2}}=e^{\frac{1}{2}}$

【**例 2-24**】 计算 $\lim\limits_{x\to 0}(1-x)^{\frac{3}{x}}$。

【**解**】 令 $u=-x$，因为 $x\to 0$ 时 $u\to 0$，所以 $\lim\limits_{x\to 0}(1-x)^{\frac{3}{x}}=\lim\limits_{u\to 0}(1+u)^{-\frac{3}{u}}=\lim\limits_{u\to 0}\dfrac{1}{\left[(1+u)^{\frac{1}{u}}\right]^3}=\dfrac{1}{e^3}$

【**例 2-25**】 计算 $\lim\limits_{x\to 0}\dfrac{\ln(1+x)}{x}$。

【**解**】 $\lim\limits_{x\to 0}\dfrac{\ln(1+x)}{x}=\lim\limits_{x\to 0}\ln(1+x)^{\frac{1}{x}}=\ln\left[\lim\limits_{x\to 0}(1+x)^{\frac{1}{x}}\right]=1$

【**例 2-26**】 计算 $\lim\limits_{x\to 0}\dfrac{e^x-1}{x}$。

【**解**】 令 $u=e^x-1$，则 $x=\ln(1+u)$，当 $x\to 0$ 时 $u\to 0$。所以

$$\lim_{x\to 0}\frac{e^x-1}{x}=\lim_{u\to 0}\frac{u}{\ln(1+u)}=1$$

第三节　无穷小量的比较

由前面的内容可知，有限个无穷小量的和、差、积依然是无穷小量，而两个无穷小量

的商却会呈现差异极大的现象。本节将专门讨论这个问题——无穷小量的比较。

定义 2.5 设 $\alpha(x)$ 和 $\beta(x)$ 是当 $x \to x_0$ (或 $x \to \infty$) 时的两个无穷小量。若它们的比有非零极限，即

$$\lim \frac{\alpha(x)}{\beta(x)} = c$$

则称 $\alpha(x)$ 和 $\beta(x)$ 为同阶无穷小，若 $c=1$，则称 $\alpha(x)$ 和 $\beta(x)$ 为等价无穷小量，记为 $\alpha(x) \sim \beta(x)$ ($x \to x_0$ 或 $x \to \infty$)。

为便于计算极限，下面主要研究等价无穷小量。

又如，在 $x \to 0$ 时，x、$\sin x$、$\tan x$、$1 - \cos x$、$\ln(1-x)$ 等都是无穷小量，并且

$$\lim_{x \to 0} \frac{\sin x}{x} = 1, \quad \lim_{x \to 0} \frac{\tan x}{x} = 1, \quad \lim_{x \to 0} \frac{1 - \cos x}{\frac{1}{2}x^2} = 1, \quad \lim_{x \to 0} \frac{\ln(1+x)}{x} = 1$$

所以，当 $x \to 0$ 时，x 与 $\sin x$、x 与 $\tan x$、$\frac{1}{2}x^2$ 与 $(1 - \cos x)$、x 与 $\ln(1+x)$ 都是等价无穷小量，即

$$x \sim \sin x、x \sim \tan x、1 - \cos x \sim \frac{x^2}{2}、\ln(1+x) \sim x。$$

【例 2-27】 计算 $\lim\limits_{x \to 0} \dfrac{\ln(1+x)}{e^x - 1}$。

【解】 因为 $x \to 0$ 时，$\ln(1+x) \sim x$，$e^x - 1 \sim x$，所以

$$\lim_{x \to 0} \frac{\ln(1+x)}{e^x - 1} = \lim_{x \to 0} \frac{x}{x} = 1$$

【例 2-28】 计算 $\lim\limits_{x \to 0} \dfrac{\tan 5x}{3x}$。

【解】 因为 $x \to 0$ 时，$\tan 5x \sim 5x$，所以

$$\lim_{x \to 0} \frac{\tan x}{3x} = \lim_{x \to 0} \frac{5x}{3x} = \frac{5}{3}$$

注意：作等价无穷小替换时，在分子或分母为和式时，通常不能将式中的某一项或若干项以其等价无穷小替换，而应将分子或分母整个地加以替换；若分子或分母为几个因式积，则可将其中某个或某些因子以等价无穷小替换，简言之，因子方可以作等价无穷小量替换。

【例 2-29】 求 $\lim\limits_{x \to 0} \dfrac{\tan 6x}{\sin 4x}$。

【解】 $\lim\limits_{x \to 0} \dfrac{\tan 6x}{\sin 4x} = \lim\limits_{x \to 0} \dfrac{6x}{4x} = \dfrac{3}{2}$

【例 2-30】 求 $\lim\limits_{x \to 0} \dfrac{1 - \cos x}{x^2}$。

【解】 $\lim\limits_{x \to 0} \dfrac{1 - \cos x}{x^2} = \lim\limits_{x \to 0} \dfrac{\frac{1}{2}x^2}{x^2} = \dfrac{1}{2}$

【例 2-31】 $\lim\limits_{x \to 0} \dfrac{\ln(1+2x)}{\tan 6x}$。

【解】 $\lim\limits_{x\to0}\dfrac{\ln(1+2x)}{\tan6x}=\lim\limits_{x\to0}\dfrac{2x}{6x}=\dfrac{1}{3}$

第四节 函数的连续性

连续性是函数的重要性态之一。它不仅是函数研究的重要内容，也为计算极限开辟了新途径，函数的图形是一条曲线，连续的函数图形就应该是一条连绵不断的曲线。下面给出连续的具体概念。

一、函数连续的定义

定义 2.6 设函数 $y=f(x)$ 在 x_0 的某邻域内有定义，且 $\lim\limits_{x\to x_0}f(x)=f(x_0)$，则称函数 $y=f(x)$ 在 x_0 处连续，或称 x_0 为函数 $y=f(x)$ 的连续点。

设 $\Delta x=x-x_0$，且称之为自变量 x 的改变量或增量，设 $\Delta y=f(x)-f(x_0)$ 或 $\Delta y=f(x_0+\Delta x)-f(x_0)$，称为函数 $y=f(x)$ 在 x_0 处的增量。那么，函数 $y=f(x)$ 在 x_0 处连续可以叙述为：

定义 2.7 设函数 $y=f(x)$ 在 x_0 的一个邻域内有定义，即函数在 x_0 处连续的三大法则，第一在 x_0 处有定义，第二在 x_0 处有极限，第三函数值与极限值相等。即

$$\lim\limits_{\Delta x\to0}\Delta y=0$$

则称函数 $y=f(x)$ 在 x_0 处连续。这表明，函数 $y=f(x)$ 在 x_0 处连续的直观意义是：当自变量的改变很小时，函数的相应的改变量也很小。

定义 2.8 若函数 $y=f(x)$ 在点 x_0 处有：

$$\lim\limits_{x\to x_0^-}f(x)=f(x_0),\quad \lim\limits_{x\to x_0^+}f(x)=f(x_0)$$

分别称函数 $y=f(x)$ 在 x_0 处左右连续，连续的充要条件可表示为：

$$\lim\limits_{x\to x_0^-}f(x)=f(x_0)=\lim\limits_{x\to x_0^+}f(x)$$

即函数在某点连续的充要条件为函数在该点处左、右都连续。

【例 2-32】 试确定 $f(x)=\begin{cases}x^2\sin\dfrac{1}{x}, & x\neq0 \\ 0, & x=0\end{cases}$ 在 $x=0$ 处的连续性。

【解】 因为 $\lim\limits_{x\to0}f(x)=\lim\limits_{x\to0}x^2\sin\dfrac{1}{x}=0=f(0)$

所以 $f(x)$ 在 $x=0$ 处连续。

【例 2-33】 试证明 $f(x)=\begin{cases}3x+2, & x\leqslant0 \\ \cos x, & x>0\end{cases}$ 在 $x=0$ 处不连续。

【解】 因为 $\lim\limits_{x\to0^+}f(x)=\lim\limits_{x\to0^+}\cos x=1$

$$\lim\limits_{x\to0^-}f(x)=\lim\limits_{x\to0^-}(3x+2)=2\neq f(0)$$

且 $f(0)=1$，即 $f(x)$ 在 $x=0$ 处左连续，右不连续，所以它在 $x=0$ 处不连续。

【例 2-34】 设 $f(x)=\begin{cases}\dfrac{\arctan x}{x}, & x\neq0 \\ k-1, & x=0\end{cases}$，则 k 为何值时，$f(x)$ 在 $x=0$ 处连续。

【解】 $\lim\limits_{x\to 0}\dfrac{\arctan x}{x}=1=f(0)$

$f(0)=k-1=1$

$\therefore k=2$

即当 $k=2$ 时 $f(x)$ 在 $x=0$ 处连续。

二、连续函数的基本性质

定理 2.7 若函数 $f(x)$ 和 $g(x)$ 均在 x_0 处连续，则 $f(x)+g(x)$，$f(x)-g(x)$，$f(x)g(x)$ 在该点亦均连续，又若 $g(x_0)\neq 0$，则 $\dfrac{f(x)}{g(x)}$ 在 x_0 处连续。

定理 2.8 设函数 $y=f(u)$ 在 u_0 处连续，函数 $u=\varphi(x)$ 在 x_0 处连续，且 $u_0=\varphi(x_0)$，则复合函数 $f[\varphi(x)]$ 在 x_0 处连续。证明从略。

定理 2.9 初等函数在其定义域区间内是连续的。

定理 2.9 告诉我们，今后在求初等函数定义区间内各点的极限时，只要计算它在指定点的函数值即可。

【例 2-35】 求 $\lim\limits_{x\to a}\arccos(\log_a x)$ $(a>0,\ a\neq 1)$。

【解】 因为 $\arccos(\log_a x)$ 是初等函数，且 $x=a$ 为它的定义区间内的一点，所以有

$$\lim\limits_{x\to a}\arccos(\log_a x)=\arccos(\log_a a)=\arccos 1=0$$

【例 2-36】 求 $\lim\limits_{x\to 1}\dfrac{e^{x^2-1}-\sin\left(\dfrac{\pi x}{2}\right)}{8x-5}$。

【解】 因为 x^2-1 与 $\dfrac{\pi}{2}x$ 在 $x=1$ 点连续。复合函数 e^{x^2-1} 与 $\sin\dfrac{\pi}{2}x$ 均在 $x=1$ 点连续。又 $(8x-5)$ 在 $x=1$ 时，等于 3。故 $x=1$ 是 $\lim\limits_{x\to 1}\dfrac{e^{x^2-1}-\sin\left(\dfrac{\pi x}{2}\right)}{8x-5}$ 的连续点，所以有

$$\lim\limits_{x\to 1}\dfrac{e^{x^2-1}-\sin\left(\dfrac{\pi x}{2}\right)}{8x-5}=\dfrac{e^{1^2-1}-\sin\left(\dfrac{\pi}{2}\times 1\right)}{8\times 1-5}=0。$$

因此，求函数当自变量趋于函数连续点的极限时，只要把该连续点代入函数求值即可。

三、闭区间上连续函数的性质

在闭区间上连续的函数具有一些重要的特性。下面我们将不加证明予以介绍。

定理 2.10 若函数 $y=f(x)$ 在闭区间 $[a,b]$ 上连续，则在此区间上一定能取到最大、小值。

推论 若函数 $y=f(x)$ 在闭区间上连续，则它在该区间上有界。

定理 2.11 若 $f(x)$ 在 $[a,b]$ 上连续，则它在 $[a,b]$ 内能取得介于其最小值和最大值之间的任何数。

推论 若 $f(x)$ 在 $[a,b]$ 上连续，且 $f(a)\cdot f(b)<0$，则至少存在一个 $c\in(a,b)$ 使得 $f(c)=0$。

【例 2-37】 证明方程 $x^3-4x^2+1=0$ 至少有一个小于 1 的正根。

【证明】 设 $f(x)=x^3-4x^2+1$，由于它在 $[0,1]$ 上连续且 $f(0)=1>0$，$f(1)=-2<0$，因此由推论可知，至少存在一点 $\zeta\in(0,1)$，使得 $f(\zeta)=0$。这表明所给方程在

（0，1）内至少有一个实数根。

【**例 2-38**】 证明方程 $x^4-2x-5=0$ 至少有一个小于 2 的正根。

【**证明**】 设 $f(x)=x^4-2x-5$，$f(x)$ 在 $[0，2]$ 连续。但 $f(0)=-5<0$，$f(2)=7>0$，由推论可知至少存在一点 $x_0\in(0，2)$ 使 $f(x_0)=0$，既 $x_0^4-2x_0-5=0$，所以方程至少有一个小于 2 的正根。

【**例 2-39**】 证明方程 $\sin x+2-x=0$ 至少有一个不超过 3 的正根。

【**证明**】 设 $f(x)=\sin x+2-x$，$f(x)$ 在 $[0，3]$ 连续。$f(0)=2>0$，

$f(3)=\sin3-1<0$。由零点定理可知至少存在一点 $x_0\in(0，3)$ 使 $f(x_0)=0$ 即 $\sin x_0+2-x_0=0$。

所以方程 $\sin x+2-x=0$ 至少有一个不超过 3 的正根。

四、函数间断点及其分类

如果 $f(x)$ 在点 x_0 处不连续，则称 x_0 是函数 $y=f(x)$ 的间断点。也称函数在该点间断。

不难发现，间断的情况可能各不相同，为此，有必要对间断点进行分类考察。

1. 第一类间断点

若 x_0 为函数 $y=f(x)$ 的间断点，且 $\lim\limits_{x\to x_0^-}f(x)$ 和 $\lim\limits_{x\to x_0^+}f(x)$ 都存在，则称

x_0 为 $f(x)$ 的第一类间断点。即左、右极限都存在的间断点为第一类间断点。

【**例 2-40**】 证明 $x=0$ 为函数 $f(x)=\dfrac{-x}{|x|}$ 的第一类间断点。如图 2-2。

【**证明**】 因为该函数在 $x=0$ 处没有定义，所以 $x=0$ 是它的间断点，又因为

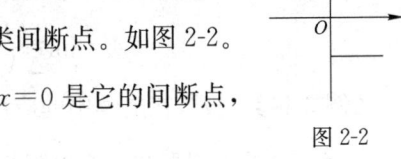

图 2-2

$$\lim_{x\to0^-}\frac{-x}{|x|}=\lim_{x\to0^-}\frac{-x}{-x}=1$$

$$\lim_{x\to0^+}\frac{-x}{|x|}=\lim_{x\to0^+}\frac{-x}{x}=-1$$

所以 $x=0$ 为该函数的第一类间断点。

2. 第二类间断点

若 x_0 是函数 $y=f(x)$ 的间断点。且在该点至少有一个单侧极限不存在，则称 x_0 为

$f(x)$ 的第二类间断点。例如，函数 $f(x)=\dfrac{1}{x}$ 在 $x=0$ 处无定义，故 $x=0$ 是该函数的间

断点。又因为 $\lim\limits_{x\to0^-}\dfrac{1}{x}=-\infty$，$\lim\limits_{x\to0^+}\dfrac{1}{x}=+\infty$，即该函数在 $x=0$ 处的左、右极限不存在，

所以 $x=0$ 是该函数的第二类间断点。

【**例 2-41**】 证明 $x=1$ 是 $f(x)=2^{\frac{1}{x-1}}$ 的第二类间断点。

【**证明**】 所给函数在 $x=1$ 处没有定义，因此，$x=1$ 是它的间断点，又因为

$$\lim_{x\to1^-}\frac{1}{x-1}=-\infty，\quad \lim_{x\to1^+}\frac{1}{x-1}=+\infty，$$

所以，$\lim\limits_{x\to1^-}2^{\frac{1}{x-1}}=0$，$\lim\limits_{x\to1^+}2^{\frac{1}{x-1}}=+\infty$，因此，$x=1$ 为所给函数的第二类间断点。

第五节　极限在工程技术中的应用

【例 2-42】 极限在流体力学上的应用

力 ΔP 为移去流体作用在面积 ΔA 的总作用力。在流体力学中，力 ΔP 称为面积 ΔA 上的流体静压力，作用在面积 ΔA 上的平均流体静压强简称平均压强。即：

$$\overline{P}=\frac{\Delta P}{\Delta A}$$

当作用面 ΔA 无限缩小至 a 点时，平均压强（$\Delta P/\Delta A$）趋近于某一个极限值，此极限值称为 a 点的流体静压强，以 P 表示即：

$$P=\lim_{\Delta A\to a}\frac{\Delta P}{\Delta A}$$

【例 2-43】 轴向拉（压）杆的应力与极限的关系

为了确定截面上某点处的应力，可围绕该点取微小面积 ΔA，作用在微小面积 ΔA 上的内力为 ΔM，则 $\overline{M}=\frac{\Delta M}{\Delta A}$，$\overline{M}$ 称为 ΔA 上的平均应力，当内力分布不平均时，平均应力将随 ΔA 的大小而变化。它不能确切的反应该点处内力的集度，只有当 ΔA 无限趋近于 0 时，平均应力 $\overline{M}$ 的极限值 M 才能代表该点处的内力集度。

$$M=\lim_{A\to 0}\frac{\Delta M}{\Delta A}=\frac{\mathrm{d}M}{\mathrm{d}A}，M 称为该点处的应力。$$

【例 2-44】 极限在电学中的应用

一个 5Ω 的电阻器与一个电阻为 R 的可变电阻并联，电路的总电阻为 $R_T=\frac{5R}{5+R}$，当含有可变电阻 R 的这条支路突然断路时，电路的总电阻为 $R\to+\infty$ 时电路的总电阻的极限，即为 $\lim\limits_{R\to+\infty}\frac{5R}{5+R}=5$。

【例 2-45】 在一个电路中的电荷量 Q 由下式定义，$Q=\begin{cases}C, & t\leqslant 0 \\ Ce^{-\frac{t}{RC}}, & t>0\end{cases}$，其中 C、R 为正的常数值，分析电荷量 Q 在时间 $t\to 0$ 时的极限。

因为 $\lim\limits_{t\to 0-0}Q=\lim\limits_{t\to 0-0}C=C$，$\lim\limits_{t\to 0+0}Q=\lim\limits_{t\to 0+0}Ce^{-\frac{t}{RC}}=C$，
由于 $\lim\limits_{t\to 0-0}Q=C=\lim\limits_{t\to 0+0}Q$，所以 $\lim Q=C$。

【例 2-46】 分布于 y 轴上一点电荷的电势 φ，由以下公式定义

$$\varphi=\begin{cases}2\pi\sigma(\sqrt{y^2+a^2}-y), & y<0 \\ 2\pi\sigma(\sqrt{y^2+a^2}+y), & y\geqslant 0\end{cases}$$

其中 σ 和 a 都是正的常数，问 φ 在 $y=0$ 处连续吗？

因为
$$\lim_{y\to 0-0}\varphi=\lim_{y\to 0-0}2\pi\sigma(\sqrt{y^2+a^2}-y)$$

$$=\lim_{y\to 0-0}2\pi\sigma\frac{(\sqrt{y^2+a^2}-y)(\sqrt{y^2+a^2}+y)}{\sqrt{y^2+a^2}+y}$$

$$= \lim_{y \to 0-0} 2\pi\sigma \frac{y^2 + a^2 - y^2}{\sqrt{y^2 + a^2} + y}$$

$$= \lim_{y \to 0-0} 2\pi\sigma \frac{a^2}{\sqrt{y^2 + a^2} + y}$$

$$= 2\pi\sigma a$$

同理

$$\lim_{y \to 0+0} \varphi = \lim_{y \to 0+0} 2\pi\sigma(\sqrt{y^2 + a^2} + y)$$

$$= \lim_{y \to 0+0} 2\pi\sigma \frac{(\sqrt{y^2 + a^2} + y)(\sqrt{y^2 + a^2} - y)}{\sqrt{y^2 + a^2} - y}$$

$$= 2\pi\sigma a$$

由 $\lim\limits_{y \to 0+0} \varphi = \lim\limits_{y \to 0-0} \varphi = \varphi(0)$，

知 $\lim\limits_{x \to 0} \varphi = 2\pi\sigma a = \varphi(0)$，

所以分布于 y 轴上一点电荷的电势 φ 在 $y = 0$ 处是连续的。

第六节 利用 MATLAB 计算极限

求极限是微积分的基础，在 MATLAB 中，求表达式极限是由函数 limit 实现的，其主要格式为：

(1) limit(f) 求符号表达式 f 在默认自变量趋于 0 时的极限：$\lim\limits_{x \to 0} f(x)$；

(2) limit(f, x, a) 求符号表达式 f 在自变量 x 趋于 a 时的极限：$\lim\limits_{x \to a} f(x)$；

(3) limit(f, x, a, 'left') 求符号表达式 f 在自变量 x 趋于 a 时的左极限：$\lim\limits_{x \to a^-} f(x)$；

(4) limit(f, x, a, 'right') 求符号表达式 f 在自变量 x 趋于 a 时的右极限：$\lim\limits_{x \to a^+} f(x)$。

【例 2-47】 分别计算 $\lim\limits_{x \to 0} \dfrac{1}{x}$、$\lim\limits_{x \to 0^-} \dfrac{1}{x}$、$\lim\limits_{x \to 0^+} \dfrac{1}{x}$ 和 $\lim\limits_{x \to \infty} \left(\dfrac{x+a}{x-a}\right)^2$。

```
≫clear
≫syms a x
≫limit(1/x, x, 0)
ans=
    NaN
≫limit(1/x, x, 0, 'left')
ans=
   −inf
≫limit(1/x, x, 0, 'right')
ans=
    inf
≫limit(((x+a)/(x−a))^2, inf)
ans=
    1
```

【例2-48】 求极限 $\lim\limits_{n\to\infty}\left(1+\dfrac{1}{2}+\dfrac{1}{2^2}+\cdots+\dfrac{1}{2^n}\right)$。

≫clear

≫syms k n

≫limit(symsum(1/2^k, k, 0, n), n, inf)

ans=

    2

【例2-49】 求极限 $\left[\lim\limits_{x\to\infty}e^{-x}\ \lim\limits_{x\to\infty}\left(1+\dfrac{2t}{x}\right)^{3x}\right]$

≫clear

≫syms x t

≫A=sym('[exp(-x), (1+2*t/x)^(3*x)]')

A=

    [exp(-x), (1+2*t/x)^(3*x)]

≫limit(A, x, inf)

ans=

          0, exp(6*t)]

【例2-50】 若有

$$f(t)=\lim\limits_{x\to\infty}\left(1+\dfrac{1}{x}\right)^{2tx}$$

则 f(t)等于什么?

≫clear

≫syms t x

≫f=limit(t*(1+1/x)^(2*t*x), x, inf)

f =

    exp(2*t)*t

≫diff(f, t)

Ans =

    2*exp(2*t)*t+exp(2*t)

习 题

1. $f(x)\begin{cases} x+1 & x<0 \\ 0 & x=0, \\ (x-1)^2 & x>0 \end{cases}$ 试求 $\lim\limits_{x\to 0}f(x)$。

2. 计算下列极限

(1) $\lim\limits_{x\to -2}(4x^2-x+5)$;

(2) $\lim\limits_{x\to\sqrt{3}}\dfrac{x^2-3}{x^3+x^2+1}$;

(3) $\lim\limits_{x\to 2}\dfrac{x+3}{x^2+3x-10}$;

(4) $\lim\limits_{x\to -1}\dfrac{x^2-x-2}{x^2+6x-5}$;

(5) $\lim\limits_{x\to 0}\left(1-\dfrac{1}{x+1}\right)$;

(6) $\lim\limits_{x\to 1}\dfrac{x^2-3x+2}{x^2-1}$;

(7) $\lim\limits_{x\to 4}\dfrac{x-4}{\sqrt{x}-2}$;

(8) $\lim\limits_{x\to 0}\dfrac{(t+x)^3-t^3}{x}$;

(9) $\lim\limits_{x\to 0}\dfrac{1-\sqrt{1+x^2}}{x^2}$;

(10) $\lim\limits_{x\to\infty}\dfrac{\sin x}{x}$;

(11) $\lim\limits_{x\to\infty}\left(\dfrac{x^3}{2x^2-1}-\dfrac{x^2}{2x+1}\right)$;

(12) $\lim\limits_{x\to\infty}\dfrac{(2x-1)^{30}(x-5)^5}{(2x+1)^{35}}$。

3. 计算下列极限

(1) $\lim\limits_{x\to 0}\dfrac{\sin 6x}{5x}$;

(2) $\lim\limits_{x\to 0}\dfrac{\sin nx}{mx}$（其中 m, n 为非零常数）；

(3) $\lim\limits_{m\to 0}\dfrac{\sin 3m}{\sin 2m}$;

(4) $\lim\limits_{x\to 0}\dfrac{\sin 4x}{\tan 3x}$;

(5) $\lim\limits_{n\to\infty}n\sin\dfrac{x}{n}$;

(6) $\lim\limits_{x\to 0^+}\dfrac{\sin x}{\sqrt{x}}$;

(7) $\lim\limits_{x\to 0}\dfrac{\sin x}{x^2}$;

(8) $\lim\limits_{x\to 0}\dfrac{\sqrt{1+\sin^2 x}-1}{x^2}$;

(9) $\lim\limits_{x\to\infty}\left(1+\dfrac{k}{x}\right)^x$;

(10) $\lim\limits_{x\to 0}(1-4x)^{\frac{1}{x}}$;

(11) $\lim\limits_{x\to\infty}\left(1+\dfrac{2}{x}\right)^{x-1}$;

(12) $\lim\limits_{x\to\infty}\left(\dfrac{x-1}{x+3}\right)^{x+2}$。

4. 证明函数在指定区间内是连续函数

(1) $y=2x^2+1$, $(-\infty,+\infty)$

(2) $y=\cos x$, $(-\infty,+\infty)$

(3) $y=\sqrt{2x}$, $(0,+\infty)$

5. 设 $f(x)=\begin{cases} a & x=0 \\ \dfrac{\sin bx}{x} & x\neq 0 \end{cases}$ （a, b 为常数）为连续函数，则 a 为多少？

6. 证明方程 $x^3+2x=6$ 至少有一个根介于 1 和 3 之间。

7. 证明 $f(x)=\begin{cases} e^x-1 & x<0 \\ 0 & x=0 \\ \ln(1+x) & x>0 \end{cases}$ 在 $(-\infty,+\infty)$ 内连续。

8. 利用初等函数的连续性求下列极限

(1) $\lim\limits_{x\to\frac{3}{2}}\dfrac{\cos x-2}{x+\frac{3}{2}}$;

(2) $\lim\limits_{x\to\frac{1}{2}}x\ln\left(1+\dfrac{1}{x}\right)$;

(3) $\lim\limits_{x\to -2}\left[\dfrac{x+2}{x^2-x-2}-e^x\right]$;

(4) $\lim\limits_{x\to 0}\dfrac{\cot(1+x)}{\cos(1+x^2)}$。

第三章 导数与微分

在前两章里，我们学习了变量的极限和函数的连续性等概念，我们现在要进一步研究这些基本概念的应用，例如怎样由曲线的方程 $y=f(x)$ 确定曲线上某一给定点 x_0 处的切线的斜率问题，这个问题反映在数学问题上，就引出了导数的概念。

本章的主要内容在于引入导数概念和微分概念，学习函数的导数和微分的计算方法。

第一节 导数的定义

一、导数概念的引例——曲线切线斜率问题

法国数学家费马(Feimat)为了研究极大值、极小值的问题而引入了导数的思想，本节利用求曲线切线斜率问题引入导数概念。

1. 平面几何中，将和圆只有一个公共交点的直线叫做圆的切线。

注：这种定义不适用于一般的曲线，例如 $y=x^2$ 中，y 轴也是与此函数有一个交点，但 y 轴很明显不是此函数的切线。

2. 高等数学中曲线的切线定义

定义 3.1 设曲线 C 是函数 $y=f(x)$ 的图象（如图 3-1），点 $P(x_0,y_0)$ 是曲线 C 上一点。作割线 PQ，当点 Q 沿着曲线 C 无限地趋近于点 P，割线 PQ 无限地趋近于某一极限位置 PT。我们就把极限位置上的直线 PT，叫做曲线 C 在点 P 处的切线。

3. 确定曲线 C 在点 $P(x_0,y_0)$ 处的切线斜率的方法

由于曲线在各点处的切线的倾斜角一般是不等的，因此它们的斜率也是不等的，所以在谈到曲线的斜率时，只能认为是某一定点的斜率，而不能当成整个曲线的斜率。

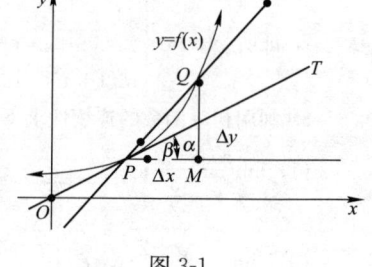

图 3-1

设 Q 点坐标为 $(x_0+\Delta x,\ y_0+\Delta y)$，割线 PQ 的倾斜角为 β，切线 PT 的倾斜角为 α，既然割线 PQ 的极限位置上的直线 PT 是切线，所以割线 PQ 斜率的极限就是切线 PT 的斜率 $\tan\alpha$，即

$$\tan\alpha=\lim_{\Delta x\to 0}\tan\beta=\lim_{\Delta x\to 0}\frac{\Delta y}{\Delta x}=\lim_{\Delta x\to 0}\frac{f(x_0+\Delta x)-f(x_0)}{\Delta x}$$

二、导数的定义

我们把这种函数的增量与自变量的增量之比的极限问题抽象成导数定义。

定义 3.2 函数 $y=f(x)$ 在点 x_0 的某个邻域内有定义，当自变量 x 在点 x_0 处取得增量 Δx（点 $x_0+\Delta x$ 仍在该邻域内）时，相应的函数 $y=f(x)$ 取得增量

$$\Delta y=f(x_0+\Delta x)-f(x_0)$$

如果当 $\Delta x \to 0$ 时，$\dfrac{\Delta y}{\Delta x}$ 的极限存在，即

$$\lim_{\Delta x \to 0}\frac{\Delta y}{\Delta x}=\lim_{\Delta x \to 0}\frac{f(x_0+\Delta x)-f(x_0)}{\Delta x}$$

存在，则称此极限值为函数 $y=f(x)$ 在点 x_0 处的导数或微商，并称函数 $y=f(x)$ 在点 x_0 处可导，记作

$$f'(x_0), \quad y'\Big|_{x=x_0}, \quad \frac{\mathrm{d}f(x)}{\mathrm{d}x}\Big|_{x=x_0}, \quad \frac{\mathrm{d}y}{\mathrm{d}x}\Big|_{x=x_0}$$

即

$$f'(x_0)=\lim_{\Delta x \to 0}\frac{\Delta y}{\Delta x}=\lim_{\Delta x \to 0}\frac{f(x_0+\Delta x)-f(x_0)}{\Delta x}$$

如果记 $x_0+\Delta x=x$，则上式可写为

$$f'(x_0)=\lim_{x \to x_0}\frac{f(x)-f(x_0)}{x-x_0}$$

或记 $h=\Delta x$，则

$$f'(x_0)=\lim_{h \to 0}\frac{f(x_0+h)-f(x_0)}{h}$$

如果上述极限不存在，则称函数 $y=f(x)$ 在点 x_0 处不可导。

注：1. 函数 $y=f(x)$ 在点 x_0 处可导也可以说成 $y=f(x)$ 在点 x_0 具有导数或导数存在。

2. 为了方便，我们说函数 $y=f(x)$ 在点 x_0 处的导数为无穷大，即有广义导数。

3. 在实际中，需要讨论各种具有不同意义的变量的变化"快慢"问题，在数学上就是函数的变化率问题。$\dfrac{\Delta y}{\Delta x}=\dfrac{f(x_0+\Delta x)-f(x_0)}{\Delta x}$ 反映的是自变量 x 从 x_0 改变到 $x_0+\Delta x$ 时，函数 $y=f(x)$ 的平均变化速度，称为函数的平均变化率；而导数 $f'(x_0)=\lim\limits_{\Delta x \to 0}\dfrac{\Delta y}{\Delta x}$ 反映的是函数在 x_0 处的变化速度，称为函数在点 x_0 处的变化率。

导数反映当自变量变化时函数变化的快慢程度。导数大，函数的变化快；导数小，函数的变化慢。

定义 3.3 $f(x)$ 在区间 (a, b) 内每一点 x 处都可导，则称函数 $y=f(x)$ 在区间 (a, b) 内可导。此时，对于区间 (a, b) 内每一点 x，都有一个导数值 $f'(x)$ 与它对应，这样就定义了一个新的函数，称为函数 $y=f(x)$ 在区间 (a, b) 内的导函数，简称为导数，记作 $f'(x)$、y'、$\dfrac{\mathrm{d}f}{\mathrm{d}x}$、$\dfrac{\mathrm{d}y}{\mathrm{d}x}$。

注：$y=f(x)$ 的导数 $f'(x)$ 在点 $x=x_0$ 处的函数值就是 $f(x)$ 在点 $x=x_0$ 处的导数 $f'(x_0)$。

三、求导数举例

由定义可知，求导数一般按下面三个步骤进行：

1. 求出函数 y 的增量 $\Delta y=f(x_0+\Delta x)-f(x_0)$；

2. 计算增量比 $\dfrac{\Delta y}{\Delta x}=\dfrac{f(x_0+\Delta x)-f(x_0)}{\Delta x}$；

3. 当 $\Delta x \to 0$ 时，求增量比的极限 $\lim\limits_{\Delta x \to 0} \dfrac{\Delta y}{\Delta x} = \lim\limits_{\Delta x \to 0} \dfrac{f(x_0 + \Delta x) - f(x_0)}{\Delta x}$。

【例 3-1】 求函数 $y = x^n$（n 为正整数）的导数。

【解】 $\Delta y = (x + \Delta x)^n - x^n$

$$= x^n + n x^{n-1} \cdot \Delta x + \frac{n(n-1)}{1 \cdot 2} x^{n-2} \cdot (\Delta x)^2 + \cdots + (\Delta x)^n - x^n$$

$$= n x^{n-1} \cdot \Delta x + \frac{n(n-1)}{1 \cdot 2} x^{n-2} \cdot (\Delta x)^2 + \cdots + (\Delta x)^n$$

则　　　　$$\frac{\Delta y}{\Delta x} = \frac{n x^{n-1} \cdot \Delta x + \dfrac{n(n-1)}{1 \cdot 2} x^{n-2} \cdot (\Delta x)^2 + \cdots + (\Delta x)^n}{\Delta x}$$

有　　　　$$y' = \lim_{\Delta x \to 0} \frac{\Delta y}{\Delta x} = \lim_{\Delta x \to 0} \left[n x^{n-1} + \frac{n(n-1)}{1 \cdot 2} x^{n-2} \cdot \Delta x + \cdots + (\Delta x)^{n-1} \right] = n x^{n-1}$$

对于幂函数 $y = x^n$（n 为常数），有

$$(x^n)' = n x^{n-1}$$

这就是幂函数的导数公式。

【例 3-2】 求函数 $y = \sin x$ 的导数。

【解】 $\Delta y = \sin(x + \Delta x) - \sin x$

$$= 2 \cos\left(x + \frac{\Delta x}{2} \right) \sin \frac{\Delta x}{2}$$

则　　　　$$\frac{\Delta y}{\Delta x} = \frac{2 \cos\left(x + \dfrac{\Delta x}{2} \right) \sin \dfrac{\Delta x}{2}}{\Delta x} = \frac{\cos\left(x + \dfrac{\Delta x}{2} \right) \sin \dfrac{\Delta x}{2}}{\dfrac{\Delta x}{2}}$$

有

$$y' = \lim_{\Delta x \to 0} \frac{\Delta y}{\Delta x} = \lim_{\Delta x \to 0} \frac{\cos\left(x + \dfrac{\Delta x}{2} \right) \sin \dfrac{\Delta x}{2}}{\dfrac{\Delta x}{2}}$$

$$= \lim_{\Delta x \to 0} \cos\left(x + \frac{\Delta x}{2} \right) \lim_{\Delta x \to 0} \frac{\sin \dfrac{\Delta x}{2}}{\dfrac{\Delta x}{2}} = \cos x$$

即　　　　$$(\sin x)' = \cos x$$

这就是说，正弦函数的导数是余弦函数。

用类似的方法，可求得

$$(\cos x)' = -\sin x$$

就是说，余弦函数的导数是负的正弦函数。

【例 3-3】 求函数 $y = a^x$（$a > 0$）的导数。

【解】 $\Delta y = a^{x + \Delta x} - a^x = a^x (a^{\Delta x} - 1)$

即　　　　$$\frac{\Delta y}{\Delta x} = a^x \cdot \frac{a^{\Delta x} - 1}{\Delta x}$$

有 $$y'=\lim_{\Delta x\to 0}\frac{\Delta y}{\Delta x}=a^x\lim_{\Delta x\to 0}\frac{a^{\Delta x}-1}{\Delta x}=a^x\frac{1}{\log_a e}=a^x\ln a$$

即 $$(a^x)'=a^x\ln a$$

这就是指数函数的导数公式，

特殊地，当 $a=e$ 时，因 $\ln e=1$，

故有 $(e^x)'=e^x$。

【例 3-4】 求函数 $y=\log_a x(a>0,\ x>0)$的导数。

【解】 $$\Delta y=\log_a(x+\Delta x)-\log_a x=\log_a\left(1+\frac{\Delta x}{x}\right)$$

即 $$\frac{\Delta y}{\Delta x}=\frac{\log_a\left(1+\frac{\Delta x}{x}\right)}{\Delta x}=\frac{1}{x}\cdot\log_a\left(1+\frac{\Delta x}{x}\right)^{\frac{x}{\Delta x}}$$

有 $$y'=\lim_{\Delta x\to 0}\frac{\Delta y}{\Delta x}=\lim_{\Delta x\to 0}\frac{1}{x}\cdot\log_a\left(1+\frac{\Delta x}{x}\right)^{\frac{x}{\Delta x}}=\frac{1}{x}\lim_{\Delta x\to 0}\log_a\left(1+\frac{\Delta x}{x}\right)^{\frac{x}{\Delta x}}=\frac{1}{x}\log_a e$$

即 $$y'=\frac{1}{x}\log_a e=\frac{1}{x\ln a}$$

这就是对数函数的导数公式。

特殊地，当 $a=e$ 时，由上式得自然对数函数的导数公式：

$$(\ln x)'=\frac{1}{x}$$

四、导数的几何意义

由导数的定义可知：函数 $y=f(x)$在点 x_0 处的导数 $f'(x)$在几何上表示曲线 $y=f(x)$在点 $P(x_0,\ y_0)$处的切线斜率，即

$$f'(x)=\tan\alpha$$

其中 α 是切线的倾角，如图 3-2 所示。

如果 $y=f(x)$在 x_0 处的导数为无穷大，则曲线 $y=f(x)$在点 $P(x_0,\ y_0)$处具有垂直于 x 轴的切线。

根据导数的几何意义并利用直线的点斜式方程，可知曲线 $y=f(x)$在点 $P(x_0,\ y_0)$处的切线方程为：

$$y-y_0=f'(x_0)(x-x_0)$$

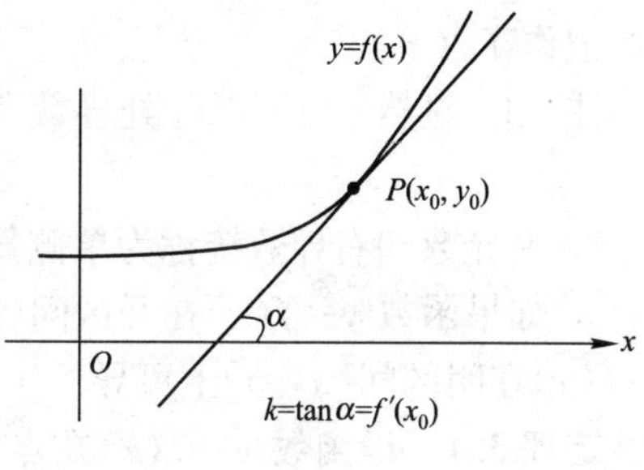

图 3-2

【例 3-5】 求曲线 $y=x^2+1$ 在 $x=1$ 处的切线方程。

【解】 当 x 由 1 改变到 $1+\Delta x$ 时，函数改变量为

$$\begin{aligned}\Delta y&=f(x_0+\Delta x)-f(x_0)=(1+\Delta x)^2+1-(1^2+1)\\&=2\Delta x+(\Delta x)^2\end{aligned}$$

则 $$\frac{\Delta y}{\Delta x}=2+\Delta x,\quad f'(x)=\lim_{\Delta x\to 0}\frac{\Delta y}{\Delta x}=\lim_{\Delta x\to 0}(2+\Delta x)=2$$

又由 $y|_{x=1}=2$，所以所求切线方程为 $y-2=2(x-1)$，即 $y=2x$。

【例 3-6】 求曲线 $f(x)=x^3+2x+1$ 在点(1，4)处的切线方程。

【解】 $k=\lim\limits_{\Delta x\to 0}\dfrac{f(x_0+\Delta x)-f(x_0)}{\Delta x}=\lim\limits_{\Delta x\to 0}\dfrac{f(1+\Delta x)-f(1)}{\Delta x}$

$=\lim\limits_{\Delta x\to 0}\dfrac{(1+\Delta x)^3+2(1+\Delta x)+1-(1^3+2\cdot 1+1)}{\Delta x}$

$=\lim\limits_{\Delta x\to 0}\dfrac{5\Delta x+3(\Delta x)^2+(\Delta x)^3}{\Delta x}$

$=\lim\limits_{\Delta x\to 0}[5+3\Delta x+(\Delta x)^2]=5$

所以切线的方程为 $y-4=5(x-1)$，

即 $y=5x-1$（如图 3-3）。

注：我们知道，法线和切线相互垂直，它们斜率的乘积为 -1，所以切线的斜率为 $f'(x_0)$，则法线的斜率为 $-\dfrac{1}{f'(x_0)}$。

平面曲线的法线方程为

$$y-y_0=-\dfrac{1}{f'(x_0)}(x-x_0)$$

如果函数在点 x_0 处的导数为无穷大，这时切线垂直于 x 轴，法线平行于 x 轴，切线方程为 $x=x_0$，法线方程为 $y=y_0$。

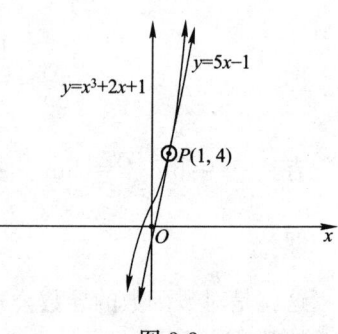

图 3-3

五、导数与连续的关系

定义 3.4 如果 $\lim\limits_{\Delta x\to 0^-}\dfrac{\Delta y}{\Delta x}=\lim\limits_{\Delta x\to 0^-}\dfrac{f(x_0+\Delta x)-f(x_0)}{\Delta x}$ 存在，则称此极限值为 $f(x)$ 在点 x_0 处的左导数，记作 $f'_-(x_0)$。

如果 $\lim\limits_{\Delta x\to 0^+}\dfrac{\Delta y}{\Delta x}=\lim\limits_{\Delta x\to 0^+}\dfrac{f(x_0+\Delta x)-f(x_0)}{\Delta x}$ 存在，则称此极限值为 $f(x)$ 在点 x_0 处的右导数，记作 $f'_+(x_0)$。

注：1. 显然 $f(x)$ 在 x_0 处导数存在的充分必要条件是 $f'_-(x_0)$ 及 $f'_+(x_0)$ 存在，且
$$f'_+(x_0)=f'_-(x_0)。$$

2. 左导数和右导数统称为单侧导数。

3. 如果函数 $y=f(x)$ 在开区间 (a,b) 的导数存在，$f'_+(a)$ 及 $f'_-(b)$ 都存在，我们就说 $y=f(x)$ 在闭区间 $[a,b]$ 上可导。

定理 3.1 设函数 $y=f(x)$ 在点 x 处可导，则函数 $y=f(x)$ 在点 x 处连续。

【证明】 因为函数 $y=f(x)$ 在点 x 处可导，则

$$\lim\limits_{\Delta x\to 0}\dfrac{\Delta y}{\Delta x}=f'(x)$$

又由无穷小的性质得：

$$\dfrac{\Delta y}{\Delta x}=f'(x)+\alpha,\quad \Delta x\to 0,\quad \alpha\to 0$$

$$\Delta y=f'(x)\Delta x+\alpha\Delta x$$

$$\lim\limits_{\Delta x\to 0}\Delta y=\lim\limits_{\Delta x\to 0}[f'(x)\Delta x+\alpha\Delta x]=0$$

这说明函数 $y=f(x)$ 在点 x 连续。

即可导必连续，但函数连续不一定可导。我们可举出反例来。

【例 3-7】 函数 $y=|x|$ 在 $(-\infty, +\infty)$ 内处处连续，但它在 $x=0$ 处却不可导。

【解】 因为

$$\frac{\Delta y}{\Delta x} = \frac{|0+\Delta x|-0}{\Delta x} = \frac{|\Delta x|}{\Delta x}$$

所以

$$f'_-(x) = \lim_{\Delta x \to 0^-} \frac{\Delta y}{\Delta x} = \lim_{\Delta x \to 0^-} \frac{-\Delta x}{\Delta x} = -1$$

$$f'_+(x) = \lim_{\Delta x \to 0^+} \frac{\Delta y}{\Delta x} = \lim_{\Delta x \to 0^+} \frac{\Delta x}{\Delta x} = 1$$

$$f'_+(x) \neq f'_-(x)$$

即函数 $y=|x|$ 在 $x=0$ 处却不可导。

又由于导数为曲线的斜率，图 3-4 中可见当 $x=0$ 时，在 $(-\infty, +\infty)$ 内处处连续，$y=f(x)$ 的左右极限不相等。所以函数在该点不可导，就是在该点没有切线。

综上：函数 $y=|x|$ 在 $(-\infty, +\infty)$ 内处处连续，但它在 $x=0$ 处却不可导。

注：可导的函数一定连续，连续的函数一定有极限。

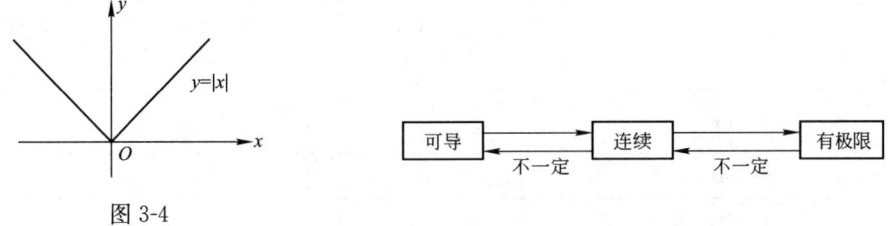

图 3-4

第二节　导数的基本公式表及函数的求导运算法则

上面我们讨论了导数的定义，从定义上看导数是两个无穷小之比的极限。如果导数存在，则 Δy 和 Δx 这两个无穷小分别是等阶、同阶的、低阶的。

从上面导数的举例中，我们得到下列的求导公式，为了方便查阅，现在把导数公式归纳如下（空白的地方请读者填写）：

名称	函　数	导　数	举　例
	$y=c$（c 为常数）	$y'=0$	$(5)'=0$
幂函数	$y=x^a$	$y'=ax^{a-1}$	$(x^5)'=5x^4$
			$(x^{-5})'=-5x^{-6}$
			$(x^{\frac{1}{5}})'=\frac{1}{5}x^{-\frac{4}{5}}$
			$(x^{-\frac{1}{5}})'=-\frac{1}{5}x^{-\frac{6}{5}}$
			$(\sqrt[5]{x})'=\frac{1}{5}x^{-\frac{4}{5}}$
			$(\sqrt[5]{x^4})'=\frac{4}{5}x^{-\frac{1}{5}}$

名称	函　　数	导　　数	举　　例
幂函数	$y=x^a$	$y'=ax^{a-1}$	$\left(\dfrac{1}{\sqrt[5]{x}}\right)'=$ _____
			$\left(\dfrac{1}{x^5}\right)'=$ _____
			$\left(\dfrac{1}{\sqrt[5]{x^4}}\right)'=$ _____
			$\left(\dfrac{1}{x}\right)'=$ _____
指数函数	$y=e^x$	$y'=e^x$	
	$y=a^x$	$y'=a^x\ln a$	$(2^x)'=$ _____
			$\left[\left(\dfrac{1}{3}\right)^x\right]'=$ _____
			$\left(\dfrac{1}{3^x}\right)'=$ _____
对数函数	$y=\log_a x$	$y'=\dfrac{1}{x\ln a}=\dfrac{\log_a e}{x}$	$\left(\log_{\frac{1}{5}}x\right)'=$ _____ $(\log_5 x)'=$ _____
	$y=\ln x$	$y'=\dfrac{1}{x}$	
三角函数	$y=\sin x$	$y'=\cos x$	
	$y=\cos x$	$y'=-\sin x$	
	$y=\tan x$	$y'=\sec^2 x$	
	$y=\cot x$	$y'=-\csc^2 x$	
	$y=\sec x$	$y'=\sec x\tan x$	$\left(\dfrac{1}{\cos x}\right)'=$ _____
	$y=\csc x$	$y'=-\csc x\cot x$	$\left(\dfrac{1}{\sin x}\right)'=$ _____
反三角函数	$y=\arcsin x$	$y'=\dfrac{1}{\sqrt{1-x^2}}$	
	$y=\arccos x$	$y'=-\dfrac{1}{\sqrt{1-x^2}}$	
	$y=\arctan x$	$y'=\dfrac{1}{1+x^2}$	
	$y=\text{arccot}x$	$y'=-\dfrac{1}{1+x^2}$	
双曲函数	$y=\text{sh}x$	$y'=\text{ch}x$	
	$y=\text{ch}x$	$y'=\text{sh}x$	
	$y=\text{th}x$	$y'=\dfrac{1}{\text{ch}^2 x}$	
	$y=\coth x$	$y'=-\dfrac{1}{\text{sh}^2 x}$	

名称	函　　数	导　　数	举　　例
反双曲函数	$y=\operatorname{arsh}x$	$y'=\dfrac{1}{\sqrt{1+x^2}}$	
	$y=\operatorname{arch}x$	$y'=\dfrac{1}{\sqrt{x^2-1}}$	
	$y=\operatorname{arth}x$	$y'=\dfrac{1}{1-x^2}(|x|<1)$	
	$y=\operatorname{arcoth}x$	$y'=\dfrac{1}{1-x^2}(|x|>1)$	

定理 3.2　设函数 $u=u(x)$ 和 $v=v(x)$ 在点 x 可导，则它们的和、差、积、商(分母不为零)也均在 x 处可导，且

(1) $(u\pm v)'=u'\pm v'$；

(2) $(uv)'=u'v+uv'$，特别地：$(cu)'=cu'$（c 为常数）；

(3) $\left(\dfrac{u}{v}\right)'=\dfrac{u'v-uv'}{v^2}(v\neq 0)$。

特殊：$u=c$ 为常数，则

$$（ca)'=ca'$$

通常称它们为导数的四则运算法则。

【证明】

(1) 只证"和"，至于"差"的情况与"和"完全类似。

$y=f(x)=u(x)+v(x)$，则

$$\Delta y=f(x+\Delta x)-f(x)=[u(x+\Delta x)+v(x+\Delta x)]-[u(x)+v(x)]$$
$$=[u(x+\Delta x)-u(x)]+[v(x+\Delta x)-v(x)]=\Delta u+\Delta v$$

于是由导数的定义，有

$$[u(x)+v(x)]'=\lim_{\Delta x\to 0}\frac{\Delta y}{\Delta x}=\lim_{\Delta x\to 0}\frac{\Delta u+\Delta v}{\Delta x}$$

$$=\lim_{\Delta x\to 0}\frac{\Delta u}{\Delta x}+\lim_{\Delta x\to 0}\frac{\Delta v}{\Delta x}=u'(x)+v'(x)，得证。$$

(2) $y=f(x)=u(x)v(x)$，则

$$\Delta y=f(x+\Delta x)-f(x)=[u(x+\Delta x)v(x+\Delta x)]-[u(x)v(x)]$$

于是由导数的定义，有

$$[u(x)v(x)]'=\lim_{\Delta x\to 0}\frac{\Delta y}{\Delta x}=\lim_{\Delta x\to 0}\frac{u(x+\Delta x)v(x+\Delta x)-u(x)v(x)}{\Delta x}$$

$$=\lim_{\Delta x\to 0}\frac{1}{\Delta x}[u(x+\Delta x)v(x+\Delta x)-u(x)v(x+\Delta x)+u(x)v(x+\Delta x)-u(x)v(x)]$$

$$=\lim_{\Delta x\to 0}\left[v(x+\Delta x)\frac{u(x+\Delta x)-u(x)}{\Delta x}+u(x)\frac{v(x+\Delta x)-v(x)}{\Delta x}\right]$$

$$=\lim_{\Delta x\to 0}v(x+\Delta x)\cdot\lim_{\Delta x\to 0}\frac{u(x+\Delta x)-u(x)}{\Delta x}+u(x)\lim_{\Delta x\to 0}\frac{v(x+\Delta x)-v(x)}{\Delta x}$$

$$=u'(x)v(x)+u(x)v'(x)$$

（3）按定义有

$$\left[\frac{u(x)}{v(x)}\right]' = \lim_{\Delta x \to 0}\frac{\dfrac{u(x+\Delta x)}{v(x+\Delta x)}-\dfrac{u(x)}{v(x)}}{\Delta x}=\lim_{\Delta x \to 0}\frac{u(x+\Delta x)v(x)-u(x)v(x+\Delta x)}{v(x)v(x+\Delta x)\Delta x}$$

将上式右端分式中的分子写成

$$v(x)[u(x+\Delta x)-u(x)]-u(x)[v(x+\Delta x)-v(x)]$$

再利用极限运算即可得证。

注：$\left(\dfrac{1}{u}\right)'=-\dfrac{u'}{u^2(x)}$

$$(uvw)'=u'vw+uv'w+uvw'$$

【例 3-8】 求下列函数的导数。

（1）$y=2x^3-5x^2+\dfrac{1}{\sqrt{x}}+13$

【解】

$$y'=(2x^3)'-(5x^2)'+\left(\frac{1}{\sqrt{x}}\right)'+13'$$

$$=2(x^3)'-5(x^2)'+\left(x^{-\frac{1}{2}}\right)'+13'$$

$$=6x^2-10x-\frac{1}{2}x^{-\frac{3}{2}}$$

（2）$y=\dfrac{1}{x}+\tan x-2^x-3$

【解】

$$y'=\left(\frac{1}{x}\right)'+(\tan x)'-(2^x)'-3'$$

$$=(x^{-1})'+(\tan x)'-(2^x)'-3'$$

$$=-x^{-2}+\sec^2 x-2^x\ln 2$$

（3）$y=(x^2-1)\cos x$

【解】

$$y'=(x^2-1)'\cos x+(x^2-1)(\cos x)'$$

$$=2x\cos x-\sin x(x^2-1)$$

$$=2x\cos x-x^2\sin x+\sin x$$

（4）$y=x^2\tan x\ln x$

【解】

$$y'=(x^2)'\tan x\ln x+x^2(\tan x)'\ln x+x^2\tan x(\ln x)'$$

$$=2x\tan x\ln x+x^2\sec^2 x\ln x+x^2\tan x\frac{1}{x}$$

$$=2x\tan x\ln x+x^2\sec^2 x\ln x+x\tan x$$

（5）$y=\dfrac{3x+5}{x+1}$

【解】

$$y' = \frac{(3x+5)'(x+1)-(3x+5)(x+1)'}{(x+1)^2}$$

$$= \frac{3(x+1)-(3x+5)}{(x+1)^2}$$

$$= \frac{-2}{(x+1)^2}$$

(6) $y = \dfrac{x\ln x - 7\tan x}{x}$

【解】

$$y' = \frac{(x\ln x - 7\tan x)'x - (x\ln x - 7\tan x)x'}{x^2}$$

$$= \frac{[(x\ln x)' - 7(\tan x)']x - (x\ln x - 7\tan x)}{x^2}$$

$$= \frac{[\ln x + 1 - 7\sec^2 x]x - x\ln x + 7\tan x}{x^2}$$

$$= \frac{x - 7x\sec^2 x + 7\tan x}{x^2}$$

第三节　复合函数的求导法则

定理 3.3　设函数 $u=\varphi(x)$ 在点 x 处有导数 $\dfrac{\mathrm{d}u}{\mathrm{d}x}=\varphi'(x)$，函数 $y=f(u)$ 在点 u 处有导数 $\dfrac{\mathrm{d}y}{\mathrm{d}x}=f'(u)$，则复合函数 $y=f[\varphi(x)]$ 在点 x 处也有导数，且

$$\frac{\mathrm{d}y}{\mathrm{d}x}=f'(u)\cdot\varphi'(x)$$

或

$$y'_x = y'_u \cdot u'_x$$

或

$$\frac{\mathrm{d}y}{\mathrm{d}x}=\frac{\mathrm{d}y}{\mathrm{d}u}\cdot\frac{\mathrm{d}u}{\mathrm{d}x}$$

推论　设 $y=f(u)$，$u=\varphi(v)$，$v=\psi(x)$，则复合函数 $y=f\{\varphi[\psi(x)]\}$ 的导数为

$$\frac{\mathrm{d}y}{\mathrm{d}x}=\frac{\mathrm{d}y}{\mathrm{d}u}\cdot\frac{\mathrm{d}u}{\mathrm{d}v}\cdot\frac{\mathrm{d}v}{\mathrm{d}x}$$

复合函数求导数公式，好像链条一样，一环扣一环，所以有些书上又称之为链式法则。运用这个法则时，应该注意因子的个数比中间变量的个数多一个，不要遗漏任何一层，且最后一个因子一定是某个中间变量对自变量的导数。

【例 3-9】　求下列函数的导数。

(1) $y=\cos^2 x$

【解】　把 $\cos x$ 看成中间变量 μ，将 $y=\cos^2 x$ 看成是 $y=\mu^2$、$\mu=\cos x$ 复合而成，由于

$y'_\mu=(\mu^2)'=2\mu \quad \mu'=-\sin x$

所以 $y'_x=y'_\mu\mu'_x=2\mu(-\sin x)=-2\cos x\sin x=-\sin 2x$

(2) $y=\sin 7x^2$

【解】 把这个函数可以看成是 $y=\sin\mu$，$\mu=7x^2$ 复合而成，由于

$y'_\mu=\cos\mu$，$\mu'_x=14x$ 所以

$$y'_x=y'_\mu\cdot\mu'_x=\cos\mu\cdot14x=14x\cos7x^2$$

(3) $y=\cos\dfrac{x}{7}$

【解】 把这个函数可以看成是 $y=\cos\mu$，$\mu=\dfrac{x}{7}$ 复合而成，由于

$y'_\mu=-\sin\mu$，$\mu'_x=\dfrac{1}{7}$，所以

$$y'_x=y'_\mu\cdot\mu'_x=-\sin\mu\cdot\dfrac{1}{7}=-\dfrac{1}{7}\sin\dfrac{x}{7}$$

(4) $y=\sqrt[3]{x-1}$

【解】 $y'_x=\dfrac{1}{3}(x-1)^{-\frac{2}{3}}\cdot(x-1)'_x=\dfrac{1}{3}(x-1)^{-\frac{2}{3}}$

(5) $y=\sqrt{7x-5}$

【解】 $y'_x=\dfrac{1}{2}(7x-5)^{-\frac{1}{2}}\cdot(7x-5)'_x=\dfrac{7}{2}(7x-5)^{-\frac{1}{2}}$

【例 3-10】 求下列函数的导数。

(1) $y=2^{\cos\frac{1}{x^2}}$

【解】 $y'=2^{\cos\frac{1}{x^2}}\cdot\ln2\left(-\sin\dfrac{1}{x^2}\right)(-2x^{-3})=x^{-3}\sin\dfrac{1}{x^2}\ln2\cdot2^{1+\cos\frac{1}{x^2}}$

(2) $y=\cos^2(2x-1)$

【解】 $y'=2\cos(2x-1)[-\sin(2x-1)]2=-4\sin(2x-1)\cos(2x-1)=-2\sin(4x-2)$

(3) $y=\ln\sin(\tan\sqrt{(2x^3+3)})$

【解】 $y'=\dfrac{1}{\sin(\tan\sqrt{2x^3+3})}\cos(\tan\sqrt{2x^3+3})\sec^2\sqrt{2x^3+3}\cdot\dfrac{1}{2}(2x^3+3)^{-\frac{1}{2}}\cdot6x^2$

$\qquad=3x^2(2x^3+3)^{-\frac{1}{2}}\cot(\tan\sqrt{2x^3+3})\sec^2\sqrt{2x^3+3}$

【例 3-11】 求下列函数的导数。

(1) $y=(2x-1)\sqrt{3x-1}$

【解】 $y'=(2x-1)'\cdot\sqrt{3x-1}+(2x-1)(\sqrt{3x-1})'$

$\qquad=2\sqrt{3x-1}+\dfrac{1}{2}(2x-1)(3x-1)^{-\frac{1}{2}}\cdot3=2\sqrt{3x-1}+\dfrac{3}{2}(2x-1)(3x-1)^{-\frac{1}{2}}$

(2) $y=\left(\dfrac{x}{2x-1}\right)^5$

【解】 $y'=5\left(\dfrac{x}{2x-1}\right)^4\cdot\left(\dfrac{x}{2x-1}\right)'=5\left(\dfrac{x}{2x-1}\right)^4\cdot\dfrac{2x-1-2x}{(2x-1)^2}=-5\dfrac{1}{(2x-1)^2}\left(\dfrac{x}{2x-1}\right)^4$

$\qquad=-5\dfrac{x^4}{(2x-1)^6}$

第四节 隐函数的导数与高阶导数

一、隐函数的导数

定义 3.5 若函数写成自变量 x 的明显表达式 $y=f(x)$，则这样表示的函数称为显函数，例如 $y=\left(\dfrac{x}{2x-1}\right)^5$ 和 $y=(2x-1)\sqrt{3x-1}$ 就是显函数。

定义 3.6 若自变量 x 与 y 之间的函数关系由一个方程 $F(x,y)=0$ 给出，则这样表示的函数称为隐函数。

例如由方程 $y-3x+5=0$ 和 $xy+y^3=1$ 所确定的就是 x 的隐函数。

有些方程所确定的隐函数很容易表示成显函数的形式。例如由隐函数 $y-3x+5=0$，得出显函数 $y=3x-5$，像这样把一个隐函数化成显函数的过程，称为隐函数的显化。

但是，隐函数的显化有时是困难的，甚至是不可能的。例如方程 $xy=e^{x^2+y}$，对于 x 的任意一个确定值，根据代数学的基本定理，y 至少有一个实根，所以该方程确定了 x 的一个隐函数 y，但我们无法把 y 表示成 x 的算式。

隐函数的求导法则：求隐函数的导数的方法是对复合函数求导法则的应用，因而求出的隐函数的导数往往也是一个含有 x 和 y 的代数式。

下面由具体实例来说明隐函数的求导方法。

【例 3-12】 求由方程 $x^2+y^2=1$ 所确定的隐函数 y 的导数。

【解】 方程两侧同时对 x 求导

$$(x^2+y^2)'_x=1'_x$$
$$2x+(y^2)'_x=0$$
$$2x+(y^2)'_y y'_x=0$$
$$2x+2yy'_x=0$$

所以 $y'_x=-\dfrac{x}{y}$

【例 3-13】 求由方程 $xy+e^y=e^x$ 所确定的隐函数 y 的导数，并求 $y'(0)$。

【解】 方程两侧同时对 x 求导

$$y+xy'+e^y y'=e^x$$
$$(x+e^y)y'=e^x-y$$

$\therefore y'=\dfrac{e^x-y}{e^y+x}$

当 $x=0$ 时，由方程解出 $y=0$，得 $y'(0)=1$

【例 3-14】 求由方程 $e^x+e^{xy}=e^y-5xy$ 所确定的隐函数 y 的导数。

【解】

$$(e^x+e^{xy})'_x=(e^y-5xy)'_x$$
$$e^x+(e^{xy})'_{xy}(xy)'_x=(e^y)'_x-(5xy)'_x$$
$$e^x+e^{xy}(y+xy'_x)=(e^y)'_y y'_x-(5y+5xy'_x)$$
$$e^x+e^{xy}(y+xy'_x)=e^y y'_x-5y-5xy'_x$$

$$(xe^{xy} - e^y + 5x)y'_x$$
$$= -5y - ye^{xy} - e^x$$

$$\therefore y'_x = \frac{-5y - ye^{xy} - e^x}{xe^{xy} - e^y + 5x}$$

【例 3-15】 设 $e^y + xy = e$，求 y'。

【解】 方程两侧同时对 x 求导：

$$e^y y' + y + xy' = 0$$

$$\therefore y' = -\frac{y}{e^y + x}$$

二、高阶导数

定义 3.7 一般的，函数 $y = f(x)$ 的导数 $f'(x)$ 仍然是 x 的函数，如果 $f'(x)$ 在点 x 处可导，则称 $f'(x)$ 在点 x 处的导数为函数 $y = f(x)$ 在点 x 处的二阶导数。类似地，如果二阶导数的导数存在，就称这个导数为三阶导数，如果三阶导数的导数存在，就称这个导数为四阶导数，…，以此类推，如果 $n-1$ 阶导数的导数存在，这个导数就称为 n 阶导数。

一阶，二阶，三阶，四阶，…，n 阶导数可以分别用如下各种符号来表示：

$$f'(x), \quad f''(x), \quad f'''(x), \quad f^{(4)}(x), \quad \cdots, \quad f^{(n)}(x)$$

二阶和二阶以上的导数统称为高阶导数，函数的各阶导数在点 x_0 处的数值记为

$$f'(x_0), \quad f''(x_0), \quad \cdots, \quad f^{(n)}(x_0)$$

或

$$y'|_{x=x_0}, \quad y''|_{x=x_0}, \quad \cdots, \quad y^{(n)}|_{x=x_0}$$

$$y'' = (y')' = \frac{d}{dx} \cdot \left(\frac{dy}{dx}\right) = \frac{d^2 y}{dx^2}$$

高阶导数的求导法则：$f(x)$ 的 n 阶导数是由 $f(x)$ 连续依次的求 n 次导数而得到的。

【例 3-16】 求 $y = 2x^5 - 1$ 的各阶导数。

【解】

$$y' = 10x^4$$
$$y'' = 40x^3$$
$$y''' = 120x^2$$
$$y^{(4)} = 240x$$
$$y^{(5)} = 240$$
$$y^{(6)} = 0$$
$$\cdots\cdots$$
$$y^{(n)} = 0$$

【例 3-17】 求 $y = e^x$ 的各阶导数。

【解】

$$y' = e^x$$
$$y'' = e^x$$
$$\cdots\cdots$$
$$y^{(n)} = e^x$$

【例 3-18】 设 $y = x\arccos x - \sqrt{1-x^2}$，求 y''。

【解】　$y'=\arccos x+x\dfrac{-1}{\sqrt{1-x^2}}-\dfrac{-2x}{2\sqrt{1-x^2}}=\arccos x$

$$y''=\dfrac{-1}{\sqrt{1-x^2}}$$

【例 3-19】　求 $y=\sin x$ 的各阶导数。

【解】

$$y'=\cos x=\sin\left(x+\dfrac{\pi}{2}\right)$$

$$y''=\cos\left(x+\dfrac{\pi}{2}\right)=\sin\left(x+2\,\dfrac{\pi}{2}\right)$$

$$y'''=\cos\left(x+2\,\dfrac{\pi}{2}\right)=\sin\left(x+3\,\dfrac{\pi}{2}\right)$$

$$\cdots\cdots$$

$$y^{(n)}=\sin\left(x+\dfrac{n\pi}{2}\right)$$

三、由参数方程所确定的函数的导数

一般情况下参数方程 $\begin{cases}x=\varphi(t)\\y=\psi(t)\end{cases}$ 确定了 y 是 x 的函数。

由参数方程所确定的函数求导法则：$\dfrac{\mathrm{d}y}{\mathrm{d}x}=\dfrac{\mathrm{d}y}{\mathrm{d}t}\cdot\dfrac{\mathrm{d}t}{\mathrm{d}x}=\dfrac{\mathrm{d}y}{\mathrm{d}t}\cdot\dfrac{1}{\dfrac{\mathrm{d}x}{\mathrm{d}t}}=\dfrac{\psi'(t)}{\varphi'(t)}$

【例 3-20】　设参数方程 $\begin{cases}x=2\cos t\\y=3\sin t\end{cases}$（椭圆方程）确定了函数 $y=y(x)$，求 y'。

【解】　$y'=\dfrac{y'_t}{x'_t}=\dfrac{3\cos t}{-2\sin t}=-\dfrac{3}{2}\cot t$

四、对数求导法

定义 3.8　通过两边去对数，转化成隐函数，然后按隐函数求导的方法求出导数 y'。这样做常常会使计算简化，这种方法称作对数求导法。

下面通过例题来具体说明对数求导法。

【例 3-21】　设 $y=\sqrt{\dfrac{(x-1)(x-2)}{(x-3)(x-4)}}$，求 y'。

【解】　函数式两边同时取对数得：

$$\ln y=\dfrac{1}{2}\ln\dfrac{(x-1)(x-2)}{(x-3)(x-4)}=\dfrac{1}{2}[\ln(x-1)+\ln(x-2)-\ln(x-3)-\ln(x-4)]$$

上式两边同时对 x 求导：

$$\dfrac{1}{y}y'=\dfrac{1}{2}\left[\dfrac{1}{x-1}+\dfrac{1}{x-2}-\dfrac{1}{x-3}-\dfrac{1}{x-4}\right]$$

$$\therefore y'=\dfrac{1}{2}y\left[\dfrac{1}{x-1}+\dfrac{1}{x-2}-\dfrac{1}{x-3}-\dfrac{1}{x-4}\right]$$

$$=\dfrac{1}{2}\sqrt{\dfrac{(x-1)(x-2)}{(x-3)(x-4)}}\left[\dfrac{1}{x-1}+\dfrac{1}{x-2}-\dfrac{1}{x-3}-\dfrac{1}{x-4}\right]$$

【例 3-22】 求 $y=\sqrt[5]{\dfrac{(2x-1)(x+5)^2}{(1-x)(5x+10)^3}}$ 的导数。

【解】 两边同时取对数：

$$\ln y=\frac{1}{5}\ln(2x-1)+\frac{2}{5}\ln(x+5)-\frac{1}{5}\ln(1-x)-\frac{3}{5}\ln(5x+10)$$

两边同时求导数：

$$\frac{1}{y}y'=\frac{1}{5}\frac{2}{2x-1}+\frac{2}{5}\frac{1}{x+5}-\frac{1}{5}\frac{-1}{1-x}-\frac{3}{5}\frac{5}{5x+10}$$

$$y'=\left(\frac{2}{5}\frac{1}{2x-1}+\frac{2}{5}\frac{1}{x+5}+\frac{1}{5}\frac{1}{1-x}-\frac{3}{5x+10}\right)\sqrt[5]{\frac{(2x-1)(x+5)^2}{(1-x)(5x+10)^3}}$$

【例 3-23】 求 $y=x^x$ 的导数。

【解】 两边同时取对数

$$\ln y=x\ln x$$

两边同时求导数

$$\frac{1}{y}y'=\ln x+1$$

$$\therefore y'=(\ln x+1)x^x$$

【例 3-24】 设 $y=\left(\dfrac{x}{1+x}\right)^{\sin x}$，求 y'。

【解】 函数式两边同时取对数得：

$$\ln y=\sin x\ln\frac{x}{1+x}$$

上式两边同时对 x 求导：

$$\therefore\frac{1}{y}y'=\cos x\ln\frac{x}{1+x}+\sin x\left(\frac{1}{x}-\frac{1}{1+x}\right)$$

$$y'=\left[\left(\frac{x}{1+x}\right)^{\sin x}\right]\left[\cos x\ln\frac{x}{1+x}+\sin x\left(\frac{1}{x}-\frac{1}{1+x}\right)\right]$$

第五节 微分及其应用

一、微分的概念

设 $y=f(x)$ 在 x_0 及 x_0 的某个邻域内可导，现在我们用无穷小量的观点去观察自变量的改变量 Δx 与函数的改变量 $\Delta y=f(x_0+\Delta x)-f(x_0)$ 之间的关系。

由于 $y=f(x)$ 在 x_0 内可导，则 $y=f(x)$ 在 x_0 点至少是连续的，因而有

$$\Delta y=f(x_0+\Delta x)-f(x_0)\to 0(\Delta x\to 0)$$

可知，当 $\Delta x\to 0$ 时，Δy 是一个无穷小量，又因为根据导数的存在性，可得

$$\lim_{\Delta x\to 0}\frac{\Delta y}{\Delta x}=f'(x_0)$$

进一步可得到 $\Delta y=f'(x_0)\Delta x+\alpha(\Delta x)\Delta x$

由此可见，当 Δx 很小时，Δy 可以用 $f'(x_0)\Delta x$ 近似的代替。

以上是当 $y=f(x)$ 在 x_0 内可导时进行的讨论，那么何时 $y=f(x)$ 在 x_0 处的改变量可以写成 $\Delta y=f(x_0+\Delta x)-f(x_0)=A\Delta x+\alpha(\Delta x)$（其中 A 为常数）。

根据之前的讨论，当 $y=f(x)$ 在 x_0 内可导时，上式成立，且 $A=f'(x_0)$。反过来，假定上式成立，这时两边同除以 Δx 并令 $\Delta x\to 0$，立即可得

$$\lim_{\Delta x\to 0}\frac{\Delta y}{\Delta x}=A$$

可见，我们得出了 $y=f(x)$ 在 x_0 可导，且 $A=f'(x_0)$。

现在我们给出函数 $y=f(x)$ 在 x_0 可微及其微分的定义：

定义 3.9 设函数 $y=f(x)$ 在点 x_0 处可导并取得改变量 Δx，则称 $f'(x)\Delta x$ 为函数 $y=f(x)$ 在点 x_0 处的微分，记作 $dy|_{x=x_0}$。

即 $dy|_{x=x_0}=f'(x_0)\Delta x$

如果可导函数 $y=f(x)$ 在 x 处的增量 $\Delta y=f'(x)\Delta x+\alpha(\Delta x)\Delta x$，则 $f'(x_0)\Delta x$ 称为 $f(x)$ 在 x 处的微分，记作 dy 或 $df(x)$，即 $dy=f'(x)\Delta x$。此时称 $y=f(x)$ 在 x 处可微。规定 $dx=\Delta x$，所以 $y=f(x)$ 的微分可记作

$$dy=f'(x)dx$$

注：$y=f(x)$ 在 x 处可微的充分必要条件是 $y=f(x)$ 在 x 处可导。即 $y=f(x)$ 在 x 处可微必可导，可导也必可微。

二、求函数的微分

【例 3-25】 求函数 $y=x^2$ 的微分

【解】 因为 $y'=2x$，所以 $dy=2xdx$

【例 3-26】 求函数 $y=\ln(2x+1)$ 的微分

【解】 因 $y'=\dfrac{2}{2x+1}$，所以 $dy=\dfrac{2}{2x+1}dx$

注：微分和导数的关系：$dy=f'(x)dx$

三、微分的几何意义

为了对微分有比较直观的了解，我们来说明微分的几何意义。

1. $dy=f'(x)\Delta x$ 的几何意义是：当 Δy 是曲线 $y=f(x)$ 在点 (x_0,y_0) 处纵坐标的增量时，dy 就是曲线的切线上该点的纵坐标的增量。

2. 在 x_0 的微小局部范围内可以用切线 $y=f(x)+f'(x_0)(x-x_0)$ 代替曲线 $y=f(x)$。

如图 3-5 所示，当 x 从 x_0 变到 $x_0+\Delta x$ 时，Δy 是曲线上点的纵坐标的增量；dy 是过点 $(x_0,f(x_0))$ 的切线上点的纵坐标的增量。当 $|\Delta x|$ 很小时，$|\Delta y-dy|$ 比 $|\Delta x|$ 小得多。因此，在点 M 的邻近，我们可以用切线段来近似代替曲线段。

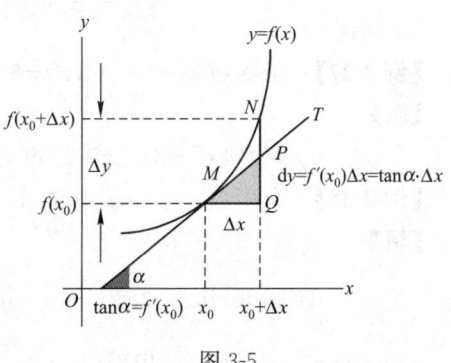

图 3-5

四、微分的基本公式及其运算法则

1. 由导数与微分的关系可知有一个导数公式就可以存在一个相应的微分公式。

导数公式	微分公式
$c'=0$	$dc=0$，（c 为常数）
$(x^a)'=ax^{a-1}$	$d(x^a)=ax^{a-1}dx$
$(a^x)'=a^x\ln a$	$d(a^x)=a^x\ln adx$
$(e^x)'=e^x$	$d(e^x)=e^xdx$
$(\ln x)'=\dfrac{1}{x}$	$d(\ln x)=\dfrac{1}{x}dx$
$(\log_a x)'=\dfrac{1}{x\ln a}$	$d(\log_a x)=\dfrac{1}{x\ln a}dx$
$(\sin x)'=\cos x$	$d(\sin x)=\cos xdx$
$(\cos x)'=-\sin x$	$d(\cos x)=-\sin xdx$
$(\tan x)'=\sec^2 x$	$d(\tan x)=\sec^2 xdx$
$(\cot x)'=-\csc^2 x$	$d(\cot x)=-\csc^2 xdx$
$(\arcsin x)'=\dfrac{1}{\sqrt{1-x^2}}$	$d(\arcsin x)=\dfrac{1}{\sqrt{1-x^2}}dx$
$(\arccos x)'=-\dfrac{1}{\sqrt{1-x^2}}$	$d(\arccos x)=-\dfrac{1}{\sqrt{1-x^2}}dx$
$(\arctan x)'=\dfrac{1}{1+x^2}$	$d(\arctan x)=\dfrac{1}{1+x^2}dx$
$(\text{arccot} x)'=-\dfrac{1}{1+x^2}$	$d(\text{arccot} x)=-\dfrac{1}{1+x^2}dx$

2. 微分的四则运算

$$d(u\pm v)=du\pm dv$$
$$d(uv)=udv+vdu$$
$$d\left(\frac{u}{v}\right)=\frac{vdu-udv}{v^2}$$

推论： $d\left(\dfrac{c}{v}\right)=-\dfrac{cdv}{v^2}$（$v\neq 0$，$c$ 为常数）

$d(cu)=cdu$（c 为常数）

3. 例题

【例 3-27】 求函数 $y=4x^3+3x^2-3$ 的微分。

【解】

$$dy=d(4x^3+3x^2-3)=d(4x^3)+d(3x^2)-d(3)=(12x^2+6x)dx$$

【例 3-28】 求函数 $y=x\ln x$ 的微分。

【解】

$$dy=d(x\ln x)=xd(\ln x)+\ln xdx=x\frac{1}{x}dx+\ln xdx=(\ln x+1)dx$$

【例 3-29】 求函数 $y=\dfrac{\ln x}{x}$ 的微分。

【解】

$$dy = d\left(\frac{\ln x}{x}\right) = \frac{x d(\ln x) - \ln x dx}{x^2} = \frac{x \frac{1}{x} dx - \ln x dx}{x^2} = \frac{1 - \ln x}{x^2} dx$$

【例 3-30】 求函数 $y = e^{x^2-1}$ 的微分。

【解】

$$dy = d(e^{x^2-1}) = e^{x^2-1}(2x)dx = 2x e^{x^2-1} dx$$

五、微分在近似计算中的应用

微分的概念可以应用到一些函数值的近似计算中。

由微分的概念可知，微分 dy 是函数增量 Δy 的线性主部，即

$$\Delta y = dy + o(\Delta x)$$

如果函数 $y = f(x)$ 在 x_0 处的导数 $f'(x_0) \neq 0$，且 $|\Delta x|$ 很小时，有

$$\Delta y = f(x_0 + \Delta x) - f(x_0) \approx dy = f'(x_0)\Delta x \tag{1}$$

当 $|\Delta x|$ 越小，其近似程度就越好，由于 dy 比 Δy 更易计算，因此通常根据(1)式利用微分来近似计算 Δy。

(1) 式也可表示为 $\qquad f(x_0 + \Delta x) \approx f(x_0) + f'(x_0)\Delta x \tag{2}$

(2) 式中令 $x_0 + \Delta x = x$，则 $f(x) \approx f(x_0) + f'(x)(x - x_0) \tag{3}$

取 $x_0 = 0$，有 $f(x) \approx f(0) + f'(0)x \tag{4}$

如果 $f(x)$、$f'(x_0)$ 容易计算，那么可以利用(2)式来近似计算 x_0 附近点的函数值 $f(x_0 + \Delta x)$，或利用(3)式来近似计算 $f(x)$。

应用(4)式可以推出一些常用的近似公式(假定 $|x|$ 很小)：

① $\sqrt[n]{1+x} \approx 1 + \frac{x}{n}$；

② $e^x \approx 1 + x$；

③ $\ln(1+x) \approx x$；

④ $\sin x \approx x$ (x 用弧度作单位)；

⑤ $\cos x \approx 1 - \frac{x^2}{2}$ (x 用弧度作单位)；

⑥ $\tan x \approx x$ (x 用弧度作单位)；

⑦ $\arcsin x \approx x$；

⑧ $\arctan x \approx x$。

【证明】 ① 设 $f(x) = \sqrt[n]{1+x}$，则 $f(0) = 1$

$$f'(0) = \frac{1}{n}(1+x)^{\frac{1}{n}-1}\Big|_{x=0} = \frac{1}{n},$$

由 $f(x) \approx f(0) + f'(0) \cdot x$ 得 $\sqrt[n]{1+x} \approx 1 + \frac{x}{n}$

③ 设 $f(x) = \ln(1+x)$，则 $f(0) = 0$

$$f'(0) = \frac{1}{1+x}\Big|_{x=0} = 1$$

由近似公式(4)得 $\ln(1+x) \approx f(0) + f'(0)x = x$，即 $\ln(1+x) \approx x$

其他几个公式可用类似方法证明。

【例 3-31】 有一半径为 2cm 的金属球，遇热后半径伸长了 0.02cm，问体积增大了多少?

【解】 设球的半径为 r，体积为 V，有 $V = \dfrac{4}{3}\pi r^3$

当半径 r 增加 Δr 时，体积 V 相应增加 ΔV，

所以 $$\Delta V \approx dV = 4\pi r^2 \cdot \Delta r$$

又 $r=2$，$\Delta r = 0.02$，因而 $\Delta V \approx 4\pi \times 2^2 \times 0.02 = 1.0048(\text{cm}^3)$。

即球的体积约增大了 1.0048cm^3。

【例 3-32】 求 $\tan 46°$ 的近似值。

【解】 设 $f(x) = \tan x$，则 $f'(x) = \sec^2 x$

取 $x_0 = 45° = \dfrac{\pi}{4}$，$\Delta x = 1° = \dfrac{\pi}{180}$

由 $f(x_0 + \Delta x) \approx f(x_0) + f'(x_0)\Delta x$

得 $\tan 46° \approx \tan \dfrac{\pi}{4} + \sec^2 \dfrac{\pi}{4} \cdot \dfrac{\pi}{180}$

即 $\tan 46° \approx 1.0349$

【例 3-33】 求下列各数的近似值。

(1) $\sqrt[3]{8.03}$；　　(2) $\ln 0.982$

【解】 由近似公式①得

$$\sqrt[3]{8.03} = 2\sqrt[3]{1 + \frac{0.03}{8}} \approx 2 \times \left(1 + \frac{1}{3} \times \frac{0.03}{8}\right) = 2.0025$$

由近似公式③得 $\ln 0.982 = \ln[1 + (-0.018)] \approx -0.018$

说明：本例中的两个小题，也可利用近似公式 $f(x_0 + \Delta x) \approx f(x_0) + f'(x_0)\Delta x$ 仿例 3-32 的方法求解，请读者自己完成。

第六节　导数与微分在工程技术中的应用

一、微分在误差估计中的应用

在实际问题中，经常要测量各种数据。由于测量仪器的精度、测量条件和测量方法等各种因素的影响，测得的数据常常有误差，由此所得数据的计算结果也有误差，我们称它为间接测量误差。

如果某个量的精确值为 A，其近似值为 a，那么称 $|A-a|$ 是 a 的绝对误差；称 $\left|\dfrac{A-a}{a}\right|$ 是 a 的相对误差。

在实际中精确值 A 往往无法知道，通常按实际估计出或给出误差的一个允许度。若 $|A-a| \leqslant \delta_A$，则称 δ_A 为 A 的绝对误差限，称 $\left|\dfrac{\delta_A}{a}\right|$ 为 A 的相对误差限。

应用微分来估计误差非常方便。设 x 是直接测量的量，y 是依赖于 x 并按 $y = f(x)$ 计算的量。如果测量 x 时产生的绝对误差是 $|\Delta x| \leqslant \delta_x$，相应的计算量 y 的绝对误差是 $|\Delta y|$，当 $|\Delta x|$ 很小时，有 $\Delta y \approx dy$，所以可用 dy 代替 Δy 作误差估计，即

$$|\Delta y| \approx |dy| = |f'(x_0)| \cdot |\Delta x| \leqslant |f'(x_0)| \cdot \delta_x$$

函数 y 的绝对误差限约为 $\delta_y = |f'(x_0)| \cdot \delta_x$

函数 y 的相对误差限约为 $\dfrac{\delta_y}{|y|} = \left| \dfrac{f'(x_0)}{f(x_0)} \right| \cdot \delta_x$

通常把绝对误差限和相对误差限简称为绝对误差与相对误差。

【例 3-34】 已知测量球的直径 $D = 5\text{cm}$，测量 D 的绝对误差限 $\delta_D = 0.05\text{cm}$，问用公式 $V = \dfrac{\pi}{6}D^3$ 计算球的体积时，试估计体积的绝对误差和相对误差。

【解】 由已知 $V = \dfrac{\pi}{6}D^3$，得 $\mathrm{d}V = \dfrac{1}{2}\pi D^2$，

由 $\delta_D = 0.05\text{cm}$，有 $|\Delta D| \leqslant \delta_D = 0.05$，

所以 $\qquad\qquad |\Delta V| \approx |\mathrm{d}V| = \dfrac{1}{2}\pi D^2 \cdot |\Delta D| \leqslant \dfrac{1}{2}\pi D^2 \cdot \delta_D$，

故 $\qquad\qquad \delta_V = \dfrac{1}{2}\pi D^2 \cdot \delta_D = \dfrac{\pi}{2} \times 5^2 \times 0.05 = 1.9625\,(\text{cm}^3)$；

$$\frac{\delta_V}{V} = \frac{\dfrac{\pi}{2}D^2 \cdot \delta_D}{\dfrac{\pi}{6}D^3} = \frac{3\delta_D}{D} = \frac{3 \times 0.05}{5} \approx 3\%$$

即球的体积的绝对误差和相对误差分别为 1.9625cm^3，3%。

【例 3-35】 若要求圆的面积的相对误差不超过 1%，问测量半径时的相对误差不超过多少？

【解】 设圆的半径为 r，面积为 A，则 $A = \pi r^2$，$\mathrm{d}A = 2\pi r \cdot \Delta r$，

因而 $\left| \dfrac{\Delta A}{A} \right| \approx \left| \dfrac{\mathrm{d}A}{A} \right| = \left| \dfrac{2\pi r \cdot \Delta r}{\pi r^2} \right| = 2 \left| \dfrac{\Delta r}{r} \right|$。

由已知 $\left| \dfrac{\Delta A}{A} \right| \leqslant 1\%$，即 $2 \left| \dfrac{\Delta r}{r} \right| \leqslant 1\%$，得 $\left| \dfrac{\Delta r}{r} \right| \leqslant 0.05\%$，

所以测量半径时的相对误差不超过 0.5%。

【例 3-36】 设已测得一根圆柱的直径为 43cm，并已知在测量中绝对误差不超过 0.2cm，试用此数据计算圆柱的横截面面积所引起的绝对误差与相对误差。

【解】 圆柱的横截面的直径 $D = 43\text{cm}$，直径的绝对误差 $|\Delta D| \leqslant 0.2$，圆柱的横截面面积的近似值为

$$A = \frac{1}{4}\pi D^2 = \frac{1}{4}\pi \cdot 43^2 = 462.25\pi\,(\text{cm}^2)$$

由 D 的测量误差 ΔD 所引起的面积 A 的计算误差 ΔA，可用微分 $\mathrm{d}A$ 来近似计算

$$\Delta A \approx \mathrm{d}A = \frac{1}{2}\pi D \cdot \Delta D = \frac{1}{2}\pi \cdot 43 \cdot \Delta D = 4.3\pi$$

所求绝对误差为

$$|\Delta A| \approx |\mathrm{d}A| = 4.3\pi\,(\text{cm}^2)$$

所求相对误差为

$$\left|\frac{\Delta A}{A}\right| \approx \left|\frac{\mathrm{d}A}{A}\right| = \frac{\frac{1}{2}\pi \cdot D \cdot |\Delta D|}{\frac{1}{4}\pi D^2} = 2 \cdot \frac{|\Delta D|}{D} = 2 \cdot \frac{0.2}{43} \approx 0.93\%$$

二、导数与微分在热工学中的应用

【例 3-37】 液体的体积压缩系数 $\beta = \dfrac{\mathrm{d}\rho/\rho}{\mathrm{d}p}$，请证明 $\beta = -\dfrac{\mathrm{d}V/V}{\mathrm{d}p}$。

【解析】 液体压缩性是液体的温度不变，压强增大，体积被压缩，密度增大的性质。设某一体积 V 的液体，密度 ρ，当压强增加 $\mathrm{d}p$ 时，体积减小 $\mathrm{d}V$，密度增大 $\mathrm{d}\rho$，则密度增大率为 $\dfrac{\mathrm{d}\rho}{\rho}$，我们把密度增大率与压强增大量的比值称为液体的体积压缩系数，即 $\beta = \dfrac{\mathrm{d}\rho/\rho}{\mathrm{d}p} \mathrm{m^2/N}$。

【证明】 液体被压缩时，质量并不改变，即 $\mathrm{d}m = 0$

又 $\because m = \rho V$ $\therefore \mathrm{d}m = \mathrm{d}(\rho V) = 0$

根据微分原理 $\mathrm{d}(\rho V) = \rho \mathrm{d}(V) + V \mathrm{d}(\rho) = 0$

$\therefore V \mathrm{d}\rho = -\rho \mathrm{d}V$ 即 $\dfrac{\mathrm{d}\rho}{\rho} = -\dfrac{\mathrm{d}V}{V}$

$\therefore \beta = \dfrac{\mathrm{d}\rho/\rho}{\mathrm{d}p} = -\dfrac{\mathrm{d}V/V}{\mathrm{d}p} \mathrm{m^2/N}$ （负号表示在此过程中，体积减小）

【例 3-38】 当物体的温度高于周围介质的温度时，物体就会不断冷却。若物体的温度 T 与时间 t 的函数关系为 $T = T(t)$，请表示出物体在时刻 t_0 的冷却速度？

【解】

$$v(t_0) = \lim_{\Delta t \to 0} \frac{\Delta T}{\Delta t} = \lim_{\Delta t \to 0} \frac{T(t_0 + \Delta t) - T(t_0)}{\Delta t}$$
$$v(t_0) = T'(t_0)$$

【例 3-39】 某电器厂在对冰箱制冷后断电测试其制冷效果，t 小时后冰箱的温度为 $T = \dfrac{2t}{0.05t+1} - 20$，问冰箱温度 T 关于时间 t 的变化率是多少？

【解】 冰箱温度 T 关于时间 t 的变化率为

$$\frac{\mathrm{d}T}{\mathrm{d}t} = \left(\frac{2t}{0.05t+1} - 20\right)' = \left(\frac{2t}{0.05t+1}\right)' - (20)'$$
$$= \frac{2(0.05t+1) - 2t \times 0.05}{(0.05t+1)^2} - 0$$
$$= \frac{2}{(0.05t+1)^2}$$

三、导数微分在建筑工程测量中的应用

【例 3-40】 为了求某圆柱体体积，今测得圆周长、高及其中误差分别为：周长 $C = 2.105 \pm 0.002\mathrm{m}$，高 $H = 1.823 \pm 0.003\mathrm{m}$，试求圆柱体体积 V 及其中误差 m_V。

【解】 圆柱体体积公式

$$V = \frac{1}{4\pi}C^2 H$$

将上式取对数微分得

$$\frac{\mathrm{d}V}{V}=\frac{2\mathrm{d}C}{C}+\frac{\mathrm{d}H}{H}$$

则
$$\left(\frac{m_V}{V}\right)^2=\left(\frac{2m_C}{C}\right)^2+\left(\frac{m_H}{H}\right)^2$$

将观测数据代入上式得

$$V=0.643\mathrm{m}^3$$

$$m_V=\pm0.0016\mathrm{m}^3$$

即
$$V=0.643\pm0.0016\mathrm{m}^3$$

【例 3-41】 如果一个容器中的水量 W 随着时间的增加而增加，但增加量越来越小，则 $\frac{\mathrm{d}W}{\mathrm{d}t}$、$\frac{\mathrm{d}^2W}{\mathrm{d}t^2}$ 的正、负符号分别为什么？

【解】 因为水量 W 随着时间的增加而增加，所以 $\frac{\mathrm{d}W}{\mathrm{d}t}>0$，但因为增加量越来越小，所以 $\frac{\mathrm{d}^2W}{\mathrm{d}t^2}<0$。

四、导数微分在工程力学中的应用

【例 3-42】 雷达在距离火箭发射台 b 处观察铅垂上升的火箭发射，测得角 θ 的规律为 $\theta=kt$，其中 k 为重量。试列出火箭的运动方程，并计算当 $\theta=\frac{\pi}{6}$ 和 $\theta=\frac{\pi}{3}$ 时火箭的速度和加速度。

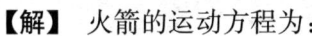

【解】 火箭的运动方程为：

$$x=b$$

$$y=b\tan\theta=b\tan kt$$

$$v=y'_t=\frac{\mathrm{d}y}{\mathrm{d}t}=\frac{\mathrm{d}}{\mathrm{d}t}(b\tan kt)=bk\sec^2 kt$$

$$a=v'_t=\frac{\mathrm{d}v_y}{\mathrm{d}t}=\frac{\mathrm{d}}{\mathrm{d}t}(bk\sec^2 kt)=2bk^2\tan kt\sec^2 kt$$

$$\theta=\frac{\pi}{6}\text{时}$$

$$v=bk\sec^2\frac{\pi}{6}=\frac{4}{3}bk$$

$$a=2bk^2\tan\frac{\pi}{6}\sec^2\frac{\pi}{6}=\frac{8\sqrt{3}}{9}bk^2$$

$$\theta=\frac{\pi}{3}\text{时}$$

$$v=bk\sec^2\frac{\pi}{3}=4bk$$

$$a=2bk^2\tan\frac{\pi}{3}\sec^2\frac{\pi}{3}=8\sqrt{3}bk^2$$

【例 3-43】 摇筛机构如图 3-6 所示。已知 $O_1A=O_2B=400\text{m}$，$O_1O_2=AB$，杆 O_1A 按 $\varphi=\dfrac{1}{2}\sin\dfrac{\pi}{4}t$（$t$ 的单位为 s，φ 的单位为 rad）的规律摆动。求当 $t=0$ 和 $t=2\text{s}$ 时，筛面中点 M 的速度、切向加速度和法向加速度。

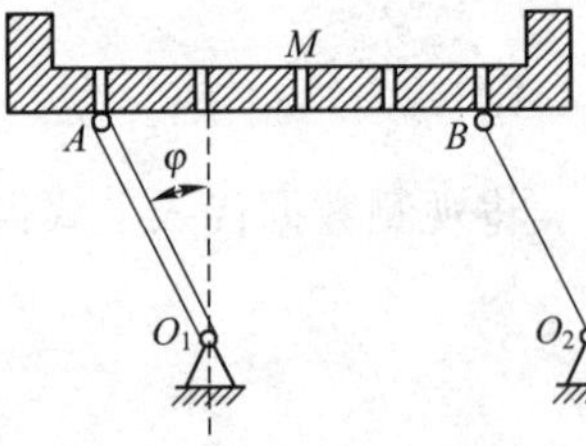

【解】 经分析可知，筛子作平动，所以 M 点的运动情况与 A 点相同

图 3-6

A 点：运动方程 $s=O_1A\varphi=0.4\times\dfrac{1}{2}\sin\dfrac{\pi}{4}t=0.2\sin\dfrac{\pi}{4}t$

$$\therefore v_M=v_A=\frac{\mathrm{d}s}{\mathrm{d}t}=0.05\pi\cos\frac{\pi}{4}t$$

$$a_{tM}=a_{tA}=\frac{\mathrm{d}v_A}{\mathrm{d}t}=-\frac{0.05}{4}\pi^2\sin\frac{\pi}{4}t$$

$$a_{nM}=a_{nA}=\frac{v_A^2}{R}=\frac{(0.05\pi)^2}{0.4}\cos^2\frac{\pi}{4}t$$

$t=0$ 时：$\qquad v_M=0.05\pi\cos0°=0.05\pi=0.157\text{m/s}$

$$a_t=-\frac{0.05}{4}\pi^2\times0=0$$

$$a_n=\frac{(0.05\pi)^2}{0.4}\times1=0.0616\text{m/s}^2$$

$t=2\text{s}$ 时：$\qquad v_M=0.05\pi\cos\frac{\pi}{2}=0$

$$a_t=-\frac{0.05}{4}\pi^2\sin\frac{\pi}{2}=-0.123\text{m/s}^2$$

$$a_n=\frac{(0.05\pi)^2}{0.4}\cos^2\frac{\pi}{2}=0$$

【例 3-44】 在测试一汽车的刹车性能时发现，刹车后汽车行驶的距离 s（单位：m）与时间 t（单位：s）满足 $s=19.2t-0.4t^3$，假设汽车作直线运动，求汽车在 $t=4\text{s}$ 时的速度和加速度。

【解】 汽车刹车后的速度为

$$v=\frac{\mathrm{d}s}{\mathrm{d}t}=(19.2t-0.4t^3)'=19.2-1.2t^2\ (\text{m/s})$$

汽车刹车后的加速度为

$$a=\frac{\mathrm{d}v}{\mathrm{d}t}=(19.2-1.2t^2)'=-2.4t\ (\text{m/s}^2)$$

$t=4\text{s}$ 时，汽车的速度为

$$v=(19.2-1.2t^2)\big|_{t=4}=0\ (\text{m/s})$$

$t=4\text{s}$ 时，汽车的加速度为

$$a=-2.4t\big|_{t=4}=-9.6\ (\text{m/s}^2)$$

五、导数微分在电工学中的应用

【例 3-45】 当电流通过两个并联电阻 r_1、r_2 时，总电阻由下式给出：$\dfrac{1}{R}=\dfrac{1}{r_1}+\dfrac{1}{r_2}$

求 R 关于 r_1 的变化率，假定 r_2 是常量。

【解】 由 $\dfrac{1}{R}=\dfrac{1}{r_1}+\dfrac{1}{r_2}$ 知 $R=\dfrac{r_1r_2}{r_1+r_2}$，因为 r_2 是常数，所以

$$\frac{\mathrm{d}R}{\mathrm{d}r_1}=\frac{\mathrm{d}}{\mathrm{d}r_1}\left(\frac{r_1r_2}{r_1+r_2}\right)=\frac{r_2(r_1+r_2)-r_1r_2}{(r_1+r_2)^2}=\frac{r_2^2}{(r_1+r_2)^2}$$

【例 3-46】 设有一电阻负载 $R=25\Omega$，现负载功率 P 从 400W 变到 401W，求负载两端电压 U 的改变量。

【解】 由电学知，负载功率 $P=\dfrac{U^2}{R}$，即 $U=\sqrt{RP}$

故

$$\mathrm{d}U=\frac{\mathrm{d}\sqrt{PR}}{\mathrm{d}P}\mathrm{d}P=\frac{R}{2\sqrt{PR}}\mathrm{d}P$$

因为 $P=400$，$R=25$，$\mathrm{d}P=1$，
所以电压 U 的改变量为

$$\Delta U\approx\frac{25}{2\sqrt{25\times400}}\times1=0.125$$

【例 3-47】 具有 PN 节的半导体器件，其电流微变和引起这个变化的电压微变之比称为低频跨导。一种 PN 节的半导体器件，其转移特性曲线方程为 $I=5U^2$，求电压 $U=-2\mathrm{V}$ 时的低频跨导。

【解】 低频跨导是电流微变和引起这个变化的电压微变之比，它在 $U=-2\mathrm{V}$ 时的变化率为

$$I=\lim_{\Delta U\to0}\frac{\Delta I}{\Delta U}=\lim_{\Delta U\to0}\frac{5(-2+\Delta U)^2-5(-2)^2}{\Delta U}=10(\mathrm{V})$$

【例 3-48】 电路中某点处的电流 i 是通过该点处的电量 q 关于时间的瞬时变化率，如果一电路中的电量为 $q(t)=t^3+t$

(1) 求其电流函数 $i(t)$。

(2) $t=3$ 时的电流是多少？

(3) 什么时候电流为 28？

【解】 (1) $i(t)=\dfrac{\mathrm{d}q}{\mathrm{d}t}=(t^3+t)'=(t^3)'+(t)'=3t^2+1$

(2) $i(3)=\dfrac{\mathrm{d}q}{\mathrm{d}t}=(3t^2+1)\big|_{t=3}=3\times3^2+1=28$

(3) 解方程 $i(t)=3t^2+1=28$
得 $t=3$
即当 $t=3$ 时，
有 $i(t)=28$

【例 3-49】 一个电阻为 3Ω，可变电阻 R 的电路中的电压由下式给出：

$$U=\frac{6R+25}{R+3}$$

求在 $R=7\Omega$ 时电压关于可变电阻 R 的变化率。

【解】 电压 U 关于可变电阻 R 的变化率为：

$$U' = \left(\frac{6R+25}{R+3}\right)' = \frac{6(R+3)-(6R+25)}{(R+3)^2} = \frac{-7}{(R+3)^2}$$

在 $R=7\Omega$ 时电压关于可变电阻 R 的变化率为：

$$U'|_{R=7} = -\frac{7}{10^2} = -0.07$$

习　题

1. 根据导数的定义，求下列函数的导数

(1) $f(x)=x^2+2x+3$，求 $f'(0)$；

(2) $f(x)=\dfrac{1}{x+2}$，求 $f'(-1)$；

(3) $f(x)=\sqrt{1+x}$，求 $f'(1)$；

(4) $f(x)=\ln x$，求 $f'(1)$。

2. 判断下列函数在 $x=0$ 点是否可导？

(1) $y=\sqrt{x}$；

(2) $y=x|x|$；

(3) $f(x)=\begin{cases} x^2, & x\leqslant 0 \\ 2x, & x>0 \end{cases}$；

(4) $f(x)=\begin{cases} x^2\sin\dfrac{1}{x}, & x<0 \\ x\sin x, & x\geqslant 0 \end{cases}$。

3. 已知一物体的运动规律为 $s=t^3+2t+5$，求该物体在 $t=2$ 时的瞬时速度。

4. 求下列各函数的导数。

(1) $y=\sin 5$，求 y'、$y'(-1000)$、$y'(50)$；

(2) $y=x^5$，$y=\sqrt{x}$，$y=\sqrt[4]{x^5}$，$y=\dfrac{\sqrt{x}}{x^2}$，$y=x^a \cdot x^b$，$y=(\sqrt[n]{x})^m$，求 y'；

(3) $y=\lg x$，$y=\log_5 x$，$y=\log_{\frac{1}{5}} x$，$y=\log_5 4x$，求 y'；

(4) $y=6^x$，$y=5^{-x}$，$y=4^{2x}\cdot e^x$，求 y'。

5. 求曲线 $y=x^2$ 在点 $(1,1)$ 处的切线和法线方程。

6. 求曲线 $y=x^2$ 上与直线 $4x-y+5=0$ 平行的切线方程。

7. 讨论函数 $f(x)=\begin{cases} x\arctan\dfrac{1}{x}, & x\neq 0 \\ 0, & x=0 \end{cases}$ 在 $x=0$ 处的连续性和可导性。

8. 试确定 a，b 的值，使函数

$$f(x)=\begin{cases} e^{2x}+b, & x\leqslant 0 \\ \sin ax, & x>0 \end{cases}$$ 在 $x=0$ 处可导。

9. 求下列函数的导数

(1) $y=x^3+3^x-\cos x+\ln 3$；

(2) $y=\sqrt{x}(x^2-1)$；

(3) $y=3\lg x+2\cot x-x^{0.7}$；

(4) $y=e^{2x}+\cos a-\dfrac{1}{x^4}$；

(5) $y=\dfrac{x^4+\sqrt{x}-1}{x^3}$；

(6) $y=\dfrac{3x^2+x-1}{\sqrt{x}}$；

(7) $y=(2+\sqrt{x})\left(1-\dfrac{2}{\sqrt{x}}\right)$；

(8) $y=\log_2\sqrt[4]{x}$。

10. 求下列函数的导数

(1) $y=2(x^2-1)(2x-3)$；

(2) $y=x^2\tan x$；

(3) $y=\dfrac{x^3-5}{3^x+1}$；

(4) $y=(2x^2-3x+4)(x^5+x^3-1)$；

(5) $y = x \cdot \tan x \cdot \ln x$；

(6) $y = \dfrac{x \sin x}{1 + x^2}$。

11. 求下列函数的导数

(1) $y = e^{2x+1}$；

(2) $y = (3x-1)^{10}$；

(3) $y = \ln \tan x$；

(4) $y = \sqrt{1-x^2}$；

(5) $y = \sin^2 \dfrac{x}{2}$；

(6) $y = \sqrt{\tan(2x+1)}$；

(7) $y = \sqrt[3]{1 - \ln^2 x}$；

(8) $y = e^{\cos \frac{1}{x}}$；

(9) $y = (2x+1)(1-x^2)^3$；

(10) $y = (3x+5)^5 (5x-2)^3$；

(11) $y = e^{-2x} \cos 2x$；

(12) $y = x \sin \dfrac{x}{3} + \sqrt{9-x^2}$；

(13) $y = \dfrac{\arcsin x}{\sqrt{1-x^2}}$；

(14) $y = \left(\arctan \dfrac{x}{2} \right)^3$；

(15) $y = \left(\dfrac{x+1}{x-1} \right)^m$；

(16) $y = \ln \dfrac{x - \sqrt{1+x^2}}{x}$；

(17) $y = \sin^2 x \sin x^2$；

(18) $y = \sqrt{x^2-1} \ln x - \arctan \sqrt{x^2-1}$。

12. 利用对数求导法求下列函数的导数

(1) $y = (2x-1)^{3x+2}$；

(2) $y = (\sin x)^{\cos x}$；

(3) $y = (x+2)^2 \sqrt{\dfrac{1-x}{5+x}}$；

(4) $y = \dfrac{(x+3)}{\sqrt{(x+5)(x-4)}}$；

(5) $y = x^{x^3}$；

(6) $y = (2x-1) \sqrt{x \sqrt{(3x+1)\sqrt{x-1}}}$。

13. 求下列方程所确定的隐函数的导数 $\dfrac{\mathrm{d}y}{\mathrm{d}x}$

(1) $2x^2 y - xy^2 + y^3 = 0$；

(2) $\dfrac{x}{y} = \ln(xy)$；

(3) $\arctan \dfrac{y}{x} = \ln \sqrt{x^2+y^2}$；

(4) $e^{xy} + y \ln x = \sin 2x$；

(5) $e^{x+y} - xy = 1$，求 $\dfrac{\mathrm{d}y}{\mathrm{d}x} \Big|_{\substack{x=0 \\ y=0}}$；

(6) $y \sin x - \cos(x+y) = 0$，求 $\dfrac{\mathrm{d}y}{\mathrm{d}x} \Big|_{\substack{x=0 \\ y=\frac{\pi}{2}}}$。

14. 求下列函数的高阶导数

(1) $y = \sqrt{5-3x^2}$，求 y''；

(2) $y = (1+x^2) \arctan x$，求 y''；

(3) $y = e^{3x} \cos 2x$，求 y'''；

(4) $y = x^3 \ln x$，求 $y^{(4)}$；

(5) $y = \ln(3+x^2)$，求 $y'''(0)$；

(6) $y = x \cos x$，求 $y''(0)$。

15. 求下列由参数方程所确定函数的导数 $\dfrac{\mathrm{d}y}{\mathrm{d}x}$

(1) $\begin{cases} x = \arctan t \\ y = \ln(1+t^2) \end{cases}$；

(2) $\begin{cases} x = a\cos^3 t \\ y = b\sin^3 t \end{cases}$（$a$，$b$ 为常数）；

(3) $\begin{cases} x = 1-t^2 \\ y = t - t^3 \end{cases}$；

(4) $\begin{cases} x = e^t \sin t \\ y = e^t \cos t \end{cases}$；

(5) $\begin{cases} x = \dfrac{3t}{1+t^2} \\ y = \dfrac{3t^2}{1+t^2} \end{cases}$；

(6) $\begin{cases} x = te^{-t} + 1 \\ y = (2t-t^2)e^{-t} \end{cases}$。

16. 求下列函数的 n 阶导数

(1) $y=xe^x$; (2) $y=x\ln x$;

(3) $y=\dfrac{1}{x^2-1}$; (4) $y=\sin 2x$。

17. 求下列函数的微分

(1) $y=\ln(2+x^2)$; (2) $y=\arcsin\sqrt{x}$;

(3) $y=\tan^2(2x+5)$; (4) $y=e^{\arctan 2x}$;

(5) $y=e^{-2x}\cot 3x$; (6) $y=\dfrac{\ln x}{1-x^2}$。

18. 将适当的函数填入下列括号内，使等号成立

(1) d( ) $=2\mathrm{d}x$; (2) d( ) $=x\mathrm{d}x$;

(3) d( ) $=\sqrt{x}\,\mathrm{d}x$; (4) d( ) $=\dfrac{1}{1+x}\mathrm{d}x$;

(5) d( ) $=\sec^2 3x\,\mathrm{d}x$; (6) d( ) $=e^{-2x}x\,\mathrm{d}x$;

(7) d( ) $=\dfrac{1}{x^2}\mathrm{d}x$; (8) d( ) $=\dfrac{x}{\sqrt{1-x^2}}\mathrm{d}x$。

19. 利用微分求近似值

(1) $\sqrt[5]{4.01}$; (2) $\ln 0.95$;

(3) $\sin 44^\circ$; (4) $\sqrt[6]{65}$

20. 半径为 10cm 的金属圆片，加热后半径伸长了 0.05cm，求所增加的面积的近似值。

21. 有一批半径为 1cm 的钢球，为了提高钢球表面的光洁度，要镀上厚为 0.01cm 的一层铜。若铜的密度为 8.9g/cm³，试估计每个钢球需要多少克铜。

22. 设扇形的圆心角 $\alpha=60^\circ$，半径 $R=1$m。如果 R 不变，圆心角 α 增加了 $30'$，问扇形的面积大约增加了多少？如果圆心角 α 不变，半径 R 增加了 1cm，问扇形的面积大约增加了多少？

第四章 导数的应用

导数在自然科学与工程技术上都有着极其广泛的应用，本章将介绍计算未定型极限的新方法——洛必达法则，并以导数为工具，讨论函数及其图形的形态，并解决一些常见的应用问题。

第一节 微分中值定理、洛必达法则

一、罗尔中值定理

定理 4.1 若函数 $f(x)$ 满足：(i) $f(x)$ 在 $[a, b]$ 上连续；(ii) $f(x)$ 在 (a, b) 可导；(iii) $f(a) = f(b)$，则在 (a, b) 内至少存在一点，使得 $f'(\xi) = 0$。

注 1. 定理中的三个条件缺一不可，否则定理不一定成立，即指定理中的条件是充分的，但非必要。

2. 罗尔定理中的 ξ 点不一定唯一。事实上，不难看出：若可导函数 $f(x)$ 在点 ξ 处取得最大值或最小值，则有 $f'(\xi) = 0$。

3. 定理的几何意义：设有一段弧的两端点的高度相等，且弧长除两端点外，处处都有不垂直于 x 轴的一切线，该弧上至少有一点处的切线平行于 x 轴。

二、拉格朗日中值定理

在罗尔定理中，第三个条件为 $f(a) = f(b)$，然而对一般的函数，此条件不满足，现将该条件去掉，但仍保留前两个条件，这样，结论相应的要改变，这就是拉格朗日中值定理：

定理 4.2 若函数满足：(i) $f(x)$ 在 $[a, b]$ 上连续；(ii) $f(x)$ 在 (a, b) 上可导；则在 (a, b) 内至少存在一点 ξ，使得 $f'(\xi) = \dfrac{f(b) - f(a)}{b - a}$。

若此时，还有 $f(a) = f(b)$，$\Rightarrow f'(\xi) = 0$。可见罗尔中值定理是拉格朗日中值定理的一个特殊情况，因而用罗尔中值定理来证明之。

【证明】 上式又可写为
$$f'(\xi) - \frac{f(b) - f(a)}{b - a} = 0 \tag{1}$$

作一个辅助函数：
$$F(x) = f(x) - \frac{f(b) - f(a)}{b - a}(x - a) \tag{2}$$

显然，$F(x)$ 在 $[a, b]$ 上连续，在 (a, b) 上可导，且

$$F(a) = f(a) - \frac{f(b) - f(a)}{b - a}(a - a) = f(a)$$

$$F(b) = f(b) - \frac{f(b) - f(a)}{b - a}(b - a) = f(a)$$

$\Rightarrow F(a) = F(b)$，所以由罗尔中值定理，在 (a, b) 内至少存在一点 ξ，使得 $F'(\xi) = 0$。又

$$F'(x) = f'(x) - \frac{f(b)-f(a)}{b-a} \Rightarrow f'(\xi) - \frac{f(b)-f(a)}{b-a} = 0 \text{ 或 } f'(\xi) = \frac{f(b)-f(a)}{b-a}。$$

注 1. 拉格朗日中值定理是罗尔中值定理的推广。

2. 定理中的结论，可以写成 $f(b) - f(a) = f'(\xi)(b-a)(a < \xi < b)$，此式也称为拉格朗日公式，其中 ξ 可写成：$\xi = a + \theta(b-a)(0 < \theta < 1) \Rightarrow$

$$f(b) - f(a) = f'(a + \theta(b-a))(b-a) \tag{3}$$

若令 $b = a + h \Rightarrow f(a+h) - f(a) = f'(a+\theta h)h$ (4)

3. 若 $a > b$，定理中的条件相应的改为：$f(x)$ 在 $[b, a]$ 上连续，在 (b, a) 内可导，则结论为：$f(a) - f(b) = f'(\xi)(a-b)$，也可写成 $f(b) - f(a) = f'(\xi)(b-a)$。可见，不论 a, b 哪个大，其拉格朗日公式总是一样的。这时，ξ 为介于 a, b 之间的一个数，式(4)中的 h 不论正负，只要 $f(x)$ 满足条件就成立。

4. 设在点 x 处有一个增量 Δx，得到点 $x + \Delta x$，在以 x 和 $x + \Delta x$ 为端点的区间上应用拉格朗日中值定理，有 $f(x + \Delta x) - f(x) = f'(x + \theta \Delta x) \cdot \Delta x (0 < \theta < 1)$

即 $$\Delta y = f'(x + \theta \Delta x) \cdot \Delta x$$

这准确地表达了 Δy 和 Δx 这两个增量间的关系，故该定理又称为有限增量定理。

5. 几何意义：如果曲线 $y = f(x)$ 在除端点外的每一点都有不平行于 y 轴的切线，则曲线上至少存在一点，该点的切线平行于两端点的连线。

由定理还可得到下列结论：

推论 如果 $y = f(x)$ 在区间 I 上的导数恒为 0，则 $f(x)$ 在 I 上是一个常数。

【证明】 在 I 中任取一点 x_0，然后再取一个异于 x_0 的任一点 x，在以 x_0、x 为端点的区间 J 上，$f(x)$ 满足：(i)连续；(ii)可导；从而在 J 内部存在一点 ξ，使得

$$f(x) - f(x_0) = f'(\xi)(x - x_0)$$

又在 I 上，$f'(x) \equiv 0$，从而在 J 上，$f'(x) \equiv 0 \Rightarrow f'(\xi) = 0$，所以 $f(x) - f(x_0) = 0 \Rightarrow f(x) = f(x_0)$，可见，$f(x)$ 在 I 上的每一点都有：$f(x) = f(x_0)$(常数)。

三、柯西中值定理

定理 4.3 若 $f(x)$，$F(x)$ 满足：

(i) $f(x)$，$F(x)$ 在 $[a, b]$ 上连续；

(ii) $f(x)$，$F(x)$ 在 (a, b) 内可导；

(iii) $F'(x)$ 在 (a, b) 内恒不为 0；

(iv) $F(a) \neq F(b)$；

则在 (a, b) 内至少存在一点 ξ，使得 $\dfrac{f'(\xi)}{F'(\xi)} = \dfrac{f(b)-f(a)}{F(b)-F(a)}$。

注 1. 柯西中值定理是拉格朗日中值定理的推广，事实上，令 $F(x) = x$，就得到拉格朗日中值定理；

2. 几何意义：若用 $\begin{cases} X = f(x) \\ Y = F(x) \end{cases} (a \leqslant x \leqslant b)$ 表示曲线 c，则其几何意义同前一个。

【例 4-1】 问函数 $f(x) = x^3 - x$ 在 $[0, 2]$ 满足拉格朗日定理条件吗？如果满足请写出其结论。

【解】 显然 $f(x) = x^3 - x$ 在 $[0, 2]$ 上连续，在 $(0, 2)$ 可导，定理条件满足，且

$$f'(x) = 3x^2 - 1$$

所以有以下等式：
$$\frac{f(2) - f(0)}{2 - 0} = f'(\xi)$$

由于 $f(2) = 6$，$f(0) = 0$，$f'(\xi) = 3\xi^2 - 1$，

带入上式得 $\xi = \dfrac{2}{\sqrt{3}}$，这个 ξ 是在开区间 $(0，2)$ 内的。

【例 4-2】 证明当 $x > 0$ 时，$\dfrac{x}{1+x} < \ln(1+x) < x$。

【证明】 设 $f(x) = \ln(1+x)$，$f(x)$ 在 $[0，x]$ 上满足拉氏定理的条件，
$$\therefore f(x) - f(0) = f'(\xi)(x - 0)，\quad (0 < \xi < x)$$
$$\because f(0) = 0，f'(x) = \frac{1}{1+x}$$

由上式得 $\ln(1+x) = \dfrac{x}{1+\xi}$

又 $\because 0 < \xi < x$，$1 < 1 + \xi < 1 + x$，$\dfrac{1}{1+x} < \dfrac{1}{1+\xi} < 1$

$\therefore \dfrac{x}{1+x} < \dfrac{x}{1+\xi} < x$

即 $\dfrac{x}{1+x} < \ln(1+x) < x$。

【例 4-3】 证明 $\arcsin x + \arccos x = \dfrac{\pi}{2}$ $(-1 \leqslant x \leqslant 1)$。

【证明】 令 $f(x) = \arcsin x + \arccos x$，$\because f'(x) = \dfrac{1}{\sqrt{1-x^2}} - \dfrac{1}{\sqrt{1-x^2}} = 0$，

由推论知 $f(x) = $ 常数，$x \in [-1.1]$！再由 $f(0) = \dfrac{\pi}{2}$，故 $\arcsin x + \arccos x = \dfrac{\pi}{2}$。

四、洛必达法则

无穷小量的比较中，极限有可能存在，也可能不存在，因此，我们称两个无穷小量或两个无穷大量之比的极限为 "$\dfrac{0}{0}$" 型及 "$\dfrac{\infty}{\infty}$" 未定型极限。本节将给出处理未定型极限的重要工具——洛必达法则，它是计算 "$\dfrac{0}{0}$" 型及 "$\dfrac{\infty}{\infty}$" 型的重要方法之一。

洛必达法则：如果
(1) 函数 $f(x)$ 和 $F(x)$ 在点 x_0 的邻域内(可除去点 x_0)有定义，且 $\lim\limits_{x \to x_0} f(x) = 0$，$\lim\limits_{x \to x_0} F(x) = 0$；
(2) $f(x)$ 和 $F(x)$ 都可导(点 x_0 可除外)，且 $F'(x) \pm 0$；
(3) $\lim\limits_{x \to x_0} \dfrac{f'(x)}{F'(x)}$ 存在(或为无穷大)；那么，$\lim\limits_{x \to x_0} \dfrac{f(x)}{F(x)} = \lim\limits_{x \to x_0} \dfrac{f'(x)}{F'(x)}$

对于 $x \to x_0$ 时的未定式 $\dfrac{\infty}{\infty}$，也有相应的洛必达法则。

【例 4-4】 $\lim\limits_{x \to 0} \dfrac{e^x - 1}{2x}$。

【解】 利用定理得 $\lim\limits_{x \to 0} \dfrac{e^x - 1}{2x} = \lim\limits_{x \to 0} \dfrac{(e^x - 1)'}{(2x)'} = \lim\limits_{x \to 0} \dfrac{e^x}{2} = \dfrac{1}{2}$

注意：在应用洛必达法则求极限时，若导数比满足洛必达法则条件，可继续使用洛必达法则，一直求解到不符合洛必达法则为止。

【例 4-5】 $\lim\limits_{x\to 0}\dfrac{x-\sin x}{x^3}$。

【解】 原式 $=\lim\limits_{x\to 0}\dfrac{1-\cos x}{3x^2}=\lim\limits_{x\to 0}\dfrac{\sin x}{6x}=\lim\limits_{x\to 0}\dfrac{\cos x}{6}=\dfrac{1}{6}$

【例 4-6】 求 $\lim\limits_{x\to 0}\dfrac{\sin ax}{\sin bx}(b\neq 0)$。

【解】 原式 $=\lim\limits_{x\to 0}\dfrac{(\sin ax)'}{(\sin bx)'}=\lim\limits_{x\to 0}\dfrac{a\cos ax}{b\cos bx}=\dfrac{a}{b}$

【例 4-7】 求 $\lim\limits_{x\to 0^+}\dfrac{\ln\cot x}{\ln x}$。

【解】 原式 $=\lim\limits_{x\to 0^+}\dfrac{-x\csc^2 x}{\cot x}=-1$

【例 4-8】 求 $\lim\limits_{x\to +\infty}\dfrac{x^n}{e^{\lambda x}}$。（$n$ 为正整数，$\lambda>0$）。

【解】 相继应用洛必达法则 n 次，得

$$\lim\limits_{x\to +\infty}\dfrac{x^n}{e^{\lambda x}}=\lim\limits_{x\to +\infty}\dfrac{nx^{n-1}}{\lambda e^{\lambda x}}=\cdots=\lim\limits_{x\to +\infty}\dfrac{n!}{\lambda^n e^{\lambda x}}=0$$

洛必达法则虽然是求未定型的一种有效方法，但若能与其他求极限的方法结合使用，效果则更好。例如能化简时应尽可能先化简，可以应用等价无穷小替换或重要极限时，应尽可能应用，以使运算尽可能简捷。

【例 4-9】 求 $\lim\limits_{x\to 0}\dfrac{x^2\sin\dfrac{1}{x}}{\sin x}$。

【解】 原式 $=\lim\limits_{x\to 0}\dfrac{x\sin\dfrac{1}{x}}{\dfrac{\sin x}{x}}=\lim\limits_{x\to 0}x\sin\dfrac{1}{x}=0$

五、未定型的其他类型（$0\cdot\infty$，$\infty-\infty$，0^0，1^∞，∞^0）

1. 对于 $0\cdot\infty$ 型，可将乘积化为除的形式，即化为 "$\dfrac{0}{0}$" 型及 "$\dfrac{\infty}{\infty}$" 型的未定型来计算，即 $0\cdot\infty=0\cdot\dfrac{1}{0}=\dfrac{0}{0}$。

2. 对于 $\infty-\infty$ 型，可利用通分化为 $\dfrac{0}{0}$ 型的未定型来计算。

即 $\infty_1-\infty_2=\dfrac{1}{0_1}-\dfrac{1}{0_2}$，通分以后 $\Rightarrow\dfrac{0_2-0_1}{0_1 0_2}=\dfrac{0}{0}$。

3. 对于 0^0，1^∞，∞^0 型，可先化为以 e 为底的指数函数的极限，再利用指数函数的连续性，化为直接求指数的极限，指数的极限为 $0\cdot\infty$ 的形式，再化为 "$\dfrac{0}{0}$" 型及 "$\dfrac{\infty}{\infty}$" 型的未定型来计算。即 0^0，1^∞，∞^0 取对数 $\Rightarrow 0\cdot\ln 0$，$\infty\cdot\ln 1$，$0\cdot\ln\infty$，即 $0\cdot\infty$，$\infty\cdot 0$，$0\cdot\infty$。

【例 4-10】 求 $\lim\limits_{x\to +\infty}x^{-2}e^x$（$0\cdot\infty$ 型）。

【解】 原式 $=\lim\limits_{x\to +\infty}\dfrac{e^x}{x^2}=\lim\limits_{x\to +\infty}\dfrac{e^x}{2x}=\lim\limits_{x\to +\infty}\dfrac{e^x}{2}=+\infty$

【例 4-11】 求 $\lim\limits_{x\to \frac{\pi}{2}}(\sec x-\tan x)$（$\infty-\infty$ 型）。

【解】 原式 $=\lim\limits_{x\to \frac{\pi}{2}}\dfrac{1}{\cos x}-\dfrac{\sin x}{\cos x}=\lim\limits_{x\to \frac{\pi}{2}}\dfrac{1-\sin x}{\cos x}=\lim\limits_{x\to \frac{\pi}{2}}\dfrac{-\cos x}{-\sin x}=0$

【例4-12】 求 $\lim\limits_{x\to0^+}x^x$（0^0 型）。

【解】 设 $y=x^x$，取对数得 $\ln y=x\ln x$，当 $x\to0^+$，$x\ln x\to0$

所以 $\lim\limits_{x\to0^+}\ln y=\lim\limits_{x\to0^+}x\ln x=0$

则 $\lim\limits_{x\to0^+}x^x=e^0=1$

【例4-13】 求 $\lim\limits_{x\to0^+}(\cot x)^{\frac{1}{\ln x}}$（$\infty^0$ 型）。

【解】 设 $y=(\cot x)^{\frac{1}{\ln x}}$，取对数，则

$$\lim_{x\to0^+}\ln y=\lim_{x\to0^+}\frac{\ln\cot x}{\ln x}=-\infty$$

所以 $\lim\limits_{x\to0^+}(\cot x)^{\frac{1}{\ln x}}=0$。

【例4-14】 求 $\lim\limits_{n\to\infty}\left[\tan^n\left(\dfrac{\pi}{4}+\dfrac{2}{n}\right)\right]$。

【解】 设 $f(x)=\left[\tan^x\left(\dfrac{\pi}{4}+\dfrac{2}{x}\right)\right]$，则 $f(n)=\left[\tan^n\left(\dfrac{\pi}{4}+\dfrac{2}{n}\right)\right]$

因为 $\lim\limits_{x\to+\infty}f(x)=e^{\left[\lim\limits_{x\to+\infty}x\ln\tan\left(\frac{\pi}{4}+\frac{2}{x}\right)\right]}$

$$=e^{\left[\lim\limits_{x\to+\infty}\frac{\ln\tan\left(\frac{\pi}{4}+\frac{2}{x}\right)}{\frac{1}{x}}\right]}=e^{\left[\lim\limits_{x\to+\infty}\frac{\sec^2\left(\frac{\pi}{4}+\frac{2}{x}\right)\left(-\frac{2}{x^2}\right)}{-\frac{1}{x^2}\tan\left(\frac{\pi}{4}+\frac{2}{x}\right)}\right]}=e^4$$

从而原式 $=\lim\limits_{n\to\infty}f(n)=\lim\limits_{x\to+\infty}f(x)=e^4$。

【例4-15】 求 $\lim\limits_{x\to\infty}\dfrac{x+\cos x}{x}$。

【解】 错误解法为原式 $=\lim\limits_{x\to\infty}\dfrac{1-\sin x}{1}=\lim\limits_{x\to\infty}(1-\sin x)$ 极限不存在。

（洛必达法条件不满足的情况）

正确解法为原式 $=\lim\limits_{x\to\infty}\left(1+\dfrac{1}{x}\cos x\right)=1$

注意：

1. 洛必达法则是求 "$\dfrac{0}{0}$" 型及 "$\dfrac{\infty}{\infty}$" 型未定型极限的有效方法，但是非未定型极限却不能使用。因此在实际运算时，每使用一次洛必达法则，必须判断一次条件。

2. 将等价无穷小代换等求极限的方法与洛必达法则结合起来使用，可简化计算。

3. 洛必达法则是充分条件，当条件不满足时，未定型的极限需要用其他方法求，但不能说此未定型的极限不存在。

4. 如果数列极限也属于未定型的极限问题，需先将其转换为函数极限，然后使用洛必达法则，从而求出数列极限。

第二节 导数在判断函数单调性中的应用

单调性是函数的重要性态之一，它既决定了函数递增或递减的状况，又可以帮助我们研究函数的极值，还可以证明某些不等式和分析函数的图形。

一、函数单调性的判定法

很显然，如果函数 $y=f(x)$ 在 $[a,b]$ 上单调增加（单调减少），那么它的图形是一条沿 x 轴正向上升（下降）的曲线。这时曲线的各点处的切线斜率是非负的（是非正的），即 $y'=f'(x)\geqslant0$（或 $y'=f'(x)\leqslant0$）。由此可见，函数的单调性与导数的符号有着密切的关系。

定理 4.4 （函数单调性的判定法） 设函数 $y=f(x)$ 在 $[a,b]$ 上连续，在 (a,b) 内可导。

(1) 如果在 (a,b) 内 $f'(x)>0$，那么函数 $y=f(x)$ 在 $[a,b]$ 上单调增加；

(2) 如果在 (a,b) 内 $f'(x)<0$，那么函数 $y=f(x)$ 在 $[a,b]$ 上单调减少。

注意：判定法中的闭区间可换成其他各种区间。

二、确定单调性的一般步骤

确定单调性的一般步骤是：(1) 确定函数的定义域；

(2) 求出使 $f'(x)=0$ 和 $f'(x)$ 不存在的点，并以这些点为分界点，将定义域分为若干个子区间；

(3) 确定 $f'(x)$ 在各个区间内的符号，从而判断出 $f(x)$ 的单调性。

【例 4-16】 判定函数 $y=x+\cos x$ 在 $[0,2\pi]$ 上的单调性。

【解】 因为在 $(0,2\pi)$ 内 $y'=x'+(\cos x)'=1-\sin x>0$，所以由判定法可知函数 $y=x+\cos x$ 在 $[0,2\pi]$ 上单调增加。

【例 4-17】 讨论函数 $y=e^x-x$ 的单调性。

【解】 由于 $y'=(e^x)'-x'=e^x-1$ 且函数 $y=e^x-x$ 的定义域为 $(-\infty,+\infty)$

令 $y'=0$，得 $x=0$，

x	$(-\infty,0]$	$[0,+\infty)$
$f'(x)$	$-$	$+$
$f(x)$	↘	↗

注意：其中箭头 ↗ 代表函数在指定区间递增，箭头 ↘ 代表函数在指定区间递减。

【例 4-18】 讨论函数 $y=\sqrt[3]{x^2}$ 的单调性。

【解】 显然函数的定义域为 $(-\infty,+\infty)$，而函数的导数为 $y'=\dfrac{2}{3\sqrt[3]{x}}(x\neq0)$

所以函数在 $x=0$ 处不可导。

x	$(-\infty,0]$	$[0,+\infty)$
$f'(x)$	$-$	$+$
$f(x)$	↘	↗

注意：如果函数在定义区间上连续，除去有限个导数不存在的点外导数存在且连续，那么只要用方程 $f'(x)=0$ 的根及导数不存在的点来划分函数 $f(x)$ 的定义区间，就能保证 $f'(x)$ 在各个部分区间内保持固定的符号，因而函数 $f(x)$ 在每个部分区间上单调。

【例 4-19】 讨论函数 $y=x^3$ 的单调性。

【解】 函数的定义域为 $(-\infty,+\infty)$

函数的导数为：$y'=3x^2$，除 $x=0$ 时，$y'=0$ 外，在其余各点处均有 $y'>0$；因为当 $x\neq 0$ 时，$y'>0$，所以函数在 $[0,+\infty)$ 及 $(-\infty,0]$ 上都是单调增加的。从而在整个定义域 $(-\infty,+\infty)$ 内 $y=x^3$ 是单调增加的，其在 $x=0$ 处曲线有一水平切线。

说明：一般的，如果 $f'(x)$ 在某区间内的有限个点处为零，在其余各点处均为正（或负）时，那么 $f(x)$ 在该区间上仍旧是单调增加（或单调减少）的。

第三节　导数在求函数极值中的应用

一、极值定义

定义 4.1　设函数 $f(x)$ 在 x_0 的某一邻域 $U(x_0)$ 内有定义，如果对于去心邻域 $\mathring{U}(x_0)$ 内的任一 x，有 $f(x)<f(x_0)$（或 $f(x)>f(x_0)$），则称 $f(x_0)$ 是函数 $f(x)$ 的一个极大值（或极小值）。

函数的极大值与极小值统称为函数的极值，使函数取得极值的点称为极值点。

注意：函数的极大值和极小值概念是局部性的。如果 $f(x_0)$ 是函数 $f(x)$ 的一个极大值，那只是就 x_0 附近的一个局部范围来说，$f(x_0)$ 是 $f(x)$ 的一个最大值；如果就 $f(x)$ 的整个定义域来说，$f(x_0)$ 不一定是最大值。极小值情况类似。

二、极值的必要条件

定理 4.5（必要条件）　设函数 $f(x)$ 在点 x_0 处可导，且在 x_0 处取得极值，那么函数在 x_0 处的导数为零，即 $f'(x_0)=0$。

定义 4.2　导数为零的点叫驻点。

定理 4.5 可叙述为：可导函数 $f(x)$ 的极值点必定是函数的驻点。但是反过来，函数 $f(x)$ 的驻点却不一定是极值点。

考察函数 $f(x)=x^3$ 在 $x=0$ 处的情况。显然 $x=0$ 是函数 $f(x)=x^3$ 的驻点，但 $x=0$ 却不是函数 $f(x)=x^3$ 的极值点。

三、极值的充分条件

定理 4.6（第一种充分条件）　设函数 $f(x)$ 在含 x_0 的区间 (a,b) 内连续，在 (a,x_0) 及 (x_0,b) 内可导。

（1）如果在 (a,x_0) 内 $f'(x)>0$，在 (x_0,b) 内 $f'(x)<0$，那么函数 $f(x)$ 在 x_0 处取得极大值；

（2）如果在 (a,x_0) 内 $f'(x)<0$，在 (x_0,b) 内 $f'(x)>0$，那么函数 $f(x)$ 在 x_0 处取得极小值；

（3）如果在 (a,x_0) 及 (x_0,b) 内 $f'(x)$ 的符号相同，那么函数 $f(x)$ 在 x_0 处没有极值。

定理 4.6 也可简单地叙述为：当 x 在 x_0 的邻域渐增地经过 x_0 时，如果 $f'(x)$ 的符号由负变正，那么 $f(x)$ 在 x_0 处取得极大值，如果 $f'(x)$ 的符号由正变负，那么 $f(x)$ 在 x_0 处取得极小值，如果 $f'(x)$ 的符号并不改变，那么 $f(x)$ 在 x_0 处没有极值。

定理 4.7（第二充分条件）　函数 $f(x)$ 在 x_0 处具有二阶导数且 $f'(x_0)=0$，$f''(x_0)\neq 0$，那么

（1）当 $f''(x_0)<0$ 时，$f(x)$ 在 x_0 处取得极大值；

（2）当 $f''(x_0)>0$ 时，$f(x)$ 在 x_0 处取得极小值。

四、求函数极值的一般步骤

求函数极值的一般步骤如下：

(1) 确定函数 $f(x)$ 的定义域求出导数 $f'(x)$；

(2) 求出 $f(x)$ 的全部驻点和不可导点；

(3) 列表判断(考察 $f'(x)$ 的符号在每个驻点和不可导点的左右邻域的情况，以便确定该点是否是极值点，如果是极值点，还要按定理 4.6 确定对应的函数值是极大值还是极小值)；

(4) 确定出函数的所有极值点和极值。

【例 4-20】 求函数 $y=x^3-3x$ 的极值。

【解】 (1) 此函数定义域：$(-\infty, +\infty)$。

(2) $y'=3x^2-3$

令 $y'=0$，得 $x_1=-1$，$x_2=1$。

(3) 列表讨论：

x	$(-\infty, -1)$	-1	$(-1, 1)$	1	$[1, +\infty)$
$f'(x)$	$+$	0	$-$	0	$+$
$f(x)$	↗	-1 为极大值且极大值为 2	↘	1 为极小值且极小值为 -2	↗

【例 4-21】 求函数 $f(x)=x^3-3x^2-9x+5$ 的极值。

【解】 (1) 此函数定义域 $(-\infty, +\infty)$。

(2) $f'(x)=3x^2-6x-9=3(x+1)(x-3)$

令 $f'(x)=0$，得驻点 $x_1=-1$，$x_2=3$。

(3) 列表讨论：

x	$(-\infty, -1)$	-1	$(-1, 3)$	3	$(3, +\infty)$
$f'(x)$	$+$	0	$-$	0	$+$
$f(x)$	↗	-1 为极大值且极大值为 10	↘	3 为极小值且极小值为 -22	↗

第四节　导数在最值中的工程应用

在许多数学和工程技术问题中，常常会遇到求最大值和最小值的问题。如用料最省、容量最大、花钱最少、效率最高等．此类问题在数学上往往可归结为求某一函数(通常称为目标函数)的最大值或最小值问题，所以学习函数的最值很重要。

一、极值与最值的关系

若函数 $f(x)$ 在闭区间 $[a, b]$ 上连续，则函数在该区间上一定有最大值与最小值，若最值在开区间 (a, b) 内取得，则对于可导函数来说最值点一定在函数 $f(x)$ 的驻点之中。

二、最大值和最小值的求法与一般步骤

求函数 $f(x)$ 在 (a, b) 内的全部驻点处的值及 $f(a)$，$f(b)$ 中最大者即为函数 $f(x)$ 在 $[a, b]$ 上的最大值，最小者即为 $f(x)$ 在 $[a, b]$ 上的最小值。

综上，求最大值和最小值的步骤：

(1) 求驻点和不可导点；

(2) 求区间端点及驻点和不可导点的函数值，比较大小，哪个大哪个就是最大值，哪个小哪个就是最小值。

注意：如果区间内只有一个极值，则这个极值就是最值(最大值或最小值)。

【例 4-22】 求函数 $y = 2x^3 + 3x^2 - 12x + 14$ 在 $[-3, 4]$ 上的最大值和最小值。

【解】 $f'(x) = 6x^2 + 6x - 12$ 解方程 $f'(x) = 0$，得 $x_1 = -2$，$x_2 = 1$

由于 $f(-3) = 23$，$f(-2) = 34$，$f(1) = 7$，$f(4) = 142$

因此函数 $y = 2x^3 + 3x^2 - 12x + 14$ 在 $[-3, 4]$ 上的最大值为 $f(4) = 142$

最小值为 $f(1) = 7$

【例 4-23】 求函数 $f(x) = 3x^4 - 16x^3 + 30x^2 - 24x + 14$ 在区间 $[0, 3]$ 上的最值。

【解】 $f'(x) = 12x^3 - 48x^2 + 60x - 24 = 12(x-1)^2(x-2) = 0$

令 $f'(x) = 0$，得驻点：$x_1 = 1$，$x_2 = 2$

$f(0) = 14$，$f(3) = 23$，$f(1) = 7$，$f(2) = 6$

可知在区间 $[0, 3]$ 上 $f(x)$ 的最小值：$f(2) = 6$，最大值：$f(3) = 23$

【例 4-24】 某房地产公司有 50 套公寓要出租，当租金定为每月 180 元时，公寓会全部租出去。当租金每月增加 10 元时，就有一套公寓租不出去，而租出去的房子每月需花费 20 元的整修维护费。试问房租定为多少可获得最大收入？

【解】 设房租为每月 x 元，租出去的房子有 $\left(50 - \dfrac{x-180}{10}\right)$ 套

每月总收入为 $R(x) = (x-20)\left(50 - \dfrac{x-180}{10}\right)$

$R(x) = (x-20)\left(68 - \dfrac{x}{10}\right)$，$R'(x) = \left(68 - \dfrac{x}{10}\right) + (x-20)\left(-\dfrac{1}{10}\right) = 70 - \dfrac{x}{5}$

$R'(x) = 0 \Rightarrow x = 350$(唯一驻点)

故每月每套租金为 350 元时收入最高，最大收入为

$$R(x) = (350-20)\left(68 - \dfrac{350}{10}\right) = 10890(元)$$

【例 4-25】 由直线 $y = 0$，$x = 8$ 及抛物线 $y = x^2$ 围成一个曲边三角形，在曲边 $y = x^2$ 上求一点，使曲线在该点处的切线与直线 $y = 0$，$x = 8$ 所围成的三角形面积最大(图 4-1)。

【解】 设所求切点为 $P(x_0, y_0)$，切线为 PT：

$y - y_0 = 2x_0(x - x_0)$，

由于 $y_0 = x_0^2$，所以 $A\left(\dfrac{1}{2}x_0, 0\right)$，$C(8, 0)$，$B(8,$

$16x_0 - x_0^2)$

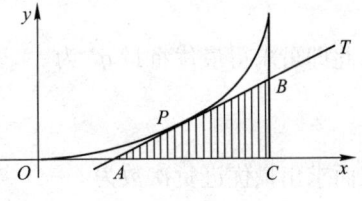

图 4-1

$$S_{\triangle ABC}=\frac{1}{2}\left(8-\frac{1}{2}x_0\right)(16x_0-x_0^2)\quad(0\leqslant x_0\leqslant 8)$$

令 $S'=\frac{1}{4}(3x_0^2-64x_0+16\times16)=0$，解得 $x_0=\frac{16}{3}$，$x_0=16$（舍去）

又因为 $S''\left(\frac{16}{3}\right)=-8<0$，所以 $S\left(\frac{16}{3}\right)=\frac{4096}{27}$ 为极大值

故 $S\left(\frac{16}{3}\right)=\frac{4096}{27}$ 为所有三角形中面积的最大者。

三、最大值、最小值的应用——最优化问题

实际问题求最值步骤：

（1）建立目标函数；

（2）求最值。

下面举例说明工程技术中的有关最优化问题。

1. 最值在建材库存中的应用

库存是商品生产过程中不可缺少的一个环节，为了保证正常的生产，必须有适当的库存量，库存量过大，会造成库存费用高，流动资金积压等额外的经济损失，库存量过小，又会造成订货费用增多或生产准备费用增高，甚至造成停工待料的更大损失。因此控制库存量，使库存总费用降至最低水平是管理中的一个重要问题，下面以一个简单模型为例来讨论这一问题。

假定计划期内货物的总需求为 R，考虑分 n 次均匀进货且不允许缺货的进货模型。设计划期为 T 天，待求的进货次数为 n，那么每次进货的批量为 $q=\frac{R}{n}$，进货周期为 $t=\frac{T}{n}$，再设每件物品储存一天的费用为 c_1，每次进货的费用为 c_2，则在计划期（T 天）内总费用 E 由两部分组成（图4-2）。

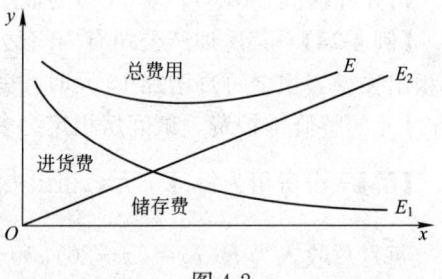

图 4-2

（1）进货费 $E_1=c_2n=\frac{c_2R}{q}$；

（2）贮存费 $E_2=\frac{q}{2}c_1T$。

于是总费用 E 可表示为批量 q 的函数

$$E=E_1+E_2=\frac{c_2R}{q}+\frac{q}{2}c_1T$$

最优批量 q^* 应使一元函数 $E=f(q)$ 达到极小值，因而 q^* 满足

$$\frac{\mathrm{d}E}{\mathrm{d}q}=-\frac{c_2R}{q^2}+\frac{1}{2}c_1T=0,$$

由此即可求得最优批量 q^* 为

$$q^*=\sqrt{\frac{2c_2R}{c_1T}}$$

从而求出最优进货次数为

$$n^*=\frac{R}{q^*}=\sqrt{\frac{c_1TR}{2c_2}}$$

最优进货周期为

$$t^* = \frac{T}{n^*} = \sqrt{\frac{2c_2 T}{c_1 R}}$$

最小总费用为

$$E^* = c_2 R \sqrt{\frac{c_1 T}{2c_2 R}} + \frac{1}{2} c_1 T \sqrt{\frac{2c_2 R}{c_1 T}} = \sqrt{2c_1 c_2 TR}$$

【例 4-26】 某工地每月需要某种建材 100 件，每批建材进货费用 5 元，每件建材每月保管费（储存费）为 0.4 元。求最优订购批量 q^*、最优批次 n^*、最优进货周期 t^*、最小总费用 E^*。

【解】 按已知条件知，$R = 100$，$T = 1$，$c_1 = 0.4$，$c_2 = 5$，因此可得

最优批量为 $q^* = \sqrt{\frac{2c_2 R}{c_1 T}} = \sqrt{\frac{2 \times 5 \times 100}{0.4 \times 1}} = 50$（件）；

最优批次为 $n^* = \frac{R}{q^*} = \frac{100}{50} = 2$（批）；

最优进货周期为 $t^* = \frac{T}{n^*} = \frac{1}{2}$（月）；

最小总费用为 $E^* = \sqrt{2c_1 c_2 TR} = 20$（元/月）。

2. 最值在电工学中的应用

【例 4-27】 甲、乙两个工厂合用一变压器，其位置如图 4-3，若两厂用同型号线架设输电线，问变压器应设在输电干线何处时，所需输电线最短。

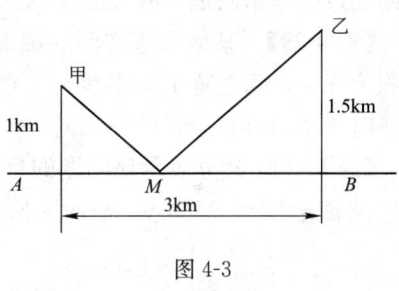

图 4-3

【解】 （1）建立表示该问题的目标函数

设变压器安装在距 A 点 $x$km 处，所需输电线 $y$km，根据题意，得

$$y = \sqrt{1 + x^2} + \sqrt{(3-x)^2 + 1.5^2} \quad (0 \leqslant x \leqslant 3)$$

（2）求目标函数的最小值

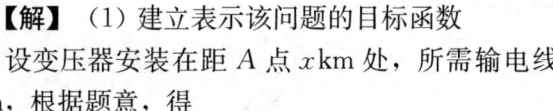

$$y' = \frac{x}{\sqrt{1 + x^2}} + \frac{x-3}{\sqrt{(3-x)^2 + 1.5^2}}$$

令 $y' = 0$

求得在 $[0, 3]$ 内的唯一驻点 $x = 1.2$；在 $[0, 3]$ 内没有不可导的点。

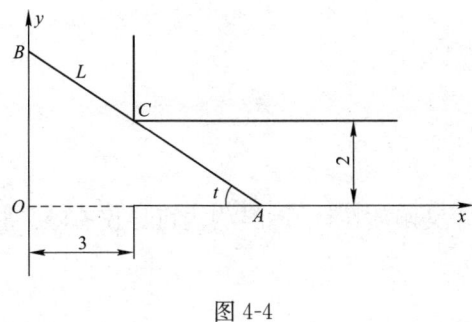

图 4-4

由于 $y|_{x=1.2} \approx 3.91$，$y|_{x=0} \approx 4.35$，$y|_{x=3} \approx 4.66$。因此，当 $AM = 1.2$km 时，所需电线最小，电线的最小长度为 3.91km。

3. 最值在建筑学中的应用

【例 4-28】 宽为 2m 的支渠道垂直地流向宽为 3m 的主渠道，若在其中漂运原木，问能通过的原木的最大长度是多少？

【解】 将问题理想化，原木的直径不计。

建立坐标系如图 4-4 所示，AB 是通过点 $C(3，2)$ 且与渠道两侧壁分别交于 A 和 B 的线段。

设 $\angle OAC = t$，$t \in \left(0，\dfrac{\pi}{2}\right)$，则当原木长度不超过线段 AB 的长度 L 的最小值时，原木就能通过，于是建立目标函数

$$L(t) = AC + CB = \frac{2}{\sin t} + \frac{3}{\cos t}，\quad t \in \left(0，\frac{\pi}{2}\right)$$

由于

$$L'(t) = -\frac{2\cos t}{\sin^2 t} - \frac{3(-\sin t)}{\cos^2 t} = \frac{3\sin t}{\cos^2 t} - \frac{2\cos t}{\sin^2 t} = \frac{3\sin t}{\cos^2 t} \cdot \left(1 - \frac{2}{3}\cot^3 t\right)，$$

当 $t \in \left(0，\dfrac{\pi}{2}\right)$ 时，$\dfrac{\sin t}{\cos t} > 0$。于是从 $L'(t) = 0$ 解得

$$t_0 = \arctan \sqrt[3]{\frac{2}{3}} \approx 48°52'$$

这个问题的最小值（L 的最小值）一定存在。而在 $\left(0，\dfrac{\pi}{2}\right)$ 内只有一个驻点 t_0，故它就是 L 的最小值点，于是

$$\min_{t \in \left(0，\frac{\pi}{2}\right)} L(t) = L(t_0) \approx 7.02$$

故能通过的原木的最大的长度是 7.02m。

【例 4-29】 某地区防空洞的截面拟建成矩形加半圆。截面的面积为 5m²，问底宽 x 为多少，才能使截面的周长最小，从而使建造时所用的材料最省（图 4-5）。

【解】 （1）建立表示该问题的目标函数

设底宽为 x，高为 y，截面周长为 L。

由 $xy + \dfrac{1}{2}\pi\left(\dfrac{x}{2}\right)^2 = 5$ 得 $y = \dfrac{5}{x} - \dfrac{\pi}{8}x$

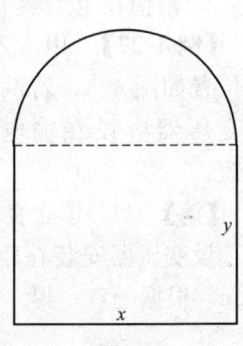

从而周长函数

$$L = x + 2y + \frac{1}{2}\left(2\pi \cdot \frac{x}{2}\right)$$

$$= \left(1 + \frac{\pi}{4}\right)x + \frac{10}{x}$$

即

$$L = \left(1 + \frac{\pi}{4}\right)x + \frac{10}{x} \quad x \in \left(0，\sqrt{\frac{40}{\pi}}\right)$$

图 4-5

（2）求目标函数的最小值

$$L' = 1 + \frac{\pi}{4} - \frac{10}{x^2}$$

令 $L' = 0$ 在 $\left(0，\sqrt{\dfrac{40}{\pi}}\right)$ 内得唯一驻点：$x = \sqrt{\dfrac{40}{4+\pi}} \approx 2.37\,(\mathrm{m})$

由实际问题知，目标函数的最小值一定存在，又函数在 $\left(0，\sqrt{\dfrac{40}{\pi}}\right)$ 内可导仅有唯一驻点，因此，当 $x = \sqrt{\dfrac{40}{4+\pi}}$ 时，截面的周长 L 最小。

【例4-30】 要铺设一石油管道，将石油从炼油厂输送到石油罐装点，炼油厂附近有条宽 2.5km 的河，罐装点在炼油厂的对岸沿河下游 10km 处。如果在水中铺设管道的费用为 6 万元/km，在河边铺设管道的费用为 4 万元/km。试在河边找一点 P，使管道铺设费最低。

【解】 设 P 点距炼油厂的距离为 x，管道铺设费为 y，由题意有

$$y = 4x + 6\sqrt{(10-x)^2 + 2.5^2} \quad (x > 0)$$

$$y' = (4x)' + 6 \cdot \frac{[(10-x)^2 + 2.5^2]'}{2\sqrt{(10-x)^2 + 6.25}}$$

$$= 4 - \frac{6(10-x)}{\sqrt{(10-x)^2 + 6.25}}$$

令 $y' = 0$，得驻点 $x = 10 \pm \sqrt{5}$，舍去大于 10 的驻点，由于管道最低铺设费一定存在，且在 $(0, 10)$ 内取得，所以最小值点为 $x \approx 7.764$km，最低的管道铺设费为

$$y \approx 51.18 \text{ 万元}$$

【例4-31】 设计一个容积为 V_0 的有盖圆柱形油罐。已知侧面的单位面积造价是底面单位面积造价的一半，而盖的单位面积造价又是侧面单位面积造价的一半。问油罐的底面半径 r 与高 h 之比为何值时，其总造价最低？

【解】 (1) 建立表示该问题的目标函数

设罐的总造价为 y，油罐盖的单位面积造价为 a。

由题意得：
$$\pi r^2 h = V_0 \qquad h = \frac{V_0}{\pi r^2}$$

因此，总造价

$$y = a(\pi r^2) + 2a(2\pi rh) + 4a(\pi r^2)$$

$$= a\left(5\pi r^2 + \frac{4V_0}{r}\right)$$

即
$$y = a\left(5\pi r^2 + \frac{4V_0}{r}\right) \quad r \in (0, +\infty)$$

(2) 求目标函数的最小值

$$y' = a\,\frac{10\pi r^3 - 4V_0}{r^2}$$

令 $y' = 0$，在 $(0, +\infty)$ 内得唯一驻点 $r = \sqrt[3]{\dfrac{2V_0}{5\pi}}$。

函数 y 在 $(0, +\infty)$ 内可导仅有唯一驻点，由实际问题知，油罐的最低造价一定存在，因此，当 $r = \sqrt[3]{\dfrac{2V_0}{5\pi}}$ 时，总造价 y 最低。

当 $r = \sqrt[3]{\dfrac{2V_0}{5\pi}}$ 时，$h = \dfrac{V_0}{\pi r^2} = \dfrac{V_0}{\pi\left(\sqrt[3]{\dfrac{2V_0}{5\pi}}\right)^2} = \sqrt[3]{\dfrac{25V_0}{4\pi}}$

所以 $r : h = \sqrt[3]{\dfrac{2V_0}{5\pi}} : \sqrt[3]{\dfrac{25V_0}{4\pi}} = 2 : 5$，其总造价最低。

【例 4-32】 要设计一个容积为 500ml 的圆柱形容器，其底面半径与高之比为多少时容器所耗材料最少？

【解】 设其底面半径为 r，高为 h，其表面积为
$$S = 2\pi rh + 2\pi r^2$$

容积为 $V = 500 = \pi r^2 h$，即 $h = \dfrac{500}{\pi r^2}$，代入 $S = 2\pi rh + 2\pi r^2$

得表面积
$$S = \frac{1000}{r} + 2\pi r^2$$

求导
$$S' = -\frac{1000}{r^2} + 4\pi r$$

解 $S' = 0$，得唯一驻点 $r = \left(\dfrac{500}{2\pi}\right)^{\frac{1}{3}}$，因为此问题的最小值一定存在，故此驻点即为最小值

点，将 $r = \left(\dfrac{500}{2\pi}\right)^{\frac{1}{3}}$ 代入 $500 = \pi r^2 h$，得 $h = \left(\dfrac{2000}{\pi}\right)^{\frac{1}{3}}$

即
$$\frac{r}{h} = \frac{1}{2}$$

故当底面半径与高之比为 $1 : 2$ 时，所用材料最少。

四、其他优化问题

【例 4-33】 巴巴拉小姐得到纽约市隧道管理局一份工作，她的第一项任务是决定每辆汽车以多大速度通过隧道，可使车流量最大。经观测，她找到了一个很好的描述平均车速 v(km/h) 与车流量 $f(v)$(辆/秒) 关系的数学模型
$$f(v) = \frac{35v}{1.6v + \dfrac{v^2}{22} + 31.1}$$

试问：平均车速多大时，车流量最大？最大车流量是多少？

【解】 令 $f'(v) = \dfrac{35 \times 31.1 - \dfrac{35}{22}v^2}{\left(1.6v + \dfrac{v^2}{22} + 31.1\right)^2} = 0$

得唯一驻点 $v = 26.15$(km/h)。由于这是一个实际问题，所以函数的最大值必存在。从而可知，当车速 $v = 26.15$km/h 时，车流量最大，且最大车流量为
$$f(26.15) = 8.8(辆/秒)$$

【例 4-34】 工厂铁路线上 AB 段的距离为 100km，工厂 C 距 A 处为 20km，AC 垂直于 AB。为了运输需要，要在 AB 线上选定一点 D 向工厂修筑一条公路。已知铁路每公里货运的运费与公路上每公里货运的运费之比为 $3 : 5$，为了使货物从供应站 B 运到工厂 C 的运费最省，问 D 点应选在何处(图 4-6)。

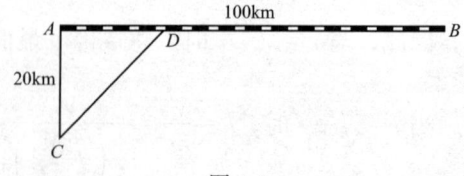

图 4-6

【解】 设 $AD=x$(km)，则 $DB=(100-x)$(km)，$CD=\sqrt{20^2+x^2}=\sqrt{400+x^2}$(km)

再设从 B 点到 C 点需要的总运费为 y，那么 $y=5k\cdot CD+3k\cdot DB$(k 是某个正数)

即 $$y=5k\sqrt{400+x^2}+3k(100-x)\quad(0\leqslant x\leqslant100)$$

于是问题归结为：x 在 $[0,100]$ 内取何值时目标函数 y 的值最小。

先求 y 对 x 的导数：$y'=k\left(\dfrac{5x}{\sqrt{400+x^2}}-3\right)$。解方程 $y'=0$ 得 $x=15$(km)

由于 $y|_{x=0}=400k$，$y|_{x=15}=380k$，$y|_{x=100}=500k\sqrt{1+\dfrac{1}{5^2}}$，其中以 $y|_{x=15}=380k$ 为最小，因此当 $AD=x=15$(km)时总运费最省。

注意：$f(x)$ 在一个区间(有限或无限，开或闭)内可导且只有一个驻点 x_0，且该驻点 x_0 是函数 $f(x)$ 的极值点，那么当 $f(x_0)$ 是极大值时，$f(x_0)$ 就是该区间上的最大值；当 $f(x_0)$ 是极小值时，$f(x_0)$ 就是在该区间上的最小值。

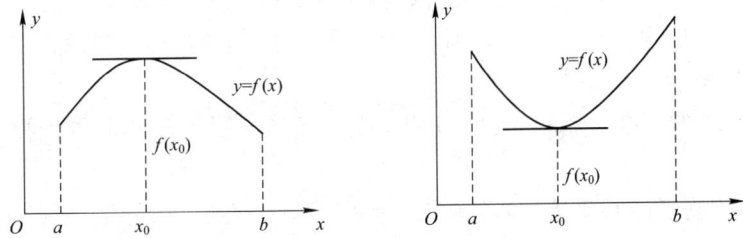

注意：实际问题中往往根据问题的性质可以断定函数 $f(x)$ 确有最大值或最小值，和一定在定义区间内部取得。这时如果 $f(x)$ 在定义区间内部只有一个驻点 x_0，那么不必讨论 $f(x_0)$ 是否是极值就可断定 $f(x_0)$ 是最大值或最小值。

第五节　曲线的凹凸性及其拐点、函数图形的描绘

一、函数的凹凸性的概念

我们已经很熟悉函数 $f(x)=x^2$ 和 $f(x)=\sqrt{x}$ 的图像，他们的不同点在于：曲线 $f(x)=x^2$ 上任意两点间的弧段总在这两点连线的下方，而曲线 $f(x)=\sqrt{x}$ 上任意两点间的弧段总在这两点连线的上方，两者刚好相反。我们把具有前一种特性的函数称为凹函数，把具有后一种特性的函数称为凸函数。所对应的曲线前一种的称为凹曲线，所对应的曲线后一种的称为凸曲线。

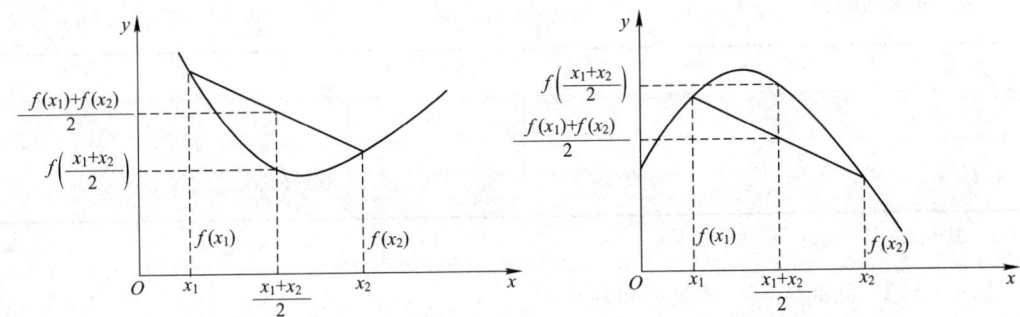

定义 4.3 设 $f(x)$ 在区间 I 上连续，如果对 I 上任意两点 x_1、x_2，恒有

$$f\left(\frac{x_1+x_2}{2}\right) < \frac{f(x_1)+f(x_2)}{2}$$

那么称 $f(x)$ 在 I 上的图形是（向下）凹的（或凹弧）；如果恒有

$$f\left(\frac{x_1+x_2}{2}\right) > \frac{f(x_1)+f(x_2)}{2}$$

那么称 $f(x)$ 在 I 上的图形是（向上）凸的（或凸弧）。

还可以定义为：

定义 4.4 设函数 $y=f(x)$ 在区间 I 上连续，如果函数的曲线位于其上任意一点的切线的上方，则称该曲线在区间 I 上是凹的；如果函数的曲线位于其上任意一点的切线的下方，则称该曲线在区间 I 上是凸的。

定义 4.5 设 $f(x)$ 在 $[a,b]$ 上连续，在 (a,b) 内具有一阶和二阶导数，则

(1) 若在 (a,b) 内，$f''(x)>0$，则 $f(x)$ 在 $[a,b]$ 上的图形是凹的；

(2) 若在 (a,b) 内，$f''(x)<0$，则 $f(x)$ 在 $[a,b]$ 上的图形是凸的。

二、拐点的概念

定义 4.6 若曲线在一点的一边为上凸，另一边为下凸，则称此点为拐点，显然拐点处 $f''(x_0)=0$。

定理 4.8 （拐点的必要条件）若函数 $y=f(x)$ 在 x_0 处二阶导数 $f''(x_0)$ 存在，且点 $(x_0,f(x_0))$ 为曲线 $y=f(x)$ 的拐点，则 $f''(x_0)=0$。

确定曲线 $y=f(x)$ 的凹凸区间和拐点的步骤：

(1) 确定函数 $y=f(x)$ 的定义域；

(2) 求出在二阶导数 $f''(x_0)$；

(3) 求使二阶导数为零的点和使二阶导数不存在的点；

(4) 判断或列表判断，确定出曲线凹凸区间和拐点。

注意：根据具体情况(1)、(3)步有时省略。

【例 4-35】 求曲线 $y=3x^4-4x^3+1$ 的拐点及凹、凸的区间。

【解】 (1) 函数 $y=3x^4-4x^3+1$ 的定义域为 $(-\infty,+\infty)$；

(2) $y'=12x^3-12x^2$，$y''=36x^2-24x=36x\left(x-\dfrac{2}{3}\right)$；

(3) 解方程 $y''=0$，得 $x_1=0$，$x_2=\dfrac{2}{3}$；

(4) 列表判断：

	$(-\infty,0)$	0	$(0,2/3)$	$2/3$	$(2/3,+\infty)$
$f''(x)$	$+$	0	$-$	0	$+$
$f(x)$	$\cup$	拐点$(0,1)$	$\cap$	拐点$\left(\dfrac{2}{3},\dfrac{11}{27}\right)$	$\cup$

注：其中 $\cap$ 表示凸曲线；$\cup$ 表示凹曲线。

【例 4-36】 问曲线 $y=x^4$ 是否有拐点？

【解】 $y'=4x^3$，$y''=12x^2$

当 $x\neq0$ 时，$y''>0$，在区间$(-\infty，+\infty)$内曲线是凹的，因此曲线无拐点。

【例 4-37】 求曲线 $y=\sqrt[3]{x}$ 的拐点。

【解】 （1）函数的定义域为$(-\infty，+\infty)$；

（2）$y'=\dfrac{1}{3\sqrt[3]{x^2}}$，$y''=-\dfrac{2}{9x\sqrt[3]{x^2}}$；

（3）函数无二阶导数为零的点，二阶导数不存在的点为 $x=0$；

（4）判断：当 $x<0$ 时，$y''>0$；当 $x>0$ 时，$y''<0$。

因此，点$(0，0)$是曲线的拐点。

【例 4-38】 求曲线 $f(x)=x^3-6x^2+9x+10$ 的凹凸区间及拐点。

【解】 （1）此函数定义域为：$(-\infty，+\infty)$

（2）$f'(x)=3x^2-12x+9$

   $f''(x)=6x-12=6(x-2)$

令 $f''(x)=0$，可得 $x=2$

（3）列表判断：

x	$(-\infty，2)$	2	$(2，+\infty)$
$f''(x)$	$-$	0	$+$
$f(x)$	$\cap$	拐点$(2，12)$	$\cup$

【例 4-39】 求曲线 $f(x)=x^3-3x$ 的凹凸区间及拐点。

【解】 （1）此函数定义域为：$(-\infty，+\infty)$

（2）$f'(x)=3x^2-3$

   $f''(x)=6x$

令 $f''(x)=6x=0$，可得 $x=0$

（3）列表判断：

x	$(-\infty，0)$	0	$(0，+\infty)$
$f''(x)$	$-$	0	$+$
$f(x)$	$\cap$	拐点$(0，0)$	$\cup$

三、渐近线的概念

1. 铅直渐近线 若 $\lim\limits_{x\to x_0^+}f(x)=\infty$ 或 $\lim\limits_{x\to x_0^-}f(x)=\infty$，则 $x=x_0$ 是曲线 $y=f(x)$ 的铅直渐近线。

2. 水平渐近线 若 $\lim\limits_{x\to+\infty}f(x)=A$ 或 $\lim\limits_{x\to-\infty}f(x)=A$，则 $y=A$ 是曲线 $y=f(x)$ 的水平渐近线。

3. 斜渐近线 $\lim\limits_{x\to\infty}\dfrac{f(x)}{x}=k(k\neq0)$ 且 $\lim\limits_{x\to\infty}f(x)-kx=b$，则 $y=kx+b$ 是曲线 $y=f(x)$ 的斜渐近线。

【例 4-40】 求曲线 $f(x)=\dfrac{2(x-2)(x+3)}{x-1}$ 的渐近线。

【解】 由 $\lim\limits_{x\to1}f(x)=-\infty$，所以 $x=1$ 为曲线 $y=f(x)$ 的铅直渐近线。

因为 $\lim\limits_{x\to\infty}\dfrac{f(x)}{x}=2$，$\lim\limits_{x\to\infty}(f(x)-2x)=\lim\limits_{x\to\infty}\dfrac{2(x-2)(x+3)}{x-1}-2x=\lim\limits_{x\to\infty}\dfrac{4(x-3)}{x-1}=4$

故 $y=2x+4$ 为曲线 $y=f(x)$ 的斜渐近线。

具体如图 4-7 所示。

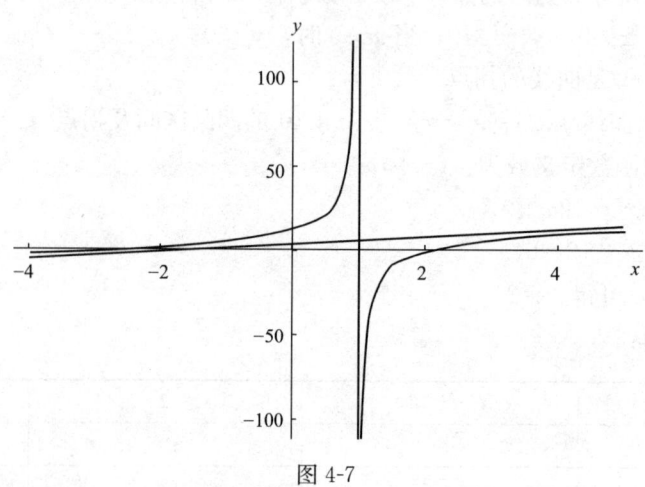

图 4-7

【例 4-41】 求曲线 $y=e^{-(x-1)^2}$ 的渐近线。

【解】 由 $\lim\limits_{x\to\infty}e^{-(x-1)^2}=0$，$y=0$ 为曲线 $y=f(x)$ 的水平渐近线。

【例 4-42】 求 $y=\dfrac{x^3}{(x+1)^2}$ 的渐近线。

【解】 由 $\lim\limits_{x\to-1}\dfrac{x^3}{(x+1)^2}=-\infty$，所以 $x=-1$ 为曲线 $y=f(x)$ 的铅直渐近线。

因为 $\lim\limits_{x\to\infty}\dfrac{y}{x}=\lim\limits_{x\to\infty}\dfrac{x^2}{(x+1)^2}=1$，$\lim\limits_{x\to\infty}(y-x)=\lim\limits_{x\to\infty}\dfrac{x^3}{(x+1)^2}-x=-2$

所以 $y=x-2$ 为曲线 $y=f(x)$ 的斜渐近线。

四、函数图形的描绘

对于一个函数，若能作出其图形，就能从直观上了解该函数的性态特征，并可从其图形清楚地看出因变量与自变量之间的相互依赖关系。在中学阶段，我们利用描点法来作函数的图形，这种方法常会遗漏曲线的一些关键点，如极值点、拐点等，使得曲线的单调性、凹凸性等一些函数的重要性态难以准确显示出来。本节我们要利用导数描绘函数 $y=f(x)$ 的图形，其一般步骤如下：

第一步 确定函数 $f(x)$ 的定义域，研究函数特性如：奇偶性、周期性、有界性等，求出函数的一阶导数 $f'(x)$ 和二阶导数 $f''(x)$；

第二步 求出一阶导数 $f'(x)$ 和二阶导数 $f''(x)$ 在函数定义域内的全部零点，并求出函数 $f(x)$ 的间断点和导数 $f'(x)$ 和 $f''(x)$ 不存在的点，用这些点把函数定义域划分成若干个部分区间；

第三步 确定在这些部分区间内 $f'(x)$ 和 $f''(x)$ 的符号，并由此确定函数的增减性和凹凸性，极值点和拐点；

第四步 确定函数图形的水平、铅直渐近线以及其他变化趋势；

第五步 算出 $f'(x)$ 和 $f''(x)$ 的零点以及不存在的点所对应的函数值，并在坐标平面上定出图形上相应的点；有时还需适当补充一些辅助作图点（如与坐标轴的交点和曲线的端点等）；然后根据第三、四步中得到的结果，用平滑曲线连接而画出函数的图形。

【例 4-43】 画出函数 $y=x^3-x^2-x+1$ 的图形。

【解】 （1）所给函数 $y=x^3-x^2-x+1$ 的定义域为 $(-\infty,+\infty)$。

$$f'(x)=3x^2-2x-1=3\left(x+\frac{1}{3}\right)(x-1)$$

$$f''(x)=6x-2=6\left(x-\frac{1}{3}\right)$$

（2）令 $f'(x)=0$，得 $x=-\frac{1}{3}$，$x=1$；令 $f''(x)=0$，得 $x=\frac{1}{3}$。

把点 $x=-\frac{1}{3}$、$\frac{1}{3}$、1 由小到大排列，依次把定义域 $(-\infty,+\infty)$ 分成下列四个部分区间 $\left(-\infty,-\frac{1}{3}\right]$，$\left[-\frac{1}{3},\frac{1}{3}\right]$，$\left[\frac{1}{3},1\right]$，$[1,+\infty)$。

（3）确定在这些部分区间内 $f'(x)$ 和 $f''(x)$ 的符号，并由此确定曲线的升降和凹凸，极值点和拐点，为了明确起见，列表讨论如下：

x	$\left(-\infty,-\frac{1}{3}\right)$	$-\frac{1}{3}$	$\left(-\frac{1}{3},\frac{1}{3}\right)$	$\frac{1}{3}$	$\left(\frac{1}{3},1\right)$	1	$(1,+\infty)$
$f'(x)$	$+$	0	$-$	$-$	$-$	0	$+$
$f''(x)$	$-$	$-$	$-$	0	$+$	$+$	$+$
$f(x)$	上升、凸 ↗	极大值 $\frac{32}{27}$	下降、凸 ↘	拐点 $\left(\frac{1}{3},\frac{16}{27}\right)$	下降、凹 ↘	极小值 0	上升、凹 ↗

（4）由于当 $x\to+\infty$ 时，$y\to+\infty$；当 $x\to-\infty$ 时，$y\to-\infty$。容易知道函数的图形没有渐近线。

（5）除表中列出的三个点外，再适当补充一些点，例如，

$f(-1)=0$，$f(0)=1$，$f\left(\frac{3}{2}\right)=\frac{5}{8}$，即补充描出点 $(-1,0)$，$(0,1)$ 和 $\left(\frac{3}{2},\frac{5}{8}\right)$。

根据上述讨论，可画出函数 $y=x^3-x^2-x+1$ 的图形。如果所讨论的函数是奇函数或偶函数，那么描绘函数图形时，可以利用函数图形的对称性。

描绘下列函数的图形：

【例 4-44】 作出函数 $y=\frac{1}{5}(x^4-6x^2+8x+7)$ 的图形。

【解】 （1）定义域为 $(-\infty,+\infty)$。

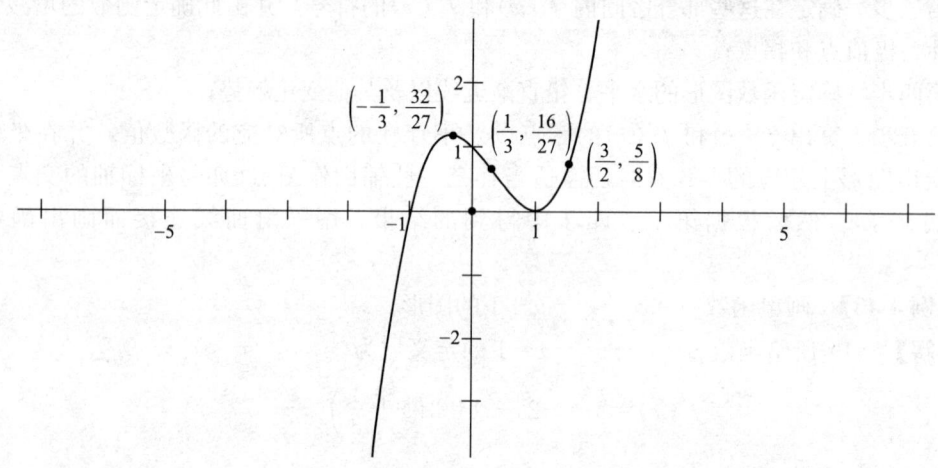

(2) $y'=\dfrac{1}{5}(4x^3-12x+8)=\dfrac{4}{5}(x+2)(x-1)^2$，$y''=\dfrac{4}{5}(3x^2-3)=\dfrac{12}{5}(x+1)(x-1)$，

令 $y'=0$，得 $x_1=-2$，$x_2=1$；令 $y''=0$，得 $x_3=-1$，$x_4=1$。

(3) 列表：

x	$(-\infty,-2)$	-2	$(-2,-1)$	-1	$(-1,1)$	1	$(1,+\infty)$
y'	$-$	0	$+$	$+$	$+$	0	$+$
y''	$+$	$+$	$+$	0	$-$	0	$+$
$y=f(x)$	↘	$-\dfrac{17}{5}$ 极小值	↗	$\left(-1,-\dfrac{6}{5}\right)$ 拐点	↗	$(1,2)$ 拐点	↗

(4) 作图：

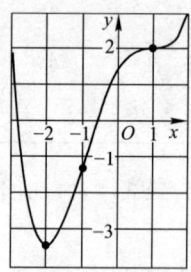

【例 4-45】 作出函数 $y=\dfrac{x}{1+x^2}$ 的图形。

【解】 (1) 定义域为 $(-\infty,+\infty)$。

(2) 奇函数，图形关于原点对称，故可选讨论 $x\geqslant0$ 时函数的图形。

(3) $y'=\dfrac{-(x-1)(x+1)}{(1+x^2)^2}$，$y''=\dfrac{2x(x-\sqrt{3})(x+\sqrt{3})}{(1+x^2)^3}$，

当 $x\geqslant0$ 时，令 $y'=0$，得 $x_1=1$；令 $y''=0$，得 $x_2=0$，$x_3=\sqrt{3}$。

(4) 列表：

x	0	$(0, 1)$	1	$(1, \sqrt{3})$	$\sqrt{3}$	$(\sqrt{3}, +\infty)$
y'	+	+	0	−	−	−
y''	0	−	−	−	0	+
$y=f(x)$	$(0, 0)$拐点	↗	$\dfrac{1}{2}$极大值	↘	$\left(\sqrt{3}, \dfrac{\sqrt{3}}{4}\right)$拐点	↘

(5) 有水平渐近线 $y=0$。

(6) 作图：

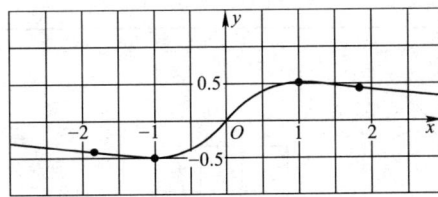

【例 4-46】 作出函数 $y=e^{-(x-1)^2}$ 的图形。

【解】 （1）定义域为 $(-\infty, +\infty)$。

（2） $y'=-2(x-1)e^{-(x-1)^2}$， $y''=4e^{-(x-1)^2}\left[x-\left(1+\dfrac{\sqrt{2}}{2}\right)\right]\left[x-\left(1-\dfrac{\sqrt{2}}{2}\right)\right]$，

令 $y'=0$，得 $x_1=1$；令 $y''=0$，得 $x_2=1+\dfrac{\sqrt{2}}{2}$，$x_3=1-\dfrac{\sqrt{2}}{2}$。

（3）列表：

x	$\left(-\infty, 1-\dfrac{\sqrt{2}}{2}\right)$	$1-\dfrac{\sqrt{2}}{2}$	$\left(1-\dfrac{\sqrt{2}}{2}, 1\right)$	1	$\left(1, 1+\dfrac{\sqrt{2}}{2}\right)$	$1+\dfrac{\sqrt{2}}{2}$	$\left(1+\dfrac{\sqrt{2}}{2}, +\infty\right)$
y'	+	+	+	0	−	−	−
y''	+	0	−	−	−	0	+
$y=f(x)$	↗	$\left(1-\dfrac{\sqrt{2}}{2}, e^{-\frac{1}{2}}\right)$拐点	↗	1极大值	↘	$\left(1+\dfrac{\sqrt{2}}{2}, e^{-\frac{1}{2}}\right)$拐点	↘

（4）有水平渐近线 $y=0$。

（5）作图：

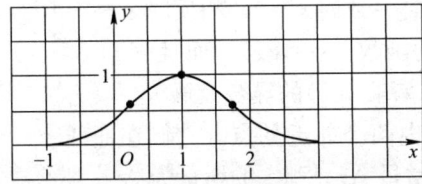

【例 4-47】 作出函数 $y=x^2+\dfrac{1}{x}$ 的图形。

【解】 （1）定义域为 $(-\infty, 0)\cup(0, +\infty)$。

（2） $y'=2x-\dfrac{1}{x^2}=\dfrac{2x^3-1}{x^2}$，$y''=2+\dfrac{2}{x^3}=\dfrac{2(x^3+1)}{x^3}$，

令 $y'=0$，得 $x_4=\dfrac{1}{\sqrt[3]{2}}$；令 $y''=0$，得 $x_5=-1$。

（3）列表：

x	$(-\infty,\,-1)$	-1	$(-1,\,0)$	0	$\left(0,\,\dfrac{1}{\sqrt[3]{2}}\right)$	$\dfrac{1}{\sqrt[3]{2}}$	$\left(\dfrac{1}{\sqrt[3]{2}},\,+\infty\right)$
y'	$-$		$-$	无	$-$	0	$+$
y''	$+$	0	$-$	无	$+$	$+$	$+$
$y=f(x)$	↘	$(-1,\,0)$ 拐点	↘	无	↘	$\dfrac{3}{2}\sqrt[3]{2}$ 极小值	↗

（4）有铅直渐近线 $x=0$。

（5）作图：

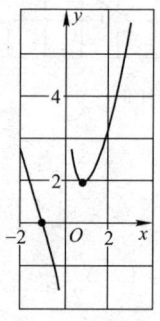

第六节　曲　　率

在生产实践和工程技术中，常常需要研究曲线的弯曲程度，如设计铁路时，需要根据最高限速来确定弯道的弯曲程度。作为曲率的预备知识，先介绍弧微分的概念。

一、弧微分

设函数 $f(x)$ 在区间 $(a,\,b)$ 内具有连续导数，在曲线 $y=f(x)$ 上取固定点 $M_0(x_0,\,y_0)$ 作为度量弧长的基点(图 4-8)，并规定依 x 增大的方向作为曲线的正向。对曲线上任一点 $M(x,\,y)$，规定有向弧段 $\overparen{M_0M}$ 的值 s(简称为弧 s)如下：s 的绝对值等于这弧段的长度，当有向弧段 M_0M 的方向与曲线的正向一致时 $s>0$，相反时 $s<0$。显然，弧 $s=\overparen{M_0M}$ 是 x 的函数：$s=s(x)$，而且 $s(x)$ 是 x 的单调增加函数。下面来求 $s(x)$ 的导数及微分。

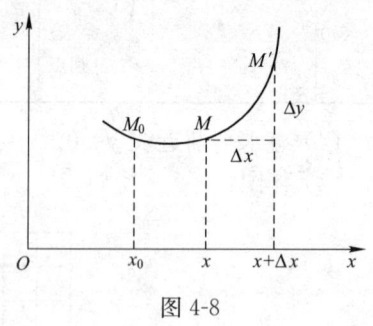

图 4-8

设 x，$x+\Delta x$ 为 $(a,\,b)$ 内两个邻近的点。它们在曲线 $y=f(x)$ 上的对应点为 M、M' (图 4-8)，并设对应于 x 的增量 Δx，弧 s 的增量为 Δs。那么

$$\Delta s=\overparen{M_0M'}-\overparen{M_0M}=\overparen{MM'}$$

于是

$$\left(\frac{\Delta s}{\Delta x}\right)^2=\left(\frac{\overparen{MM'}}{\Delta x}\right)^2=\left(\frac{\overparen{MM'}}{|MM'|}\right)^2\cdot\frac{|MM'|^2}{(\Delta x)^2}$$

$$=\left(\frac{\overparen{MM'}}{|MM'|}\right)^2\cdot\frac{(\Delta x)^2+(\Delta y)^2}{(\Delta x)^2}$$

$$= \left(\frac{\widehat{MM'}}{|MM'|} \right)^2 \left[1 + \left(\frac{\Delta y}{\Delta x} \right)^2 \right]$$

$$\frac{\Delta s}{\Delta x} = \pm \sqrt{\left(\frac{\widehat{MM'}}{|MM'|} \right)^2 \cdot \left[1 + \left(\frac{\Delta y}{\Delta x} \right)^2 \right]}$$

令 $\Delta x \to 0$ 取极限，由于 $\Delta x \to 0$ 时，$M' \to M$，这时弧的长度与弦的长度之比的极限等于 1，即

$$\lim_{M' \to M} \left| \frac{\widehat{MM'}}{MM'} \right| = 1,$$

又

$$\lim_{\Delta x \to 0} \frac{\Delta y}{\Delta x} = y',$$

因此得

$$\frac{\mathrm{d}s}{\mathrm{d}x} = \pm \sqrt{1 + y'^2}$$

由于 $s = s(x)$ 是单调增加函数，从而根号前应取正号，于是有

$$\mathrm{d}s = \sqrt{1 + y'^2} \, \mathrm{d}x \tag{1}$$

这就是弧微分公式。

二、曲率及其计算公式

在工程技术中，有时需要研究曲线的弯曲程度。例如，墙体结构中的钢梁，机床的转轴等，它们在荷载作用下要产生弯曲变形，在设计时对它们的弯曲必须有一定的限制，这就要定量地研究它们的弯曲程度。为此首先要讨论如何用数量来描述曲线的弯曲程度。

在图 4-9 中可以看出，弧段 M_1M_2 比较平直，当动点沿这段弧从 M_1 移动到 M_2 时，切线转过的角度 φ_1 不大，而弧段 M_2M_3，弯曲得比较厉害，角 φ_2 就比较大。

但是，切线转过的角度的大小还不能完全反映曲线弯曲的程度。例如，从图 4-10 中可以看出，两段曲线 M_1M_2 及 N_1N_2 尽管切线转过的角度都是 φ，然而弯曲程度并不相同，短弧段比长弧段弯曲得厉害些。由此可见，曲线弧的弯曲程度还与弧段的长度有关。

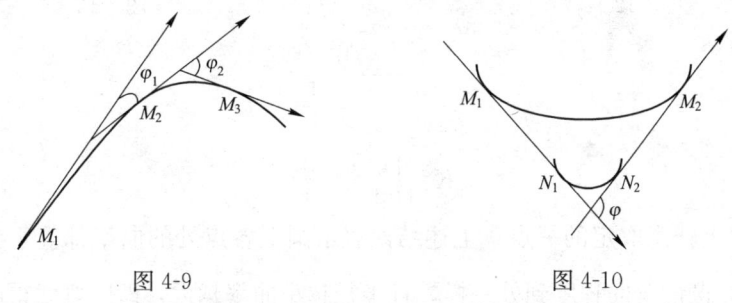

图 4-9   图 4-10

按上面的分析，我们引入描述曲线弯曲程度的曲率概念如下：

设曲线 C 是光滑，在曲线 C 上选定一点 M_0 作为度量弧 s 的基点。设曲线上点 M 对应于弧 s，在点 M 处切线的倾角为 α（这里假定曲线 C 所在的平面上已设立了 xoy 坐标系），曲线上另外一点 M' 对应于弧 $s + \Delta s$，在点 M' 处切线的倾角为 $\alpha + \Delta \alpha$（图 4-11），那么，弧段 $\widehat{MM'}$ 的长度为 $|\Delta s|$，当动点从 M 移动到 M' 时切线转过的角度为 $|\Delta \alpha|$。

我们用比值 $\left|\dfrac{\Delta\alpha}{\Delta s}\right|$，即单位弧段上切线转过的角度的大小来表达弧段 $\overset{\frown}{MM'}$ 的平均弯曲程度，把这比值叫做弧段 $\overset{\frown}{MM'}$ 的平均曲率，记作 $\overline{K}$，即

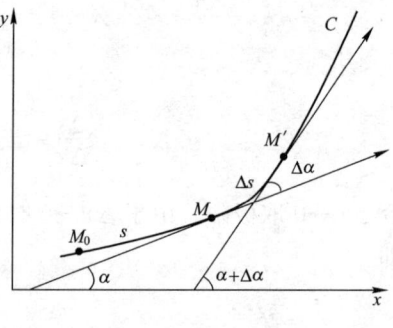

图 4-11

$$\overline{K}=\left|\frac{\Delta\alpha}{\Delta s}\right|$$

类似于从平均速度引进瞬时速度的方法，当 $\Delta s\to 0$ 时（即 $M'\to M$ 时），上述平均曲率的极限叫做曲线 C 在点 M 处的曲率，记作 K，即

$$K=\lim_{\Delta s\to 0}\left|\frac{\Delta\alpha}{\Delta s}\right|$$

在 $\lim\limits_{\Delta s\to 0}\dfrac{\mathrm{d}\alpha}{\mathrm{d}s}$ 存在的条件下，K 也可以表示为 $\qquad K=\left|\dfrac{\mathrm{d}\alpha}{\mathrm{d}s}\right|$ （2）

对于直线来说，切线与直线本身重合。当点沿直线移动时，切线的倾角 α 不变（图 4-12），而 $\Delta\alpha=0$，$\dfrac{\Delta\alpha}{\Delta s}=0$。从而 $K=\left|\dfrac{\mathrm{d}\alpha}{\mathrm{d}s}\right|=0$，这就是说，直线上任意点 M 处的曲率都等于零，这与我们直觉认识到的"直线不弯曲"一致。

设圆的半径为 a，由图 4-13 可见在点 M、M' 处圆的切线所夹的角 $\Delta\alpha$ 等于中心角 $\angle MDM'$。但 $\angle MDM'=\dfrac{\Delta s}{r}$，于是

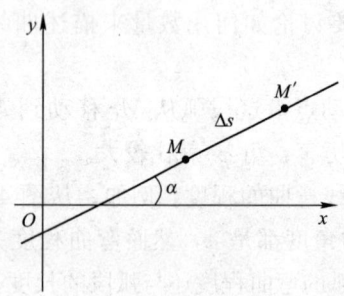

图 4-12

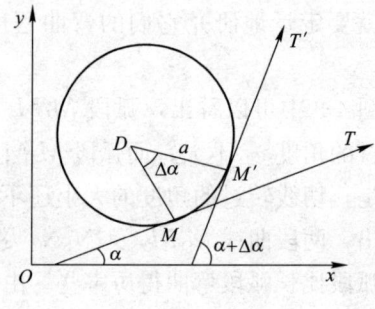

图 4-13

$$\frac{\Delta\alpha}{\Delta s}=\frac{\dfrac{\Delta s}{r}}{\Delta s}=\frac{1}{r}$$

从而 $\qquad K=\left|\dfrac{\mathrm{d}\alpha}{\mathrm{d}s}\right|=\dfrac{1}{r}$

因为点 M 是圆上任意取定的一点，上述结论表示圆上各点处的曲率都等于半径 r 的倒数 $\dfrac{1}{r}$，这就是说，圆的弯曲程度到处一样，且半径越小曲率越大，即圆弯曲得越厉害。

在一般情况下，可以根据（2）式来导出便于实际计算曲率的公式。

设曲线的直角坐标方程是 $y=f(x)$，且 $f(x)$ 具有二阶导数（这时 $f'(x)$ 连续，从而曲线是光滑的），因为 $\tan\alpha=y'$，所以

$$\sec^2\alpha\frac{\mathrm{d}\alpha}{\mathrm{d}x}=y''$$

$$\frac{d\alpha}{dx} = \frac{y''}{1+\tan^2\alpha} = \frac{y''}{1+y'^2}$$

于是
$$d\alpha = \frac{y''}{1+y'^2}dx$$

又由(1)知道
$$ds = \sqrt{1+y'^2}\,dx$$

从而，根据曲率 K 的表达式(2)，有

$$K = \frac{|y''|}{(1+y'^2)^{3/2}} \qquad\qquad (3)$$

设曲线由参数方程

$$\begin{cases} x = \varphi(t) \\ y = \psi(t) \end{cases}$$

给出，则可利用由参数方程所确定的函数的求导法，求出 y'_x 及 y''_x，代入(3)便得

$$K = \frac{|\varphi'(t)\psi''(t) - \varphi''(t)\psi'(t)|}{[\varphi'^2(t) + \psi'^2(t)]^{3/2}} \qquad\qquad (4)$$

【例 4-48】 计算等边双曲线 $xy=1$ 在点 $(1，1)$ 处的曲率。

【解】 由 $y = \dfrac{1}{x}$ 得

$$y' = -\frac{1}{x^2}, \quad y'' = \frac{2}{x^3}$$

因此
$$y'\Big|_{x=1} = -1, \quad y''\Big|_{x=1} = 2$$

把它们代入公式(3)，便得曲线 $xy=1$ 在点 $(1，1)$ 处的曲率为

$$K = \frac{2}{[1+(-1)^2]^{3/2}} = \frac{\sqrt{2}}{2}$$

【例 4-49】 抛物线 $y = ax^2 + bx + c$ 上哪一点处的曲率最大?

【解】 由 $y = ax^2 + bx + c$，得

$$y' = 2ax + b, \quad y'' = 2a$$

代入公式(3)，得

$$K = \frac{|2a|}{[1+(2ax+b)^2]^{3/2}}$$

因为 K 的分子是常数 $|2a|$，所以只要分母最小，K 就最大。容易看出，当 $2ax+b=0$，即 $x = -\dfrac{b}{2a}$ 时，K 的分母最小，因而 K 有最大值 $|2a|$。而 $x = -\dfrac{b}{2a}$ 所对应的点为抛物线的顶点，因此，抛物线在顶点处的曲率最大。

在有些实际问题中，$|y'|$ 同 1 比较起来是很小的(有的工程书上把这种关系记成 $|y'| \ll 1$)，可以忽略不计。这时，由

$$1 + y'^2 \approx 1$$

而有曲率的近似计算公式

$$K = \frac{|y''|}{(1+y'^2)^{3/2}} \approx |y''|$$

这就是说，当 $|y'| \ll 1$ 时，曲率 K 近似于 $|y''|$。经过这样简化后，对一些复杂问题的计算和讨论就方便多了。

【例 4-50】 确定正弦曲线 $y = \sin x$ 的一拱($0 \leqslant x \leqslant \pi$)上曲率最大的点。

【解】

$$\because y' = \cos x, \quad y'' = -\sin x \quad k = \frac{|y''|}{(1 + y'^2)^{3/2}}$$

$$\therefore k = \frac{|-\sin x|}{(1 + \cos^2 x)^{3/2}}$$

当 $x = \pi/2$ 时,分子最大,分母最小,即点($\pi/2$,1)曲率最大。

三、曲率圆与曲率半径

设曲线 $y = f(x)$ 在点 $M(x, y)$ 处的曲率为 $K(K \neq 0)$。在点 M 处的曲线的法线上,在凹的一侧取一点 D,使 $|DM| = \frac{1}{K} = \rho$。以 D 为圆心,ρ 为半径作圆(图 4-14),这个圆叫做曲线在点 M 处的曲率圆,曲率圆的圆心 D 叫做曲线在点 M 处的曲率中心,曲率圆的半径 ρ 做曲线在点 M 处的曲率半径。

按上述规定可知,曲率圆与曲线在点 M 有相同的切线和曲率,且在点 M 邻近有相同的凹向。因此,在实际问题中,常常用曲率圆在点 M 邻近的一段圆弧来近似代替曲线弧,以使问题简化。

按上述规定,曲线在点 M 处的曲率 $K(K \neq 0)$ 与曲线在点 M 处的曲率半径 ρ 有如下关系:

$$\rho = \frac{1}{K}, \quad K = \frac{1}{\rho}$$

这就是说,曲线上一点处的曲率半径与曲线在该点处的曲率互为倒数。

【例 4-51】 设工件内表面的截线为抛物线 $y = 0.4x^2$(图 4-15),现在要用砂轮磨削其内表面. 问用直径多大的砂轮才比较合适?

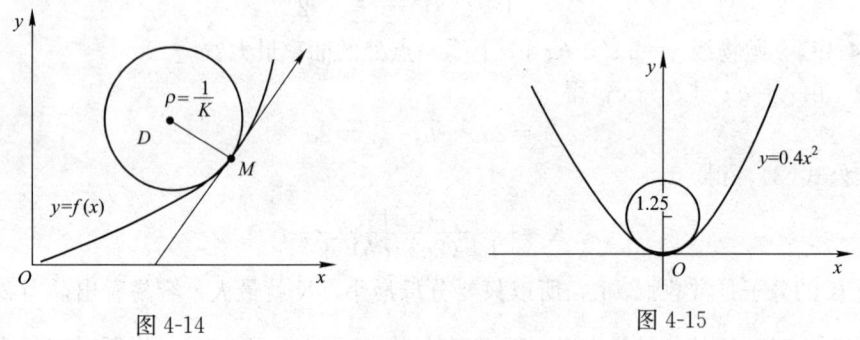

图 4-14　　　　　　　　　　　图 4-15

【解】 为了在磨削时不使砂轮与工件接触处附近的那部分工件磨去太多,砂轮的半径应不大于曲线上各点处曲率半径中的最小值。抛物线在其顶点处的曲率最大,也就是说,抛物线在其顶点处的曲率半径最小。因此,只要求出抛物线 $y = 0.4x^2$ 在顶点 $O(0, 0)$ 处的曲率半径,由

$$y' = 0.8x, \quad y'' = 0.8,$$

而有 $y'|_{x=0} = 0$,$y''|_{x=0} = 0.8$。

把它们代入公式(3),得　　　　　　　$K = 0.8$

因而求得抛物线顶点处的曲率半径　　　　$\rho = \frac{1}{K} = 1.25$

所以选用砂轮的半径不得超过 1.25 单位长,即直径不超过 2.50 单位长。

对于用砂轮密削一般工件的内表面时，也有类似的结论，即选用的砂轮的半径不应超过该工件内表面的截线上各点处曲率半径中的最小值。

第七节 导数在工程技术中的应用

一、在建筑工程中的应用

【例 4-52】 把一根直径为 d 的圆木锯成截面为矩形的梁。问矩形截面的高 h 和宽 b 应如何选择才能使梁的抗弯截面模量 $W\left(W=\dfrac{1}{6}bh^2\right)$ 最大（图 4-16）？

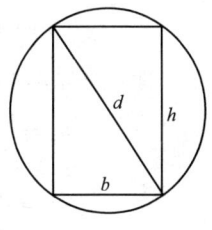

图 4-16

【解】 h 与 b 有下面的关系：$h^2=d^2-b^2$

因而 $W=\dfrac{1}{6}b(d^2-b^2)(0<b<d)$

于是问题转化为：当 b 等于多少时目标函数 W 取最大值？

为此，求 W 对 b 的导数 $W'=\dfrac{1}{6}(d^2-3b^2)$。解方程 $W'=0$ 得驻点 $b=\sqrt{\dfrac{1}{3}}d$。

由于梁的最大抗弯截面模量一定存在，且在 $(0,d)$ 内部取得。又函数 $W=\dfrac{1}{6}b(d^2-b^2)$ 在 $(0,d)$ 内只有一个驻点，所以当 $b=\sqrt{\dfrac{1}{3}}d$ 时，W 的值最大。此时，$h^2=d^2-b^2=d^2-\dfrac{1}{3}d^2=\dfrac{2}{3}d^2$，即 $h=\sqrt{\dfrac{2}{3}}d$。$d:h:b=\sqrt{3}:\sqrt{2}:1$。

【例 4-53】 若某一桥梁的桥面设计为抛物线，其方程为 $y=x^2$，求它在点 $M(1,1)$ 处的曲率。

【解】 由 $y'=2x$，$y''=2$

得 $y'|_{x=1}=2$，$y''|_{x=1}=2$

代入曲率公式，得

$$K=\left|\frac{y''}{(1+y'^2)^{\frac{3}{2}}}\right|_{(1,1)}=\left|\frac{2}{5^{\frac{3}{2}}}\right|=\frac{2\sqrt{5}}{25}$$

【例 4-54】 设有两个弧形工件 A、B，工件 A 满足曲线方程 $y=x^3$，工件 B 满足曲线方程 $y=x^2$，试比较此两个工件在 $x=1$ 处的弯曲程度。

【解】 工件 A 在 $x=1$ 处 $y'|_{x=1}=3x^2|_{x=1}=3$，$y''|_{x=1}=6x|_{x=1}=6$

其曲率为

$$K_1=\left|\frac{y''}{(1+y'^2)^{\frac{3}{2}}}\right|_{(1,1)}=\left|\frac{6}{10^{\frac{3}{2}}}\right|=\frac{3\sqrt{10}}{50}\approx0.1897$$

工件 B 在 $x=1$ 处，$y'|_{x=1}=2x|_{x=1}=2$，$y''|_{x=1}=2$

其曲率为

$$K_2=\left|\frac{y''}{(1+y'^2)^{\frac{3}{2}}}\right|_{(1,1)}=\left|\frac{2}{5^{\frac{3}{2}}}\right|\approx0.1789$$

所以，在 $x=1$ 处工件 A 的弯曲程度大些。

二、在热工学中的应用

【例 4-55】 如图 4-17 所示，流速由 v_1 变到 v_2 的突然扩大管，如分为两次扩大，中间的流速 v 取何值时，总的局部损失最小？此时的水头损失为多少？

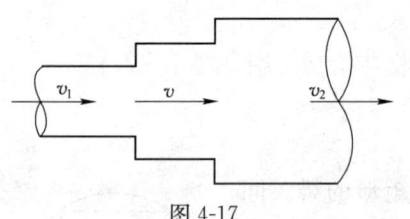

【解】 由突然扩大的局部水头损失计算公式可得，如果只经过一次突然扩大（无中间流速 v），其局部阻力为 $h_m = \dfrac{(v_1 - v_2)^2}{2g}$。

图 4-17

同理，本题的两次突扩后的总局部阻力应为连续两次突变的局部阻力之和，即

$$h_m = \frac{(v_1 - v)^2}{2g} + \frac{(v - v_2)^2}{2g} = \frac{1}{2g}(v_1^2 - 2v_1 v + v^2 + v^2 - 2vv_2 + v_2^2)$$

$$= \frac{1}{2g}(v_1^2 + 2v^2 + v_2^2 - 2v_1 v - 2vv_2)$$

在 v_1、v_2 一定的情况下，上式即为局部水头损失 h_m 与中间流速 v 的函数关系式，求中间的流速 v 为何值时，总的局部水头损失最小，实际上就是求 h_m 对 v 的一阶导数，是否是最小值，还要看二阶导数数值如何。

一阶导数 $\dfrac{dh_m}{dv} = \dfrac{1}{2g}(4v - 2v_1 - 2v_2) = \dfrac{1}{g}(2v - v_1 - v_2)$

二阶导数 $\dfrac{d^2 h_m}{dv^2} = \dfrac{2}{g} > 0$，表示 h_m 有最小值。

令 $\dfrac{dh_m}{dv} = 0$，即 $(2v - v_1 - v_2) = 0$，则 $v = \dfrac{1}{2}(v_1 + v_2)$ 时总的局部水头损失最小。

将 $v = \dfrac{1}{2}(v_1 + v_2)$ 代回原式，即得水头损失的最小值，

$$h_{min} = \frac{1}{2g}\left(v_1^2 + 2\frac{(v_1 + v_2)^2}{4} + v_2^2 - 2v_1 \frac{v_1 + v_2}{2} - 2\frac{v_1 + v_2}{2}v_2\right)$$

$$= \frac{1}{2g}\left(v_1^2 + \frac{(v_1 + v_2)^2}{2} + v_2^2 - v_1(v_1 + v_2) - (v_1 + v_2)v_2\right)$$

$$= \frac{1}{2g}\left(\frac{1}{2}v_1^2 + \frac{1}{2}v_2^2 - v_1 v_2\right)$$

$$= \frac{1}{2} \cdot \frac{1}{2g}(v_1 - v_2)^2$$

即 $h_{min} = \dfrac{1}{2} h_m$

三、在建筑力学中的应用

【例 4-56】（弯道模型）设一段直铁路线位于负横坐标并在原点 O 处拐弯到点 $M(x_1, y_1)$，并过渡到曲率半径为 R 的其他曲线。问过渡曲线 OM 应该如何选取，使火车的向心力在原点不产生突变？

【解】

不产生突变应满足 4 个条件：

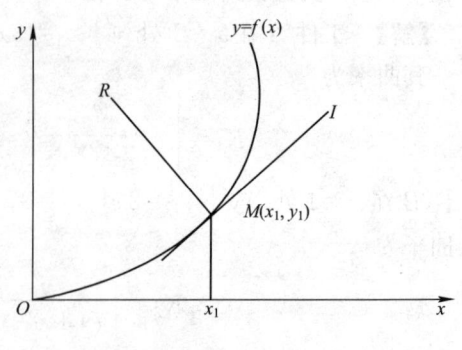

图 4-18

84

(1) $y(0)=0$

(2) $y'(0)=0$

(3) $k(0)=0 \to y''(0)=0$

(4) $y(x_1)=y_1$

$y=ax^3+bx^2+cx+d$

(1) $y(0)=0 \to d=0$

(2) $y'(0)=0 \to c=0$

(3) $k(0)=0 \to y''(0)=0 \to b=0$

(4) $y(x_1)=y_1 \to y_1=ax_1^3 \therefore f(x)=\dfrac{y_1}{x_1^3}x^3$

计算后得到
$$y=\frac{x^3}{6Rl}$$

R 表示点 M 处曲线 l 的曲率半径，l 表示立方抛物线 OM 的弧长，在 $x=0$ 处，$K_0=0$，曲率半径为无穷大（直线）。

$$y'=\frac{x^2}{2Rl}, \quad y''=\frac{x}{Rl}$$

$$\therefore k=\frac{|y''|}{(1+y'^2)^{3/2}}=\frac{\dfrac{x}{Rl}}{\left(1+\dfrac{x^4}{4R^2l^2}\right)^{3/2}}=\frac{8R^2l^2x}{(4R^2l^2+x^4)^{3/2}}$$

$l \ll R$，$x \approx l$，

$$k=\frac{8R^2l^2x}{(4R^2l^2+x^4)^{3/2}}=\frac{8R^2l^3}{(4R^2l^2+l^4)^{3/2}}$$

$$=\frac{8R^2}{(4R^2+l^2)^{3/2}}=\frac{8R^2}{(4R^2)^{3/2}\left(1+\dfrac{l^2}{4R^2}\right)^{3/2}}$$

$$=\frac{1}{R}\Big/\left(1+\frac{l^2}{4R^2}\right)^{3/2}=\frac{1}{R}$$

这样火车从直线段过渡其他曲线，离心力从 0 增加到 mv^2/R，避免了离心力的不连续，火车在过渡段上不产生振动。

第八节　利用 MATLAB 计算导数与微分

非数值的微积分运算，在 MATLAB 中称为符号运算，使用时有以下要求：

（1）均需使用命令"sym"或"syms"创建符号变量和符号表达式，然后才能进行符号运算；

（2）先创建符号变量，然后才能创建符号表达式。

【例 4-57】　用导数定义求函数 $f(x)=\cos(x)$ 的导数。

≫clear

≫syms t x

≫limit((cos(x+t)−cos(x))/t, t, 0)

ans＝−sin(x)

当然，MATLAB 也提供了专门的求微分函数，即 diff，其相关的函数语法为：

diff(f)	求表达式 f 对默认自变量的一次微分值
diff(f, t)	求表达式 f 对自变量 t 的一次微分值
diff(f, n)	求表达式 f 对默认自变量的 n 次微分值
diff(f, t, n)	求表达式 f 对自变量 t 的 n 次微分值

【例 4-58】 求函数 $f(x)=ax^2+bx+c$，求 $f(x)$ 的微分。

【解】

≫clear

≫syms a b c x

≫f＝sym('a∗x^2+b∗x+c')

≫diff(f)   %对默认自变量 x 求微分

ans＝

  2∗a∗x+b

≫diff(f, 2)   %对 x 求二次微分

ans＝

  2∗a

≫diff(f, a)   %对 a 求微分

ans＝

  x^2

≫diff(f, a, 2)   %对 a 求二次微分

ans＝

  0

≫diff(diff(f), a)   %对 x 和 a 求偏导

ans＝

  2^x

【例 4-59】 已知函数 $f(x)=\dfrac{\sin x}{x^2+4x+3}$，求 $f(x)$ 的一阶、二阶、三阶导数，并画出该函数和其一阶导数的图形。

≫clear

≫syms x

≫f＝sin(x)/(x^2+4∗x+3)   %函数

f＝

  sin(x)/(x^2+4∗x+3)

≫f1＝diff(f)   %一阶导数

f1＝

  cos(x)/(x^2+4∗x+3)−sin(x)/(x^2+4∗x+3)^2∗(2∗x+4)

≫f2＝diff(f，x，2) 　　　　　　　　　　　%二阶导数

f2＝

$-\sin(x)/(x^2+4*x+3)-2*\cos(x)/(x^2+4*x+3)^2*(2*x+4)+2*\sin$
$(x)/(x^2+4*x+3)^3*(2*x+4)^2-2*\sin(x)/(x^2+4*x+3)^2$

≫f3＝diff(f，x，3) 　　　　　　　　　　　%三阶导数

f3＝

$-\cos(x)/(x^2+4*x+3)+3*\sin(x)/(x^2+4*x+3)^2*(2*x+4)+6*\cos$
$(x)/(x^2+4*x+3)^3*(2*x+4)^2-6*\cos(x)/(x^2+4*x+3)^2-6\sin(x)/(x^2+4*$
$x+3)^4*(2*x+4)^3+12*\sin(x)/(x^2+4*x+3)^3*(2*x+4)$

≫hold on

≫ezplot(f，［0 5］) 　　　　　　　　　　%绘制函数的图形(图 4-19)

≫ezplot(f1，［0 5］) 　　　　　　　　　　%绘制函数一阶导数的图形(图 4-19)

≫title('函数及其一阶导数') 　　　　　　　%给图形加标题

≫gtext('f(x)') 　　　　　　　　　　　　%用鼠标选择位置给曲线加标注

≫gtext('df(x)/dx') 　　　　　　　　　　%用鼠标选择位置给曲线加标注

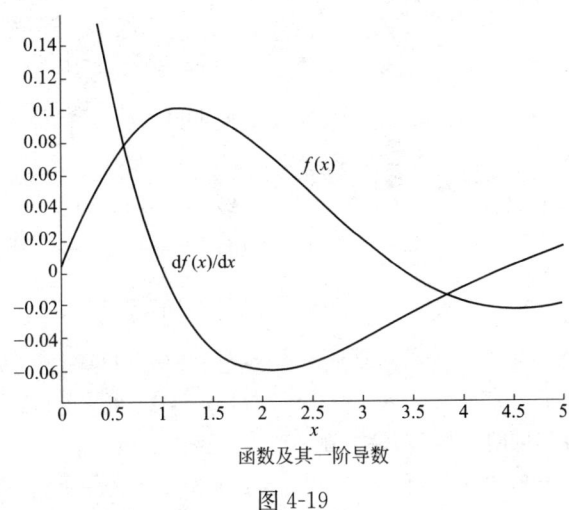

函数及其一阶导数

图 4-19

习　　题

1. 利用洛必达法则求下列极限

(1) $\lim\limits_{x\to 1}\dfrac{x^3-3x+2}{x^3-x^2-x+1}$；

(2) $\lim\limits_{x\to 1}\dfrac{x^n-1}{x^m-1}$；

(3) $\lim\limits_{x\to 0}\dfrac{e^x-e^{-x}}{\sin x}$；

(4) $\lim\limits_{x\to 0}\dfrac{\sin ax}{\sin bx}$；

(5) $\lim\limits_{x\to\frac{\pi}{2}}\dfrac{\ln\sin x}{(\pi-2x)^2}$；

(6) $\lim\limits_{x\to 0^+}\dfrac{a^x-b^x}{x}$；

(7) $\lim\limits_{x\to\infty}\dfrac{x^2-5x+9}{3x^2+7}$；

(8) $\lim\limits_{x\to+\infty}\dfrac{\ln\left(1+\dfrac{1}{x}\right)}{\text{arccot}x}$；

(9) $\lim\limits_{x\to\frac{\pi}{4}}\dfrac{\sin x-\cos x}{1-\tan^2 x}$；

(10) $\lim\limits_{x\to 0}\dfrac{e^x\cos x-1}{\sin 2x}$；

(11) $\lim\limits_{x\to 0}x^2e^{\frac{1}{x^2}}$;

(12) $\lim\limits_{x\to 1}(1-x)\tan\dfrac{\pi x}{2}$;

(13) $\lim\limits_{x\to 1}\left(\dfrac{x}{x-1}-\dfrac{1}{\ln x}\right)$;

(14) $\lim\limits_{x\to 0}\left(\dfrac{1}{x}-\dfrac{1}{e^x-1}\right)$;

(15) $\lim\limits_{x\to 0^+}(\tan x)^{\sin x}$;

(16) $\lim\limits_{x\to 0}\left(1+\dfrac{1}{x}\right)^x$;

(17) $\lim\limits_{x\to 0}\dfrac{x-\sin x}{x^3}$;

(18) $\lim\limits_{x\to 0}\dfrac{e^{-2x}-1}{x}$;

(19) $\lim\limits_{x\to\frac{\pi}{2}}\dfrac{\tan x}{\tan 3x}$;

(20) $\lim\limits_{x\to+\infty}\dfrac{\dfrac{\pi}{2}-\arctan x}{\sin\dfrac{1}{x}}$;

(21) $\lim\limits_{x\to 1}(1-x)\tan\left(\dfrac{\pi}{2}x\right)$;

(22) $\lim\limits_{x\to 0}\left(\cot x-\dfrac{1}{x}\right)$。

2. 确定下列函数的单调区间

(1) $y=x^2+6x-3$;

(2) $y=e^x-x+1$;

(3) $y=\sqrt{x}-x$;

(4) $y=\arctan x-x$;

(5) $y=\dfrac{x^2}{1-x}$;

(6) $y=x-\ln x$。

3. 证明不等式

(1) $e^x\geqslant 1+x$, $x\geqslant 0$;

(2) $\arctan x-x\leqslant 0$, $x\geqslant 0$;

(3) $\cos x-1+\dfrac{1}{2}x^2>0$, $x>0$;

(4) $\ln(1+x)-\dfrac{\arctan x}{1+x}>0$, $x>0$。

4. 求下列函数的极值

(1) $y=2x^3-3x^2-12x+14$;

(2) $y=x^3(x-5)^2$;

(3) $y=x-\ln(1+x)$;

(4) $y=x+\sqrt{1-x}$;

(5) $y=x-e^x$;

(6) $y=\dfrac{2x}{1+x^2}$;

(7) $y=3-2(1+x)^{\frac{1}{3}}$;

(8) $y=(x-1)x^{\frac{2}{3}}$;

(9) $y=2x^3-6x^2-18x-7$;

(10) $y=2-3(x^2-1)^{\frac{2}{3}}$。

5. 求下列函数在指定区间的最大值与最小值

(1) $y=x^2-2x+7$, $[-2, 3]$;

(2) $y=x-\sqrt{4-x}$, $[-5, 3]$;

(3) $y=-x+2\sqrt[3]{x}$, $[-1, 1]$;

(4) $y=\dfrac{x^2}{1+x}$, $\left[\dfrac{1}{2}, 1\right]$。

6. 问函数 $y=x^2-\dfrac{54}{x}(x<0)$ 在何处取得最小值?

7. 问函数 $y=\dfrac{x}{x^2+1}(x\geqslant 0)$ 在何处取得最大值?

8. 试证明面积为定值的矩形中, 正方形的周长为最短。

9. 要造一圆柱形油罐, 体积为 V, 问底半径 r 和高 h 等于多少时, 才能使表面积最小? 这时底直径与高的比是多少?

10. 一鱼雷艇停泊在距海岸 9km 的 A 处(海岸为直线), 派人送信给距鱼雷艇为 $3\sqrt{34}$km 的司令部 B(右图)。若送信人步行每小时 5km, 划船每小时 4km。问他在何处上岸, 到达司令部所用的时间最短?

11. 求下列函数图形的凹凸区间和拐点

(1) $y=x^3-3x^2+5x+2$；

(2) $y=x^2+\dfrac{1}{x}$；

(3) $y=\ln(x^2+1)$；

(4) $y=x+\dfrac{x}{x-1}$。

12. 求下列函数的渐近线

(1) $y=e^{\frac{1}{x}}-1$；

(2) $y=\dfrac{1}{x-2}+5$；

(3) $y=x+e^{-x}$；

(4) $y=\ln\left(e+\dfrac{2}{x}\right)$。

13. 作下列函数的图形

(1) $y=3x-x^3$；

(2) $y=\dfrac{x}{1+x^2}$；

(3) $y=\dfrac{x^2}{2x-1}$；

(4) $y=\ln(x^2+1)$。

14. 某车间靠墙壁要盖一间长方形小屋，现有砖只够砌 20m 长的墙壁。问应围成怎样的长方形，才能使这间小屋的面积最大。

第五章 不 定 积 分

微分学所研究的问题是，已知一个函数求它的导数，但是在科学技术领域中往往还会遇到与此相反的问题，即：知道了函数的导数去求解这个函数，我们把这个求解的过程称之为积分。微分与积分的关系，就像加法与减法、乘法与除法的关系一样，它们是一对互逆运算。本章我们将重点研究不定积分的概念、性质、积分方法及其应用。

第一节 不定积分的概念与性质

一、不定积分的概念

定义 5.1 设 $f(x)$ 是定义在某个区间的函数，如果存在函数 $F(x)$，使得 $F'(x)=f(x)$ 或 $\mathrm{d}F(x)=f(x)\mathrm{d}x$，则在该区间内就称函数 $F(x)$ 为函数 $f(x)$ 的原函数。

例如：$(x^5)'=5x^4$，$x\in R$，所以 x^5 是 $5x^4$ 在区间 R 上的原函数。

又如：$(\sin x)'=\cos x$，所以 $\sin x$ 为 $\cos x$ 的一个原函数。一个函数有多少个原函数呢？

例如：$(\quad)'=2x$。

答案可以是：x^2，x^2-1，$x^2-\dfrac{1}{2}$，$x^2+\pi$，$x^2+\mathrm{e}$

由此不难验证一个函数的原函数存在，那么它必有无穷多个原函数，那么这些函数之间具有什么关系呢？如何寻求所有的原函数呢？我们给出如下定理：

定理 5.1 如果函数 $f(x)$ 有原函数，那么它有无穷多个原函数，并且任意两个原函数之间仅相差一个任意常数。

这说明了，如果 $F(x)$ 是 $f(x)$ 的原函数，则 $f(x)$ 所有原函数都具有 $F(x)+C$ 的形式。即 $F(x)+C$ 称为"原函数的通用表达式"，或者"原函数族"，"全体原函数"。

注意："原函数族 $F(x)+C$"代表全体原函数，而 $F(x)$ 只代表一个原函数。

定义 5.2 函数 $f(x)$ 的全部原函数 $F(x)+C$（C 为任意常数）称为 $f(x)$ 的不定积分，记作 $\displaystyle\int f(x)\mathrm{d}x$，即 $\displaystyle\int f(x)\mathrm{d}x=F(x)+C$。

其中"$\displaystyle\int$"称为积分号，$f(x)$ 称为被积函数，$f(x)\mathrm{d}x$ 称为被积表达式，x 称为积分变量，C 称为积分常数，整个 $\displaystyle\int f(x)\mathrm{d}x$ 是一种数学语言，称为函数 $f(x)$ 的不定积分。

【例 5-1】 (1) 求 $f(x)=\cos x$ 的一个原函数及从定义得出 $\cos x$ 的不定积分。(2) 求 $\displaystyle\int\cos x\mathrm{d}x$。

【解】 (1) 因为 $(\sin x)'=\cos x$

所以 $\sin x$ 是 $\cos x$ 的一个原函数。

(2) $\int \cos x \, dx = \sin x + C$

可见，求不定积分的步骤：先求出一个原函数，再加 C 得到全体原函数，即不定积分。

二、不定积分的性质

$F'(x) = f(x)$ 与 $\int f(x) = F(x) + C$ 进行比较，前者是已知一个函数求导数，后者是已知一个函数的导数，求该函数。可见求导数（或微分）运算和求积分运算是一对逆运算，所以积分与微分有如下关系：

性质 1 $\left[\int f(x) \, dx\right]' = f(x)$，或 $d\left[\int f(x) \, dx\right] = f(x) \, dx$

性质 2 $\int f'(x) \, dx = f(x) + C$，或 $\int df(x) = f(x) + C$

说明积分与微分是互逆运算。先求积分再求导数或微分，两者互相抵消；先求导数或微分再求积分，两者相互抵消后，再加上任意常数 C。例如：

$$\left[\int \tan(e^x) \, dx\right]' = \tan(e^x), \quad \int d(x^2) = \int 2x \, dx = x^2 + C$$

由性质 1、2 可以得出：

性质 3 $\int k f(x) \, dx = k \int f(x) \, dx$（$k$ 为非零常数）

性质 4 $\int [f(x) \pm g(x)] \, dx = \int f(x) \, dx \pm \int g(x) \, dx$

性质 4 可以推广到有限个函数的代数和的运算。

$$\int [f_1(x) + f_2(x) + \cdots + f_n(x)] \, dx = \int f_1(x) \, dx + \int f_2(x) \, dx + \cdots + \int f_n(x) \, dx$$

第二节　不定积分的直接积分法

一、不定积分的基本公式

由于不定积分是求导（微分）的逆运算，因此由导数的基本公式对应地可以得到基本的不定积分公式：

(1) $\int 0 \, dx = C$（C 为任意常数）

(2) $\int x^a \, dx = \dfrac{x^{a+1}}{a+1} + C$（$a \neq -1$）

(3) $\int a^x \, dx = \dfrac{a^x}{\ln a} + C$（$a > 0$ 且 $a \neq -1$）

(4) $\int e^x \, dx = e^x + C$

(5) $\int \dfrac{1}{x} \, dx = \ln|x| + C$

(6) $\int \sin x \, dx = -\cos x + C$

$(7)\ \int \cos x \mathrm{d}x = \sin x + C$

$(8)\ \int \sec^2 x \mathrm{d}x = \tan x + C$

$(9)\ \int \csc^2 x \mathrm{d}x = -\cot x + C$

$(10)\ \int \dfrac{1}{\sqrt{1-x^2}} \mathrm{d}x = \arcsin x + C$

$(11)\ \int \dfrac{1}{1+x^2} \mathrm{d}x = \arctan x + C$

以上公式是积分运算的基础，必须熟记。

对于公式(2)，使用时易错，下面举例说明：

【例 5-2】 求下列不定积分

$(1)\ \int \sqrt{x}\mathrm{d}x;$ $(2)\ \int \dfrac{1}{x^2}\mathrm{d}x;$ $(3)\ \int \dfrac{1}{\sqrt{x}}\mathrm{d}x;$ $(4)\ \int \sqrt[4]{x^3}\mathrm{d}x.$

【解】 此类习题均可用公式(2)计算，但需要将被积分函数先转化成幂函数的形式，得

$(1)\ \int \sqrt{x}\mathrm{d}x = \int x^{\frac{1}{2}}\mathrm{d}x = \dfrac{x^{\frac{1}{2}+1}}{\frac{1}{2}+1} + C = \dfrac{2}{3}x^{\frac{3}{2}} + C$

$(2)\ \int \dfrac{1}{x^2}\mathrm{d}x = \int x^{-2}\mathrm{d}x = \dfrac{x^{-2+1}}{-2+1} + C = -x^{-1} + C = -\dfrac{1}{x} + C$

$(3)\ \int \dfrac{1}{\sqrt{x}}\mathrm{d}x = \int x^{-\frac{1}{2}}\mathrm{d}x = \dfrac{1}{-\frac{1}{2}+1}x^{-\frac{1}{2}+1} + C = 2x^{\frac{1}{2}} + C$

$(4)\ \int \dfrac{1}{\sqrt[4]{x^3}}\mathrm{d}x = \int x^{-\frac{3}{4}}\mathrm{d}x = \dfrac{1}{-\frac{3}{4}+1}x^{-\frac{3}{4}+1} + C = 4x^{\frac{1}{4}} + C = 4\sqrt[4]{x} + C$

(2)、(3)题的结论可作为公式使用。

公式(12) $\int \dfrac{1}{x^2}\mathrm{d}x = -\dfrac{1}{x} + C$ 公式(13) $\int \dfrac{1}{\sqrt{x}}\mathrm{d}x = 2\sqrt{x} + C$

二、直接积分法

定义 5.3 利用不定积分的性质和基本公式直接求得函数的积分的方法，称为直接积分法。

【例 5-3】 用直接积分法求 $\int 5x^4 \mathrm{d}x$。

【解】 $\int 5x^4 \mathrm{d}x = 5\int x^4 \mathrm{d}x = 5\dfrac{x^5}{5} + C = x^5 + C$

【例 5-4】 用直接积分法求 $\int \left(\mathrm{e}^x - 2\cos x + \dfrac{2}{\sqrt{x}}\right)\mathrm{d}x$。

【解】 原式 $= \int \mathrm{e}^x \mathrm{d}x - 2\int \cos x \mathrm{d}x + \int \dfrac{2}{\sqrt{x}}\mathrm{d}x = \mathrm{e}^x + C_1 - 2(\sin x + C_2) + 2(2\sqrt{x} + C_3)$

$\qquad = \mathrm{e}^x - 2\sin x + 4\sqrt{x} + (C_1 - 2C_2 + 2C_3) = \mathrm{e}^x - 2\sin x + 4\sqrt{x} + C$

逐项积分后，每个不定积分都含有任意常数，由于任意常数之和仍是任意常数，所以

只需写一个任意常数 C 即可。

进行不定积分计算时，有时需要将被积函数做适当变形，再利用不定积分的性质和基本公式进行计算。

【例 5-5】 求 $\int \dfrac{(1-2x)^2}{x}\mathrm{d}x$。

【解】 $\displaystyle\int \frac{(1-2x)^2}{x}\mathrm{d}x = \int \frac{1-4x+4x^2}{x}\mathrm{d}x = \int \frac{1}{x}\mathrm{d}x - 4\int \mathrm{d}x + 4\int x\mathrm{d}x$

$$= \ln|x| - 4x + 2x^2 + C$$

【例 5-6】 求 $\int \dfrac{x^4}{1+x^2}\mathrm{d}x$。

【解】 $\displaystyle\int \frac{x^4}{1+x^2}\mathrm{d}x = \int \frac{x^4-1+1}{1+x^2}\mathrm{d}x = \int \frac{(x^2-1)(x^2+1)+1}{1+x^2}\mathrm{d}x$

$$= \int (x^2-1)\mathrm{d}x + \int \frac{1}{1+x^2}\mathrm{d}x = \int x^2\mathrm{d}x - \int \mathrm{d}x + \int \frac{1}{1+x^2}$$

$$= \frac{x^3}{3} - x + \arctan x + C$$

【例 5-7】 求 $\int \cos^2 \dfrac{x}{2}\mathrm{d}x$。

【解】 $\displaystyle\int \cos^2 \frac{x}{2}\mathrm{d}x = \int \frac{1+\cos x}{2}\mathrm{d}x = \frac{1}{2}\int \mathrm{d}x + \frac{1}{2}\int \cos x\mathrm{d}x$

$$= \frac{1}{2}x + \frac{1}{2}\sin x + C$$

【例 5-8】 求 $\int \dfrac{1}{\cos^2 x \sin^2 x}\mathrm{d}x$。

【解】 $\displaystyle\int \frac{1}{\cos^2 x \sin^2 x}\mathrm{d}x = \int \frac{\sin^2 x + \cos^2 x}{\sin^2 x \cos^2 x}\mathrm{d}x = \int \frac{1}{\cos^2 x}\mathrm{d}x + \int \frac{1}{\sin^2 x}\mathrm{d}x$

$$= \int \sec^2 x\mathrm{d}x + \int \csc^2 x\mathrm{d}x = \tan x - \cot x + C$$

第三节　不定积分的换元积分法

利用直接积分法求出的不定积分是有限的，为了求得更多的函数不定积分，还要建立一些积分法，换元积分法就是其中之一。

一、第一类换元积分法

定理 5.2

若 $\int f(u)\mathrm{d}u = F(u) + C$，且 $u = \varphi(x)$ 可导，则有

$$\int (f(\varphi(x))\varphi'(x)\mathrm{d}x = \int f(\varphi(x))\mathrm{d}\varphi(x) = F(\varphi(x)) + C$$

利用复合函数求导公式，可验证上式的正确性。

第一类换元积分法也叫凑微分法，是通过改变积分变量，使所求的积分化为能直接利用基本积分公式求解的方法。

【例 5-9】 求 $\int (3x+1)^4 dx$。

【解】 将 dx 凑成 $dx = \frac{1}{3}d(3x+1)$，则

$$\int (3x+1)^4 dx = \int \frac{1}{3}(3x+1)^4 d(3x+1) = \frac{1}{3}\int (3x+1)^4 d(3x+1)$$

$$\xrightarrow[\text{令}\,3x+1=u]{\text{代替}} \frac{1}{3}\int u^4 du = \frac{1}{15}u^5 + C \xrightarrow{\text{回代}\,u=3x+1} \frac{1}{15}(3x+1)^5 + C$$

【例 5-10】 求 $\int \frac{1}{5x-3} dx$。

【解】 $\int \frac{1}{5x-3} dx = \frac{1}{5}\int \frac{1}{5x-3} d(5x-3) \xrightarrow{\text{令}\,u=5x-3} \frac{1}{5}\int \frac{1}{u} du = \frac{1}{5}\ln|u| + C$

$$\xrightarrow{\text{回代}\,u=5x-3} \frac{1}{5}\ln|5x-3| + C$$

当运算熟练以后，可以略去中间换元步骤，直接凑微分为积分公式的形式。

【例 5-11】 求 $\int x\sqrt{x^2+4}\,dx$。

【解】 $\int x\sqrt{x^2+4}\,dx = \int \sqrt{x^2+4}\,d\frac{x^2}{2} = \frac{1}{2}\int \sqrt{x^2+4}\,dx^2$

$$= \frac{1}{2}\int \sqrt{x^2+4}\,d(x^2+4) = \frac{1}{3}(x^2+4)^{\frac{3}{2}} + C$$

【例 5-12】 求 $\int \sin x\, e^{\cos x}\,dx$。

【解】 $\int \sin x\, e^{\cos x}\,dx = \int e^{\cos x}\,d(-\cos x) = -\int e^{\cos x}\,d\cos x = -e^{\cos x} + C$

【例 5-13】 求 $\int \frac{e^x}{1+e^x}\,dx$。

【解】 $\int \frac{e^x}{1+e^x}\,dx = \int \frac{1}{1+e^x}\,de^x = \int \frac{1}{1+e^x}\,d(e^x+1)$

$$= \ln|1+e^x| + C = \ln(1+e^x) + C$$

【例 5-14】 求 $\int \frac{1}{x^2}e^{\frac{1}{x}}\,dx$。

【解】 $\int \frac{1}{x^2}e^{\frac{1}{x}}\,dx = \int e^{\frac{1}{x}}\,d\left(-\frac{1}{x}\right) = -\int e^{\frac{1}{x}}\,d\left(\frac{1}{x}\right) = -e^{\frac{1}{x}} + C$

【例 5-15】 求 $\int \frac{\ln^2 x}{x}\,dx$。

【解】 $\int \frac{\ln^2 x}{x}\,dx = \int \ln^2 x\, d\ln x = \frac{\ln^3 x}{3} + C$

【例 5-16】 求 $\int \cos^2 x\, dx$。

【解】 $\int \cos^2 x\, dx = \int \frac{1+\cos 2x}{2}\,dx = \frac{1}{2}\int dx + \frac{1}{2}\int \cos 2x\, dx$

$$= \frac{1}{2}\int dx + \frac{1}{2} \times \frac{1}{2}\int \cos 2x\, d2x = \frac{1}{2}x + \frac{1}{4}\sin 2x + C$$

用第一类换元法计算积分，首先要熟记基础的积分公式，其次要灵活地凑微分，常见的凑微分形式是由积分公式派生出来的，如下所示：

(1) $a\mathrm{d}x = \mathrm{d}(ax+b)\,(a\neq 0)$

(2) $x\mathrm{d}x = \mathrm{d}\dfrac{1}{2a}(ax^2+b)\,(a\neq 0)$

(3) $e^x\mathrm{d}x = \mathrm{d}(e^x+c)$

(4) $\dfrac{1}{x}\mathrm{d}x = \mathrm{d}(\ln|x|+c)$

(5) $\sin x\mathrm{d}x = -\mathrm{d}\cos x$

(6) $\cos x = \mathrm{d}\sin x$

(7) $\sec^2 x\mathrm{d}x = \mathrm{d}\tan x$

(8) $\csc^2 x\mathrm{d}x = -\mathrm{d}\cot x$

(9) $\dfrac{1}{x^2}\mathrm{d}x = -\mathrm{d}\dfrac{1}{x}$

(10) $\dfrac{1}{\sqrt{x}}\mathrm{d}x = 2\mathrm{d}\sqrt{x}$

【例 5-17】 求 $\displaystyle\int \dfrac{1}{a^2+x^2}\mathrm{d}x$。

【解】 $\displaystyle\int \dfrac{1}{a^2+x^2}\mathrm{d}x = \dfrac{1}{a^2}\int \dfrac{1}{1+\dfrac{x^2}{a^2}}\mathrm{d}x = \dfrac{1}{a}\int \dfrac{1}{1+\left(\dfrac{x}{a}\right)^2}\mathrm{d}\dfrac{x}{a} = \dfrac{1}{a}\arctan\dfrac{x}{a}+C$

【例 5-18】 求 $\displaystyle\int \tan x\mathrm{d}x$。

【解】 $\displaystyle\int \tan x\mathrm{d}x = \int \dfrac{\sin x}{\cos x}\mathrm{d}x = -\int \dfrac{1}{\cos x}\mathrm{d}\cos x = -\ln|\cos x|+C$

【例 5-19】 求 $\displaystyle\int \dfrac{1}{1+e^x}\mathrm{d}x$。

【解】 $\displaystyle\int \dfrac{1}{1+e^x}\mathrm{d}x = \int \dfrac{1+e^x-e^x}{1+e^x}\mathrm{d}x = \int\left(1-\dfrac{e^x}{1+e^x}\right)\mathrm{d}x$

$$= \int \mathrm{d}x - \int \dfrac{e^x}{1+e^x}\mathrm{d}x = x - \ln(1+e^x)+C$$

二、第二换元积分法（去根号法）

一般的说，若积分 $\displaystyle\int f(x)\mathrm{d}x$ 不易计算可以作适当的变换，令 $x=\varphi(t)$，请看下例。

【引例】 求 $\displaystyle\int \dfrac{1}{1+\sqrt{x}}\mathrm{d}x$。

【解】 因为被积函数中含有根号，不容易凑微分，为了去掉根号，令 $\sqrt{x}=t$，$x=t^2$ 则 $\mathrm{d}x = \mathrm{d}t^2 = 2t\mathrm{d}t$，

$$\int \dfrac{1}{1+\sqrt{x}}\mathrm{d}x = 2\int \dfrac{t}{1+t}\mathrm{d}t = 2\int \dfrac{t+1-1}{t+1}\mathrm{d}t = 2\int\left(1-\dfrac{1}{t+1}\right)\mathrm{d}t$$

$$= 2t - 2\ln|t+1|+C$$

再回代 $t=\sqrt{x}$

$$\int \frac{1}{1+\sqrt{x}}dx = 2\sqrt{x}-2\ln\left|\sqrt{x}+1\right|+C$$

以上积分过程的理论根据就是第二换元积分法。

定理 5.3(第二换元积分法) 设函数 $y=f(x)$ 在其定义域内连续，$x=\varphi(t)$ 单调可微，且 $\varphi(t)\neq0$，则 $\int f(x)dx = \int f(\varphi(t))\varphi'(t)dt$。

1. 简单根式代换

【例 5-20】 求 $\int \frac{x}{\sqrt{1-x}}dx$。

【解】 令 $\sqrt{1-x}=t$，$x=1-t^2$ 则 $dx=-2tdt$

$$\int \frac{x}{\sqrt{1-x}}dx = -\int \frac{1-t^2}{t}2tdt = 2\int(-1+t^2)dt = -2t+\frac{2}{3}t^3+C$$

$$\underline{回代}-2\sqrt{1-x}+\frac{2}{3}(1-x)\sqrt{1-x}+C$$

2. 三角代换

三角代换以三角函数中的三个恒等式：$1-\sin^2x=\cos^2x$，$\tan^2x+1=\sec^2x$，$\sec^2x-1=\tan^2x$ 作为换元的根据。

【例 5-21】 求 $\int \sqrt{a^2-x^2}dx(a>0)$。

【解】 设 $x=a\sin t$，$dx=a\cos tdt$，则 $\sqrt{a^2-x^2}=a\sqrt{1-\sin^2t}=a\cos t$

$$\int \sqrt{a^2-x^2}dx = \int a\cos t \, a\cos tdt = a^2\int\cos^2tdt$$

$$= a^2\int\frac{1+\cos2t}{2}dt = \frac{a^2}{2}\left(t+\frac{1}{2}\sin2t\right)+C$$

$$= \frac{a^2}{2}t+\frac{a^2}{2}\sin t\cos t+C$$

因为 $x=a\sin t$，即 $\sin t=\frac{x}{a}$，$t=\arcsin\frac{x}{a}$ 由正弦的定义作辅助直角三角形，解直角三角形得第三边长 $\sqrt{a^2-x^2}$，由辅助三角形可知 $\cos t=\frac{\sqrt{a^2-x^2}}{a}$。

【例 5-22】 求 $\int \frac{1}{\sqrt{a^2+x^2}}dx(a>0)$。

【解】 令 $x=a\tan t$，$dx=da\tan t=a\sec^2tdt$

则 $\sqrt{a^2+x^2}=\sqrt{a^2+a^2\tan^2t}=a\sqrt{1+\tan^2t}=a\sec t$

$$\int \frac{1}{\sqrt{a^2+x^2}}dx = \int \frac{1}{a\sec t}a\sec^2tdt = \int\sec tdt = \ln|\sec t+\tan t|+C$$

根据 $\tan t=\frac{x}{a}$，利用辅助直角三角形得 $\sec t=\frac{\sqrt{x^2+a^2}}{a}$

$$\int \frac{1}{\sqrt{x^2+a^2}}dx = \ln\left|\sqrt{\frac{x^2+a^2}{a^2}}+\frac{x}{a}\right|+C = \ln\left|\sqrt{x^2+a^2}+x\right|+C \quad (C=C-\ln a)$$

第四节　分部积分法

分部积分法是基本积分方法之一，主要用于被积函数是两种不同类型函数乘积的积分，如 $\int x^2\sin x\mathrm{d}x$、$\int x\mathrm{e}^x\mathrm{d}x$、$\int \mathrm{e}^{2x}\cos 3x\mathrm{d}x$ 等，分部积分是乘积微分的逆运算。

由函数乘积微分公式

$$\mathrm{d}(uv)=u\mathrm{d}v+v\mathrm{d}u$$

移项得

$$u\mathrm{d}v=\mathrm{d}(uv)-v\mathrm{d}u$$

两边积分

$$\int u\mathrm{d}v = uv - \int v\mathrm{d}u$$

上式称为分部积分公式，当积分 $\int u\mathrm{d}v$ 不易计算而积分 $\int v\mathrm{d}u$ 容易计算时可以使用。

【例 5-23】　求下列积分

(1) $\int x\mathrm{e}^{-x}\mathrm{d}x$;　　(2) $\int x\sin x\mathrm{d}x$;　　(3) $\int x\arctan x\mathrm{d}x$;　　(4) $\int x\cos\dfrac{x}{3}\mathrm{d}x$。

【解】　(1) $-\int x\mathrm{d}\mathrm{e}^{-x}=-x\mathrm{e}^{-x}+\int \mathrm{e}^{-x}\mathrm{d}x=-x\mathrm{e}^{-x}-\int \mathrm{e}^{-x}\mathrm{d}(-x)=-x\mathrm{e}^{-x}-\mathrm{e}^{-x}+C$

(2) $\int x\sin x\mathrm{d}x=-\int x\mathrm{d}\cos x=-x\cos x+\int \cos x\mathrm{d}x=-x\cos x+\sin x+C$

(3) $\int x\arctan x\mathrm{d}x=\dfrac{1}{2}\int \arctan x\mathrm{d}x^2=\dfrac{1}{2}\left[x^2\arctan x-\int x^2\arctan x\right]$

$\qquad\qquad\quad=\dfrac{1}{2}\left[x^2\arctan x-\int \dfrac{x^2}{1+x^2}\mathrm{d}x\right]=\dfrac{1}{2}\left[x^2\arctan x-x+\arctan x\right]+C$

(4) $\int x\cos\dfrac{x}{3}\mathrm{d}x=3\int x\mathrm{d}\sin\dfrac{x}{3}=3\left[x\sin\dfrac{x}{3}-3\int \sin\dfrac{x}{3}\mathrm{d}\dfrac{x}{3}\right]$

$\qquad\qquad\quad=3\left[x\sin\dfrac{x}{3}+3\cos\dfrac{x}{3}\right]+C=3x\sin\dfrac{x}{3}+9\cos\dfrac{x}{3}+C$

注：

1. $\int x^m\ln x\mathrm{d}x$，$\int x^m\arcsin x\mathrm{d}x$，$\int x^m\arctan x\mathrm{d}x\,(m\neq 1,\,m\in z)$

应利用分部积分法计算，一般设 $\mathrm{d}v=x^m\mathrm{d}x$，而被积表达式其余部分为 u。

2. $\int x^n\sin ax\mathrm{d}x$，$\int x^n\cos ax\mathrm{d}x$，$\int x^n\mathrm{e}^{ax}\mathrm{d}x\,(n>0,\,n\in N^*)$ 应利用分部积分法计算。一般设 $u=x^n$，被积表达式其余部分设为 $\mathrm{d}v$。

第五节　不定积分在专业技术中的应用

【例 5-24】　支承条件：受拉环梁和受压环梁。

旋转壳设计中的一个主要考虑是它边缘或支承条件的性质。它必须在壳的底部边缘处设置一些装置来承受与经面内径向力有关的水平推力，这和必须设置扶壁或拉杆来承受拱的水平推力大致相同。例如，在圆屋顶中也许就要用圆扶壁系统。换句话说，圆屋顶的底部可能就要围绕一圈被称为受拉环梁的平面圆环，用来抵制径向力的外向力。由于径向力总是压力，它在壳底边缘的水平分力总是指向外部；因而约束它的环梁总是受拉。然而，如果壳体的顶端开了一个洞口，在此边缘处径向力的水平分力总是指向内部，因而约束它的环梁总是受压。

受拉环梁是一圈抵抗向外推力的平面环梁，正是这些外推力使环梁受拉伸。若考虑环梁水平截面上各向作用力之和，就能发现沿环梁圆周指向外部的径向水平分力（$N_\phi \cos\phi$）所产生的总外推力，总要被受拉环梁的内力所平衡。该总外推力可以证明等于单位长度上的外推力乘以它作用长度的投影值（即受拉环梁的直径）。于是

$$2T = N_\phi \cos\phi \times 2a \quad \text{或} \quad T = N_\phi \cos\phi \times a$$

式中 a 为受拉环梁的半径（$a = R\sin\phi$）。此表达式是根据

$$2T = \int N_\phi \cos\phi \times a\,\mathrm{d}\phi$$

得出的。

一圈受拉环梁可以完全承受所有发生的水平推力。当将它直接支承在地基上时，它本身也就成为能够传递壳体反力的竖向分力给地基的连续基础。要不然，受拉梁也可以支承在其他构件上（例如立柱），这些构件只要能承受竖荷载就行。

【例 5-25】 在研究许多实际问题时，常常需要寻求变量之间的函数关系，这种函数关系有时可通过不定积分的知识来确定。将来我们可能会在工程监理工作中去测量一幢楼盖完后的实际高度。有一种方法很简单且实用，就是利用自由落体运动的原理。例如：我们让一个物体从建筑物的顶层落下，30s 落地，此建筑物的高度可以这么计算：

由于物体只受地球引力的作用，由加速度和速度的关系有

$a = \dfrac{\mathrm{d}v}{\mathrm{d}t} = g$，且 $t = 0$ 时，$v = 0$

积分后得 $\qquad\qquad\qquad\qquad v = \displaystyle\int g\,\mathrm{d}t = gt + c$

将 $v(0) = 0$ 代入上式，得 $c = 0$

故作自由落体运动的物体的速度方程为 $v = gt$

又由 $v = \dfrac{\mathrm{d}s}{\mathrm{d}t} = gt$，积分得 $s = \displaystyle\int gt\,\mathrm{d}t = \dfrac{1}{2}gt^2 + c$

将 $s(0) = 0$ 代入上式，得 $c = 0$，即自由落体的运动方程

$s = \dfrac{1}{2}gt^2$，将时间 $t = 30(\text{s})$ 代入上式，

得到建筑物得高度 $h = 4410(\text{m})$。

【例 5-26】［电流函数］ 一电路中电流关于时间的变化率为 $\dfrac{\mathrm{d}i}{\mathrm{d}t} = 4t - 0.6t^2$，若 $t = 0$ 时，$i = 2A$，求电流 i 关于时间 t 的函数。

【解】 由 $\dfrac{\mathrm{d}i}{\mathrm{d}t} = 4t - 0.6t^2$，求不定积分得

$$i(t) = \int (4t - 0.6t^2)\mathrm{d}t = 2t^2 - 0.2t^3 + C,$$

将 $i(0)=2$ 代入上式，得 $C=2$，所以

$$i(t) = 2t^2 - 0.2t^3 + 2$$

习　题

1. 求下列不定积分

(1) $\int (2 - 3x^2)\mathrm{d}x$；

(2) $\int (3^x + x^3)\mathrm{d}x$；

(3) $\int x^2 \sqrt[3]{x^2}\,\mathrm{d}x$；

(4) $\int \left(\dfrac{1}{\sqrt{x}} - \sqrt[5]{x}\right)\mathrm{d}x$；

(5) $\int \left(\dfrac{x}{3} - \dfrac{1}{x} + \dfrac{2}{x^2} - \dfrac{6}{x^4}\right)\mathrm{d}x$；

(6) $\int \left(\sqrt{x} + \dfrac{1}{\sqrt{x}}\right)^2 \mathrm{d}x$；

(7) $\int \dfrac{x(\sqrt{x} - 3)}{x^2}\,\mathrm{d}x$；

(8) $\int \dfrac{2x^2}{x^2 + 1}\,\mathrm{d}x$；

(9) $\int \left(3\mathrm{e}^x + \dfrac{1}{\sqrt{1-x^2}} + \dfrac{1}{x^2}\right)\mathrm{d}x$；

(10) $\int \dfrac{x^3 - x}{1 + x}\,\mathrm{d}x$；

(11) $\int \dfrac{\sqrt{x} - x^3\mathrm{e}^x + x^2}{x^3}\,\mathrm{d}x$；

(12) $\int \dfrac{x - 3}{x^2 - 5x + 6}\,\mathrm{d}x$；

(13) $\int \dfrac{x^3 - 8}{x - 2}\,\mathrm{d}x$。

2. 求下列不定积分

(1) $\int (x+3)^2 \mathrm{d}x$；

(2) $\int \dfrac{\mathrm{d}x}{(3x-2)^2}$；

(3) $\int \sqrt{1 - 3x}\,\mathrm{d}x$；

(4) $\int 3^{2x}\mathrm{d}x$；

(5) $\int \mathrm{e}^{-2x}\mathrm{d}x$；

(6) $\int \dfrac{3x}{1 + x^2}\,\mathrm{d}x$；

(7) $\int \dfrac{x - 1}{x^2 + 1}\,\mathrm{d}x$；

(8) $\int \dfrac{x^2}{\sqrt[3]{(x^3 - 2)}}\,\mathrm{d}x$；

(9) $\int x\mathrm{e}^{-x^2}\mathrm{d}x$；

(10) $\int \mathrm{e}^{3x}\mathrm{d}x$；

(11) $\int \sin \dfrac{4}{5}x\,\mathrm{d}x$；

(12) $\int \cos^2(3x + 1)\mathrm{d}x$；

(13) $\int \dfrac{\mathrm{e}^{\frac{1}{x}}}{x^2}\,\mathrm{d}x$；

(14) $\int \dfrac{\mathrm{e}^x}{\mathrm{e}^x + 1}\,\mathrm{d}x$；

(15) $\int \dfrac{\mathrm{d}x}{x\ln x}$；

(16) $\int \dfrac{(\ln x)^2}{x}\,\mathrm{d}x$；

(17) $\int \mathrm{e}^{\sin x}\cos x\,\mathrm{d}x$；

(18) $\int \mathrm{e}^x\cos(\mathrm{e}^x)\mathrm{d}x$。

3. 求下列不定积分

(1) $\int x\sqrt{x - 2}\,\mathrm{d}x$；

(2) $\int \dfrac{1}{1 + 2\sqrt{x}}\,\mathrm{d}x$；

(3) $\int \dfrac{2x}{\sqrt{x - 3}}\,\mathrm{d}x$；

(4) $\int \dfrac{\mathrm{d}x}{\sqrt{x} + \sqrt[3]{x}}$；

(5) $\int \dfrac{\mathrm{d}x}{x^2 \sqrt{b^2 - x^2}}$；

(6) $\int \dfrac{\mathrm{d}x}{x^2 \sqrt{x^2 + 1}}$；

(7) $\int \dfrac{\sqrt{1 - x^2}}{x}\,\mathrm{d}x$；

(8) $\int \dfrac{\sqrt{x^2 - 1}}{x}\,\mathrm{d}x$。

4. 求下列不定积分

(1) $\int x\sin 2x \mathrm{d}x$;

(2) $\int x\sin\dfrac{x}{3}\mathrm{d}x$;

(3) $\int x\mathrm{e}^{2x}\mathrm{d}x$;

(4) $\int x^2\mathrm{e}^{-x}\mathrm{d}x$;

(5) $\int (x+2)\mathrm{e}^x\mathrm{d}x$;

(6) $\int \arctan x\mathrm{d}x$;

(7) $\int \ln(x+1)\mathrm{d}x$;

(8) $\int x^2\arctan x\mathrm{d}x$。

第六章 常微分方程基础

常微分方程的理论是与微积分一起发展起来的，在科研与生产实际中，人们需要利用函数关系对客观事物的规律进行研究，但是在寻求这种关系时，往往不能找出所需的函数关系，却可以列出未知函数及其导数（或微分）的关系式，这种关系式就是微分方程。可见，微分方程是描述客观事物的数量关系的一种重要的数学模型。

第一节 常微分方程的基本概念

某个函数是怎样的并不知道，但根据科技领域的普遍规律，却可以知道这个未知函数及其导数与自变量之间会满足某种关系。下面我们先来看一个例子：

【例 6-1】 已知某曲线上任意一点切线的斜率为 $4x^3$，且该曲线经过点$(1，5)$，求该曲线的方程。

【解】 设曲线方程为 $y=y(x)$；由导数的几何意义可知函数 $y=y(x)$ 满足

$$y'=4x^3 \tag{1}$$

同时还满足以下条件：

$$x=1 \text{ 时，} \quad y=5 \tag{2}$$

把（1）式两端积分，得

$$y=\int 4x^3 \mathrm{d}x \quad \text{即} \quad y=x^4+C \tag{3}$$

其中 C 是任意常数。

把条件（2）代入（3）式，得

$$C=4$$

由此解出 C 并代入（3）式，得到所求曲线方程：

$$y=x^4+4$$

上述例子中的关系式（1）含有未知函数的导数，它就是我们这章要学习的常微分方程。

定义 6.1 我们把含有未知函数的导数（或微分）的方程称为微分方程。

未知函数是一元函数的方程，叫做常微分方程；未知函数是多元函数的方程，叫做偏微分方程。

本章只讨论常微分方程。

例如：$y'=2x+6+\sin x，\dfrac{\mathrm{d}^2 y}{\mathrm{d}x^2}+2x+\left(\dfrac{\mathrm{d}y}{\mathrm{d}x}\right)^5=0$ 都是常微分方程。

定义 6.2 微分方程中所出现的未知函数的最高阶导数的阶数，叫做微分方程的阶。

例如：方程（1）是一阶微分方程；方程 $y^{(6)}y'-2y^7-12y'+5y=e^{2x}$ 是六阶微分方程。

定义 6.3 任何代入微分方程后使其成为恒等式的函数，都叫做该微分方程的解。

若微分方程的解中含有任意常数的个数与微分方程的阶数相同，且任意常数之间不能合并，则称此解为该微分方程的通解。不包含任意常数的解，称为微分方程的特解。

不难验证，函数 $y=x^2$、$y=x^2+1$ 及 $y=x^2+C$（C 为任意常数）都是方程 $y'=2x$ 的解。$y=x^2+C$ 中含有一个任意常数且与该方程的阶数相同，因此，这个解是方程的通解。如果求满足条件 $y(0)=0$ 的解，代入通解 $y=x^2+C$ 中得 $C=0$，那么 $y=x^2$ 就是微分方程 $y'=2x$ 的特解。用来确定通解中的任意常数的附加条件称为初始条件。通常一阶微分方程的初始条件是

$$y|_{x=x_0}=y_0，\quad 即 \quad y(x_0)=y_0$$

由此可以确定一阶微分方程通解中的任意常数。

二阶微分方程的初始条件是

$$y|_{x=x_0}=y_0 \quad 及 \quad y'|_{x=x_0}=y_0'，\quad 即 \quad y(x_0)=y_0 \quad 与 \quad y'(x_0)=y_0'$$

由此可以确定二阶微分方程通解中的任意常数。

一个微分方程与其初始条件构成的问题，称为初值问题。求解某初值问题，就是求微分方程的特解。

【例 6-2】 设方程 $\dfrac{d^2y}{dx^2}+4y=0$

（1）指出该方程的阶数；

（2）验证 $y=C_1\cos 2x+C_2\sin 2x$ 是此方程的通解。

【解】 （1）由定义 6.2 可知 $\dfrac{d^2y}{dx^2}+4y=0$ 是二阶微分方程。

（2）$y=C_1\cos 2x+C_2\sin 2x$ 则

$$y'=-2C_1\sin 2x+2C_2\cos 2x$$
$$y''=-4C_1\cos 2x-4C_2\sin 2x$$

将 y'，y'' 及 y 代入原方程的左边，有

$$左边=(-4C_1\cos 2x-4C_2\sin 2x)+4C_1\cos 2x+4C_2\sin 2x=0$$
$$右边=0$$

由于 C_1，C_2 为两个任意常数，即函数 $y=C_1\cos 2x+C_2\sin 2x$ 是所给二阶微分方程的通解。

【例 6-3】 验证方程 $y'=\dfrac{2y}{x}$ 的通解是 $y=Cx^2$，求初始条件为 $y|_{x=1}=2$ 的特解。

【解】 由 $y=Cx^2$ 得 $y'=2Cx$，将 y 及 y' 代入原方程的左、右两边，有

$$左边=y'=2Cx$$

$$右边=\frac{2y}{x}=2Cx$$

所以函数 $y=Cx^2$ 满足原方程。又因为该函数含有一个任意常数，所以 $y=Cx^2$ 是一阶微分方程 $y'=\dfrac{2y}{x}$ 的通解。

将初始条件 $y|_{x=1}=2$ 代入通解 $y=Cx^2$，得 $C=2$，故所求特解为

$$y=2x^2$$

第二节　一阶微分方程

一阶微分方程的一般形式为

$$F(x,\ y,\ y')=0$$

下面，我们仅介绍几种常见的一阶微分方程。

一、可分离变量的一阶微分方程

定义 6.4　如果一个一阶微分方程能写成

$$g(y)\mathrm{d}y=f(x)\mathrm{d}x$$

的形式，就是说，能把微分方程写成一端只含 y 的函数和 $\mathrm{d}y$，另一端只含 x 的函数和 $\mathrm{d}x$，那么原方程就称为可分离变量的微分方程。

对这类方程的求解方法如下：

（1）分离变量把微分方程化成

$$g(y)\mathrm{d}y=f(x)\mathrm{d}x$$

（2）两端积分

$$\int g(y)\mathrm{d}y = \int f(x)\mathrm{d}x$$

（3）设 $G(y)$，$F(x)$ 分别是 $g(y)$，$f(x)$ 的原函数，则通解为

$$G(y)=F(x)+C$$

【例 6-4】　求方程 $y'=-\dfrac{y}{x}$ 的通解。

【解】　分离变量，得

$$\frac{\mathrm{d}y}{y}=-\frac{1}{x}\mathrm{d}x$$

两边积分，得

$$\ln|y|=\ln\left|\frac{1}{x}\right|+C_1$$

简化得

$$|y|=e^{C_1}\left|\frac{1}{x}\right|$$

$$y=\pm e^{C_1}\frac{1}{x}$$

令 $C_2=\pm e^{C_1}$，则 $y=C_2\dfrac{1}{x}$，$C_2\neq0$。另外，我们看出 $y=0$，它也是微分方程 $y'=-\dfrac{y}{x}$ 的通解，所以也可认为 $y=\dfrac{C_2}{x}$ 中的 C_2 等于 0，因此 C_2 可以作为任意常数。这样，方程的通解是

$$y=\frac{C}{x}$$

凡遇到积分后是对数的情形，都需作类似于上述的讨论。但这样的演算过程没有必要重复，故为方便起见，今后凡遇到积分后是对数情形都作如下简化处理，以例 6-4 为例，

示范如下：

分离变量，得

$$\frac{dy}{y}=-\frac{1}{x}dx$$

两边积分，得

$$\ln y=\ln\frac{1}{x}+\ln C$$

$$\ln y=\ln\frac{C}{x}$$

即通解为

$$y=\frac{C}{x}$$

其中 C 为任意常数。

【例 6-5】 求微分方程 $\frac{dy}{dx}=x^2 y$ 的通解。

【解】 方程是可分离变量的，分离变量后得

$$\frac{dy}{y}=x^2 dx$$

两边积分

$$\int\frac{dy}{y}=\int x^2 dx$$

$$\ln y+\ln C=\frac{x^3}{3}$$

$$\ln Cy=\frac{x^3}{3}$$

从而通解为

$$y=\frac{1}{C}e^{\frac{x^3}{3}} \quad \text{或} \quad y=Ce^{\frac{x^3}{3}}$$

【例 6-6】 求 $\frac{dy}{dx}-e^{x+y}=0$ 的通解。

【解】 方程变形为

$$\frac{dy}{dx}=e^x \cdot e^y$$

分离变量为

$$e^{-y}dy=e^x dx$$

两边积分

$$\int e^{-y}dy=\int e^x dx$$

求积分得

$$-e^{-y}=e^x+C$$

即

$$e^x-e^{-y}=C$$

【例 6-7】 解方程 $dx+xydy=y^2 dx+ydy$，并求满足 $y(0)=2$ 时的特解。

【解】 将方程整理得

$$y(x-1)\mathrm{d}y=(y^2-1)\mathrm{d}x$$

分离变量，得

$$\frac{y}{y^2-1}\mathrm{d}y=\frac{\mathrm{d}x}{x-1}$$

两边积分有

$$\frac{1}{2}\ln(y^2-1)=\ln(x-1)+\frac{1}{2}\ln C$$

化简得
$$y^2-1=C(x-1)^2$$
即通解为
$$y^2=C(x-1)^2+1$$
将初始条件 $y(0)=2$ 代入，得 $C=3$。故所求特解为
$$y^2=3(x-1)^2+1$$

二、齐次微分方程

如果一阶微分方程

$$y'=f(x,\ y)$$

中的函数 $f(x,\ y)$ 可写成 $\frac{y}{x}$ 的函数，即 $y'=f(x,\ y)=\varphi\left(\frac{y}{x}\right)$，则称此方程为齐次方程。

例如：$x^2y'+y^2=xy$，可化为

$$y'=\frac{y}{x}-\left(\frac{y}{x}\right)^2$$

是齐次方程。

在求解齐次微分方程的时候作变量代换

令 $u=\frac{y}{x}$，则 $y=ux$

于是
$$\frac{\mathrm{d}y}{\mathrm{d}x}=x\frac{\mathrm{d}u}{\mathrm{d}x}+u$$

把 $u=\frac{y}{x}$ 及 $\frac{\mathrm{d}y}{\mathrm{d}x}=x\frac{\mathrm{d}u}{\mathrm{d}x}+u$ 代入 $y'=\varphi\left(\frac{y}{x}\right)$

从而
$$x\frac{\mathrm{d}u}{\mathrm{d}x}+u=\varphi(u)$$

于是
$$\frac{\mathrm{d}u}{\mathrm{d}x}=\frac{\varphi(u)-u}{x}$$

分离变量得
$$\frac{\mathrm{d}u}{\varphi(u)-u}=\frac{\mathrm{d}x}{x}$$

两端积分得
$$\int\frac{\mathrm{d}u}{\varphi(u)-u}=\int\frac{\mathrm{d}x}{x}$$

求出积分后，再用 $\frac{y}{x}$ 代替 u，便得所给齐次方程的通解。

【例 6-8】 解方程 $x^2y'+y^2=xy$。

【解】 原式可化为

$$y'=\frac{y}{x}-\left(\frac{y}{x}\right)^2$$

令 $u=\frac{y}{x}$，则 $\frac{\mathrm{d}y}{\mathrm{d}x}=x\frac{\mathrm{d}u}{\mathrm{d}x}+u$

于是得

$$x\frac{\mathrm{d}u}{\mathrm{d}x}+u=u-u^2$$

分离变量

$$x\frac{\mathrm{d}u}{\mathrm{d}x}=-u^2$$

即

$$-u^{-2}\mathrm{d}u=\frac{1}{x}\mathrm{d}x$$

两端积分得

$$\frac{1}{u}=\ln x+\ln C$$

即

$$e^{\frac{1}{u}}=Cx$$

将 $u=\frac{y}{x}$ 回代

故方程通解为

$$e^{\frac{x}{y}}=Cx$$

【例 6-9】 求方程 $y^2\mathrm{d}x+(x^2-xy)\mathrm{d}y=0$ 的通解。

【解】 方程中 $\mathrm{d}x$、$\mathrm{d}y$ 的系数分别是：y^2 和 x^2-xy。它们都是关于 x，y 的同次幂（在这里都是二次的，称为二次齐次式），这样的方程一定可以化为齐次方程。

经整理，原方程可改写成

$$\frac{\mathrm{d}y}{\mathrm{d}x}=\frac{y^2}{xy-x^2}$$

分子、分母同除以 x^2，得

$$\frac{\mathrm{d}y}{\mathrm{d}x}=\frac{\left(\dfrac{y}{x}\right)^2}{\dfrac{y}{x}-1}$$

令 $u=\frac{y}{x}$ 则 $\frac{\mathrm{d}y}{\mathrm{d}x}=u+x\frac{\mathrm{d}u}{\mathrm{d}x}$ 代入上式，得可分离变量方程

$$u+x\frac{\mathrm{d}u}{\mathrm{d}x}=\frac{u^2}{u-1}$$

分离变量，得

$$\frac{\mathrm{d}x}{x}=\frac{u-1}{u}\mathrm{d}u$$

两边积分，有

$$\ln x=u-\ln u+\ln C$$

即

$$xu=Ce^u$$

将 $u=\frac{y}{x}$ 回代，得原方程的通解为

$$y=Ce^{\frac{y}{x}}$$

三、一阶线性微分方程

定义 6.5 形如

$$y'+P(x)y=Q(x) \tag{1}$$

称为一阶线性微分方程，简称一阶线性方程。其中 $P(x)$，$Q(x)$ 都是关于自变量 x 的已知连续函数。它的特点是：右边是关于自变量 x 的已知函数 $Q(x)$，左边两项中仅含 y 和

y'，且均为 y 或 y' 的一次项。

若 $Q(x)=0$ 则方程成为

$$y'+P(x)y=0 \tag{2}$$

称为一阶线性齐次微分方程。若 $Q(x)\neq 0$ 则称方程(1)为一阶线性非齐次微分方程，通常方程(2)称为方程(1)所对应的线性齐次方程。

一阶线性齐次微分方程 $y'+P(x)y=0$ 是可分离变量的微分方程，我们已经讲过它的解法。

一阶线性非齐次微分方程 $y'+P(x)y=Q(x)$ 的解法称为常数变易法，方法如下：

（1）写出一阶线性非齐次方程 $y'+P(x)y=Q(x)$

所对应的线性齐次方程 $y'+P(x)y=0$

分离变量得

$$\frac{\mathrm{d}y}{y}=-P(x)\mathrm{d}x$$

两边积分，得

$$\ln y=-\int P(x)\mathrm{d}x+\ln C$$

所以，方程的通解公式为

$$y=Ce^{-\int P(x)\mathrm{d}x}$$

（2）根据一阶线性齐次微分方程 $y'+P(x)y=0$ 的通解 $y=Ce^{-\int P(x)\mathrm{d}x}$，设一阶线性非齐次方程 $y'+P(x)y=Q(x)$ 的通解为

$$y=C(x)e^{-\int P(x)\mathrm{d}x}$$

则

$$y'=C'(x)e^{-\int P(x)\mathrm{d}x}+C(x)e^{-\int P(x)\mathrm{d}x}\cdot[-P(x)]$$

带入方程

$$y'+P(x)y=Q(x)$$

则有

$$[C'(x)e^{-\int P(x)\mathrm{d}x}+C(x)e^{-\int P(x)\mathrm{d}x}[-P(x)]]+P(x)\cdot[C(x)e^{-\int P(x)\mathrm{d}x}]=Q(x)$$

即

$$C'(x)e^{-\int P(x)\mathrm{d}x}=Q(x)$$

$$C'(x)=Q(x)e^{\int P(x)\mathrm{d}x}$$

$$C(x)=\int Q(x)e^{\int P(x)\mathrm{d}x}\mathrm{d}x+C$$

再带入表达式 $y=C(x)e^{-\int P(x)\mathrm{d}x}$ 有

$$y=e^{-\int P(x)\mathrm{d}x}\left[\int Q(x)e^{\int P(x)\mathrm{d}x}\mathrm{d}x+C\right]$$

为方程 $y'+P(x)y=Q(x)$ 的通解。

我们可以按以下步骤套出一阶线性非齐次微分方程 $y'+P(x)y=Q(x)$ 的通解。

首先，将方程化为一阶线性非齐次微分方程的标准形式 $y'+P(x)y=Q(x)$。然后进行以下步骤：

（1）写出 $P(x)$；

（2）写出 $Q(x)$；

（3）算出 $\int P(x)\mathrm{d}x$；

（4）算出 $\int Q(x)e^{\int P(x)}\mathrm{d}x$；

(5) 套用公式 $y=e^{-\int P(x)\mathrm{d}x}\left[\int Q(x)e^{\int P(x)\mathrm{d}x}\mathrm{d}x+C\right]$。

注：(3)、(4)步在计算不定积分时不必写出任意常数 C，常数 C 在第(5)步中体现。

【例 6-10】 求方程 $2y'-y=e^x$ 的通解。

【解】 运用通解公式，原方程改写为：

$$y'-\frac{1}{2}y=\frac{1}{2}e^x$$

则

$$P(x)=-\frac{1}{2}, \quad Q(x)=\frac{1}{2}e^x$$

算出

$$\int P(x)\mathrm{d}x=\int-\frac{1}{2}\mathrm{d}x=-\frac{x}{2}$$

$$\int Q(x)e^{\int P(x)\mathrm{d}x}\mathrm{d}x=\int\frac{1}{2}e^x e^{-\frac{x}{2}}\mathrm{d}x=e^{\frac{x}{2}}$$

代入通解公式，得原方程的通解

$$y=e^{\frac{x}{2}}(e^{\frac{x}{2}}+C)=Ce^{\frac{x}{2}}+e^x$$

【例 6-11】 求方程 $y'-\dfrac{y}{x+2}=(x+2)^2$ 的通解。

【解】 运用通解公式

则

$$P(x)=-\frac{1}{x+2}, \quad Q(x)=(x+2)^2$$

算出

$$\int P(x)\mathrm{d}x=\int-\frac{1}{x+2}\mathrm{d}x=-\int\frac{1}{x+2}\mathrm{d}(x+2)=-\ln(x+2)$$

$$\int Q(x)e^{\int P(x)\mathrm{d}x}\mathrm{d}x=\int(x+2)^2 e^{-\ln(x+2)}\mathrm{d}x=\int(x+2)\mathrm{d}x=\frac{x^2}{2}+2x$$

代入通解公式，得原方程的通解

$$y=(x+2)\left(\frac{x^2}{2}+2x+C\right)$$

用公式作题步骤简单，但需要牢记公式。

四、贝努利方程

形如

$$\frac{\mathrm{d}y}{\mathrm{d}x}+P(x)y=Q(x)y^n \quad (n\neq 0，1)$$

的微分方程，称为贝努利方程。

此种方程可以化为线性方程。

我们将方程两边同除 y^n，

$$y^{-n}\frac{\mathrm{d}y}{\mathrm{d}x}+P(x)y^{1-n}=Q(x) \tag{1}$$

令 $z=y^{1-n}$，则有

$$\frac{\mathrm{d}z}{\mathrm{d}x}=(1-n)y^{-n}\frac{\mathrm{d}y}{\mathrm{d}x}$$

即

$$\frac{\mathrm{d}y}{\mathrm{d}x}=\frac{y^n}{1-n}\frac{\mathrm{d}z}{\mathrm{d}x}$$

代入(1)，有

$$\frac{1}{1-n}\frac{dz}{dx}+P(x)z=Q(x)$$

而

$$\frac{dz}{dx}+(1-n)P(x)z=(1-n)Q(x)$$

为一阶线性微分方程，故

$$z=e^{-\int(1-n)P(x)dx}\left(\int(1-n)Q(x)e^{\int(1-n)P(x)dx}dx+C\right)$$

把 $z=y^{1-n}$ 回代，方程的通解为

$$y^{1-n}=e^{-(1-n)\int P(x)dx}\left[(1-n)\int Q(x)e^{(1-n)\int P(x)dx}dx+C\right]$$

我们可以把上式作为公式使用。首先，将方程化为贝努利方程的标准形式 $\frac{dy}{dx}+P(x)$
$y=Q(x)y^n$，然后，进行以下步骤：

(1) 写出 n；

(2) 写出 $P(x)$；

(3) 写出 $Q(x)$；

(4) 计算 $(1-n)\int P(x)dx$；

(5) 计算 $\int Q(x)e^{(1-n)\int P(x)dx}dx$；

(6) 写出通解 $y^{1-n}=e^{-(1-n)\int P(x)dx}\left[(1-n)\int Q(x)e^{(1-n)\int P(x)dx}dx+C\right]$。

注：(4)、(5)步在计算不定积分时不必写出任意常数 C，常数 C 在第(5)步中体现。

【例 6-12】 求 $xy'+y=x^3y^6$ 的通解。

【解】 运用通解公式，原方程改写为：

$$y'+\frac{y}{x}=x^2y^6$$

则

$$P(x)=\frac{1}{x},\quad Q(x)=x^2,\quad n=6$$

$$(1-n)\int P(x)dx=-5\int\frac{1}{x}dx=-5\ln x$$

$$\int Q(x)e^{(1-n)\int P(x)dx}dx=\int x^2e^{-5\ln x}dx=\int x^{-3}dx=-\frac{1}{2x^2}$$

带入公式中

$$\frac{1}{y^5}=\frac{5}{2}x^3+Cx^5$$

第三节　可降阶的二阶微分方程

二阶微分方程的一般形式为

$$F(x,\ y,\ y',\ y'')=0\quad 或\quad y''=f(x,\ y,\ y')$$

这节课我们将介绍三种容易降阶的二阶微分方程的求解方法，经过适当的变换可将二

阶微分方程降为一阶微分方程。

一、$y''=f(x)$ 型

此类方程的特点是：只含有 y'' 和 x，不含 y 及 y'。

这种方程的通解可经过两次积分求得，是最简单的二阶微分方程。

【例 6-13】 求微分方程 $y''=\dfrac{1}{\sqrt{5x-6}}$ 的通解。

【解】 积分一次得

$$y'=\int \frac{1}{\sqrt{5x-6}}\mathrm{d}x=\frac{2}{5}\sqrt{5x-6}+C_1$$

再积分一次得

$$y=\int\left(\frac{2}{5}\sqrt{5x-6}+C_1\right)\mathrm{d}x=\frac{4}{75}(5x-6)^{\frac{3}{2}}+C_1 x+C_2$$

二、$y''=f(x,\ y')$ 型

此类方程的特点是：不显含 y。

令 $y'=p$ 则 $y''=p'$，于是可将其化成一阶微分方程。

【例 6-14】 解微分方程 $y''-\dfrac{1}{x}y'=x^2$。

【解】 令 $y'=p$，$y''=p'$ 代入原方程得：$p'-\dfrac{1}{x}p=x^2$

$$P(x)=-\frac{1}{x},\quad Q(x)=x^2$$

此方程为一阶线性非齐次微分方程，求解此方程

$$\int P(x)\mathrm{d}x=\int-\frac{1}{x}\mathrm{d}x=-\ln x,\quad \int Q(x)e^{\int P(x)\mathrm{d}x}\mathrm{d}x=\int x^2 e^{-\ln x}\mathrm{d}x=\int x\mathrm{d}x=\frac{x^2}{2}$$

所以

$$y'=p=x\left(\frac{x^2}{2}+C_1\right)$$

两边积分

$$y=\frac{1}{8}x^4+\frac{C_1 x^2}{2}+C_2$$

三、$y''=f(y,\ y')$ 型

此类方程的特点是：不显含 x。

如果将 $y''=f(y,\ y')$ 中的 y' 看做是 y 的函数

令 $y'=p(y)$，则 $y''=\dfrac{\mathrm{d}p}{\mathrm{d}x}=\dfrac{\mathrm{d}p}{\mathrm{d}y}\dfrac{\mathrm{d}y}{\mathrm{d}x}=p\dfrac{\mathrm{d}p}{\mathrm{d}y}$，于是可将其化为一阶微分方程。

【例 6-15】 求微分方程 $yy''-y'^2+y'=0$ 满足初始条件 $y|_{x=2}=1$，$y'|_{x=2}=5$ 的特解。

【解】 令 $y'=p(y)$ 则 $y''=p\dfrac{\mathrm{d}p}{\mathrm{d}y}$，代入原方程得

$$yp\frac{\mathrm{d}p}{\mathrm{d}y}-p^2+p=0$$

此方程为一阶可分离变量的微分方程：$\dfrac{\mathrm{d}p}{p-1}=\dfrac{\mathrm{d}y}{y}$

两边积分

$$\int\frac{\mathrm{d}p}{p-1}=\int\frac{\mathrm{d}y}{y}$$

得

$$y'=p=C_1 y+1$$

由初始条件 $y|_{x=2}=1$，$y'|_{x=2}=5$ 得 $C_1=4$

即
$$\frac{dy}{dx}=4y+1$$
此方程可认为是一阶可分离变量的微分方程化为
$$\frac{dy}{4y+1}=dx$$

两边积分
$$\int \frac{dy}{4y+1}=\int dx$$

得
$$\frac{1}{4}\ln(4y+1)+\frac{1}{4}\ln C_2=x$$

即
$$C_2(4y+1)=e^{4x}$$

由初始条件 $y|_{x=2}=1$ 得 $C_2=\frac{1}{5}e^8$

即方程特解为
$$4y+1=5e^{4x-8}$$

第四节 二阶常系数非齐次线性微分方程

形如：
$$y''+py'+qy=f(x) \quad (p，q 是常数) \tag{1}$$
称之为二阶常系数非齐次线性微分方程，$f(x)$ 称为自由项。

当 $f(x)=0$ 得方程
$$y''+py'+qy=0 \tag{2}$$
称之为(1)所对应的二阶常系数齐次线性微分方程。

一、二阶常系数齐次微分方程

本书首先研究如何求 $y''+py'+qy=0$ 的通解。

下面介绍其求法

设二阶常系数线性齐次方程为
$$y''+py'+qy=0 \tag{1}$$
考虑到左边 p、q 均为常数，我们可以猜想该方程具有 $y=e^{rx}$ 形式的解。其中 r 为待定常数。将 $y'=re^{rx}$，$y''=r^2e^{rx}$ 及 $y=e^{rx}$ 代入上式，得
$$e^{rx}(r^2+pr+q)=0$$
由于 $e^{rx}\neq 0$，因此，只要 r 满足方程
$$r^2+pr+q=0$$
即 r 是上述一元二次方程的根时，$y^{(2)}=e^{rx}$ 就是(1)式的解方程(2)称为方程(1)的特征方程。特征方程根称为特征根。

综上所述，我们已经把求常系数线性齐次方程(1)的解的问题转化为求它的特征方程的根问题。

求解二阶常系数齐次线性微分方程
$$y''+py'+qy=0$$
的步骤

(1) 写出该方程的特征方程：$r^2+pr+q=0(r$ 为常数)，求解此二次方程，求出特征根。

(2) 根据特征根的不同情况，按照下表，对应的写出微分方程的通解。

特征方程 $r^2+pr+q=0$	微分方程 $y''+py'+qy=0$ 通解
两个不等的根 r_1，r_2	$y=C_1e^{r_1x}+C_2e^{r_2x}$
两个相等的根 $r_1=r_2=r$	$y=(C_1+C_2x)e^{rx}$
一对共轭复根 $r_{1,2}=\alpha+\beta i$	$y=e^{\alpha x}(C_1\cos\beta x+C_2\sin\beta x)$

【例 6-16】 求下列微分方程的通解

(1) $y''-5y'+6y=0$；　　　(2) $y''-4y'+4y=0$；

(3) $y''+4y'+5y=0$；　　　(4) $y''+y'=0$。

【解】 (1) 写出特征方程 $r^2-5r+6=0$，解得 $r_1=2$，$r_2=3$

根据解的情况，通解为 $\qquad\qquad y=C_1e^{2x}+C_2e^{3x}$

(2) 写出特征方程 $r^2-4r+4=0$，得重根 $r=2$

根据解的情况，通解为 $\qquad\qquad y=(C_1+C_2x)e^{2x}$

(3) 写出特征方程 $r^2+4r+5=0$，解得 $r=-2\pm i$

根据解的情况，通解为 $\qquad\qquad y=e^{-2x}(C_1\cos x+C_2\sin x)$

(4) 写出特征方程 $r^2+r=0$，$r_1=0$，$r_2=-1$

根据解的情况，通解为 $\qquad\qquad y=C_1+C_2e^{-x}$

二、二阶常系数非齐次线性微分方程

对于二阶常系数非齐次线性微分方程

$$y''+py'+qy=f(x)$$

我们只讨论自由项 $f(x)$ 为多项式 $P_n(x)$ 与 $Ae^{\lambda x}$ 两种类型。

1. 自由项为多项式 $P_n(x)$

设二阶常系数非齐次线性微分方程

$$y''+py'+qy=P_n(x) \qquad\qquad(1)$$

其中 $P_n(x)$ 为 x 的 n 次多项式。因为方程中 p，q 均为常数且多项式的导数仍为多项式，我们不难验证，(1)式的特解为

$$y^*=x^kQ_n(x)$$

其中 $Q_n(x)$ 与 $P_n(x)$ 是同次多项式的一般形式，k 的取值见下表

$k=0$	$q\neq0$	$k=2$	$q=0$，$p=0$
$k=1$	$q=0$，$p\neq0$		

将所设特解代入(1)式，比较等式两端，使 x 同次幂系数相等，从而确定 $Q_n(x)$ 的各项的系数，得到所求的特解。

【例 6-17】 求方程 $y''+4y'+3y=3x^2-x+2$ 的一个特解。

【解】 因为自由项 $f(x)=3x^2-x+2$ 是 x 的二次式，且 y 的系数 $q\neq0$，取 $k=0$，所以设特解为

$$y^*=Ax^2+Bx+C$$

于是 $\qquad\qquad y^{*\prime}=2Ax+B，\quad y^{*\prime\prime}=2A$

代入原方程，有

$$3Ax^2+(8A+3B)x+(2A+4B+3C)=3x^2-x+2$$

比较 x 同次幂系数，有

$$\begin{cases}3A=3\\8A+3B=-1\\2A+4B+3C=2\end{cases}$$

解得
$$A=1, \quad B=-3, \quad C=4$$
故所求方程的特解为
$$y^*=x^2-3x+4$$

【例 6-18】 求方程 $y''+y'=6x^2-2$ 的特解。

【解】 因为自由项 $f(x)=6x^2-2$ 是 x 的二次式，且 y 的系数 $q=0$，y' 的系数 $p\neq0$，取 $k=1$，所以设特解为
$$y^*=x(Ax^2+Bx+C)$$
于是
$$y^{*\prime}=3Ax^2+2Bx+C, \quad y^{*\prime\prime}=6Ax+2B$$
代入原方程，有
$$3Ax^2+(6A+2B)x+(2B+C)=6x^2-2$$
比较 x 同次幂系数，有
$$\begin{cases}3A=6\\6A+2B=0\\2B+C=-2\end{cases}$$
解得
$$A=2, \quad B=-6, \quad C=10$$
故所求方程的特解为
$$y^*=2x^3-6x^2+10x$$

2. 自由项为多项式 $Ae^{\alpha x}$ 型

设二阶常系数非齐次线性微分方程
$$y''+py'+qy=Ae^{\alpha x} \tag{2}$$
其中 A，α 均为常数。因为方程中 p，q 均为常数且指数函数的导数仍为指数函数，我们不难验证(2)式的特解为
$$y^*=Bx^ke^{\alpha x}$$
其中 B 为待定系数。k 的取值依赖于方程 $y''+py'+qy=Ae^{\alpha x}$ 所对应的二阶常系数齐次线性微分方程 $y''+py'+qy=0$ 的特征方程 $r^2+pr+q=0$ 的解的情况。

$k=0$	α 不是 $r^2+pr+q=0$ 的根	$k=2$	α 是 $r^2+pr+q=0$ 的重根
$k=1$	α 是 $r^2+pr+q=0$ 的单根		

【例 6-19】 求方程 $y''+y'+y=2e^{2x}$ 的特解。

【解】 $\alpha=2$ 它不是特征方程 $r^2+r+1=0$ 的根，取 $k=0$，所以设特解为
$$y^*=Be^{2x}$$
于是
$$y^{*\prime}=2Be^{2x}, \quad y^{*\prime\prime}=4Be^{2x}$$
代入原方程有
$$4Be^{2x}+2Be^{2x}+Be^{2x}=2e^{2x}$$
得
$$B=\frac{2}{7}$$

故原方程的特解为
$$y^*=\frac{2}{7}e^{2x}$$

【例 6-20】 求方程 $y''-y'-2y=e^{-x}$ 的特解。

【解】 $\alpha=-1$ 它是特征方程 $r^2-r-2=0$ 的单根，取 $k=1$，所以设特解为

$$y^* = Bxe^{-x}$$

于是

$$y^{*\prime} = Be^{-x} - Bxe^{-x}, \quad y^{*\prime\prime} = -2Be^{-x} + Bxe^{-x}$$

代入原方程有

$$-2Be^{-x} + Bxe^{-x} - Be^{-x} + Bxe^{-x} - 2Bxe^{-x} = e^{-x}$$

得

$$B = -\frac{1}{3}$$

故原方程的特解为

$$y^* = -\frac{1}{3}xe^{-x}$$

通过学习上面的知识我们可以求解二阶常系数非齐次线性微分方程

$$y'' + py' + qy = f(x)$$

的通解。

首先我们看下面定理。

定理 6.1 设 y^* 是 $y'' + py + qy = f(x)$ 的特解，Y 是 $y'' + py' + qy = 0$ 的通解，则 $y = Y + y^*$ 是 $y'' + py' + qy = f(x)$ 的通解。

证明略。

定理明确地告诉了我们求二阶常系数非齐次线性微分方程

$$y'' + py' + qy = f(x)$$

的通解的方法，结合所学看下面的例题。

【例 6-21】 求方程 $y'' + y = x^2$ 的通解。

【解】 因为自由项 $f(x) = x^2$ 是 x 的二次式，且 y 的系数 $q \neq 0$，取 $k = 0$ 所以设特解为

$$y^* = Ax^2 + Bx + C$$

于是

$$y^{*\prime} = 2Ax + B, \quad y^{*\prime\prime} = 2A$$

代入原方程，有

$$Ax^2 + Bx + (2A + C) = x^2$$

于是比较 x 同次幂系数，有

$$\begin{cases} A = 1 \\ B = 0 \\ 2A + C = 0 \end{cases}$$

解得

$$A = 1, \quad B = 0, \quad C = -2$$

故所求方程的特解为

$$y^* = x^2 - 2$$

而对应齐次方程 $y'' + y = 0$ 的通解为

$$y = C_1 \cos x + C_2 \sin x$$

故原方程的通解为

$$y = C_1 \cos x + C_2 \sin x + x^2 - 2$$

注意：求解微分方程时应先把方程进行归类，再用相应的方法求解方程。

第五节　微分方程在工程技术中的应用

一、微分方程在流体力学方面的应用

微分方程在流体的欧拉描述与流线中有广泛的应用。把物理量表示为空间点坐标 x，

y，z 及时间 t 的函数 $F=F(x，y，z，t)$，我们称这种描述方法为欧拉描述。x，y，z，t 称为欧拉变量。

【例6-22】 已知 $u=ky$，$v=kx$，$w=0$，求 t 时刻流线方程，并求经 $(x_0，y_0，z_0)=(2，1，0)$ 的流线。

【解】 这是定常运动，故流线与迹线是重合的，流线方程为

$$\frac{\mathrm{d}x}{-ky}=\frac{\mathrm{d}y}{kx}=\frac{\mathrm{d}z}{0}$$

积分上方程得

$$\begin{cases} x^2+y^2=C_1 \\ z=C_3 \end{cases}$$

由于流线经过 $(x_0，y_0，z_0)=(2，1，0)$，故

$$\begin{cases} 2^2+1^2=C_1 \\ 0=C_3 \end{cases}$$

从而，流线方程为

$$\begin{cases} x^2+y^2=5 \\ z=0 \end{cases}$$

二、计算建筑构件的冷却时间

高温物体的冷却是遵循冷却定律的，冷却定律的内容为：

某物体被放置于温度为 θ 的环境中，其温度变化率正比于物体的温度与 θ 的差，若时间 t 时物体的温度为 T，则 $\dfrac{\mathrm{d}T}{\mathrm{d}t}=k(T-\theta)$，其中 $(k<0)$

【例6-23】 建筑构件开始的温度为 $100℃$，放在 $20℃$ 的空气中，开始的 $600\mathrm{s}$ 下降到 $60℃$。问从 $100℃$ 下降到 $25℃$ 需要多长的时间。

【解】 设物体温度为 $T(t)$，冷却系数 $k>0$，则该问题的方程及条件为

$$\begin{cases} \dfrac{\mathrm{d}T}{\mathrm{d}t}=-k(T-20) \\ T(0)=100 \end{cases}$$

方程中的负号是因为介质温度 $20<T$，物体放热，是降温过程，此时 $\dfrac{\mathrm{d}T}{\mathrm{d}t}<0$。

该方程是可分离变量型，也可以当作是一阶线性非齐次微分方程。其解是

$$T(t)=80e^{-kt}+20$$

又因为开始的 $600\mathrm{s}$ 下降到 $60℃$ 即 $T(600)=60$

代入

$$k=\frac{1}{600}\ln 2$$

因此求出，当 $T(t)=25$ 时

$$25-20=80e^{-kt}$$

解出 $t=2400$，即 $2400\mathrm{s}$ 后，物体下降到 $25℃$。

三、在道桥专业的应用——设计桥墩

【例6-24】 设计一圆桥墩，假设

（1）圆桥墩高为 H；

（2）墩顶受均布压力，合力为 P；

（3）材料每单位体积重量为 γ，每单位面积所允许的最大压力为 σ；

（4）为了合理使用材料，应使墩台每一横截面上单位面积承受的压力都达到材料所允许的最大值为 σ。

则怎样设计桥墩最省材料。

【解】 取墩顶中心为原点，

向下作 x 轴（如图 6-1）。

设圆墩横截面积为 $A=A(x)$

截取长 $\mathrm{d}x$ 的微段 $[x,\ x+\mathrm{d}x]$，

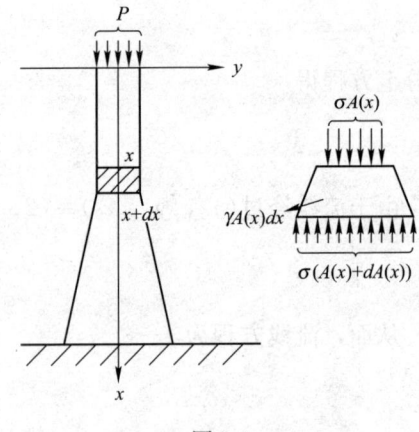

微段自重 $\gamma A(x)\mathrm{d}x$，下方反作用力为 $\sigma(A(x)+\mathrm{d}A(x))$，因微段处于受力平衡状态，所以

$$\sigma(A(x)+\mathrm{d}A(x))=\sigma A(x)+\gamma A(x)\mathrm{d}x$$

即

$$\sigma \mathrm{d}A(x)=\gamma A(x)\mathrm{d}x$$

上式含自变量 x 和未知函数 $A(x)$ 的微分，它是一个微分方程，是可分离变量的微分方程。

分离变量得

$$\frac{\mathrm{d}A}{A}=\frac{\gamma \mathrm{d}x}{\sigma}$$

图 6-1

积分得

$$\ln A+C=\frac{\gamma}{\sigma}x$$

注意 $x=0$ 时，$A(x)=A_0=\dfrac{P}{\sigma}$，代入上式得 $C=-\ln A_0$，

所以 $\ln \dfrac{A(x)}{A_0}=\dfrac{\gamma x}{\sigma}$，即 $A(x)=A_0 e^{\frac{\gamma}{\sigma}x}$，也就是说圆墩横截面半径 $R(x)=\left(\dfrac{P}{\pi\sigma}e^{\frac{\gamma}{\sigma}x}\right)^{\frac{1}{2}}$，

圆墩顶部半径 $R_0=\sqrt{\dfrac{P}{\pi\sigma}}$，底部半径 $R(H)=\left(\dfrac{P}{\pi\sigma}e^{\frac{\gamma H}{\sigma}}\right)^{\frac{1}{2}}$。我们有了这些结论就可以施工了。

第六节　利用 MATLAB 计算微分方程

MATLAB 使用函数 dsolve 来求解常微分方程，其一般格式为：

$$\text{dsolve}('eq1,\ eq2,\ \cdots',\ 'cond1,\ cond2,\ \cdots',\ 'v')$$

其中 eq1、eq2，…代表常微分方程式；cond1、cond2，…为初始条件，如果初始条件没有给出，则给出通解形式。v 为自变量，在默认情况下，所有这些变量都是对自变量 t 求导。

在函数 dsolve 所包含的表达式中，用字母 D 来表示求微分，其后的数字表示几重微分，后面的变量为因变量，如以 Dy 代表一阶微分项 y'，$D2y$ 代表二阶微分项 y'' 等。

【例 6-25】 求解下列常微分方程

（1）$y'=7$；　　（2）$y'=x$；

（3）$y''=1+y'$

【解】

(1) ≫dsolve('Dy=7')　　　　　　　%求微分方程 $y'=7$ 的通解

ans＝

7＊t＋C_1

(2) ≫dsolve('Dy=x'，'x')　　　　　　%求微分方程 $y'=x$ 的通解，指定 x 为自变量

ans＝

1/2＊x^2＋C_1

(3) ≫dsolve('D2y=1+Dy')　　　　　　%求微分方程 $y''=1+y'$ 的通解

ans＝

－t＋C_1＋C_2＊exp(t)

【例 6-26】　求微分方程 $\dfrac{d^2y}{dx^2}+2\dfrac{dy}{dx}+2y=0$。满足 $y(0)=1$，$y'(0)=0$ 的解。

【解】

≫y=dsolve('D2y+2＊Dy+2＊y=0'，'y(0)=1'，'Dy(0)=0')

y＝

exp(－x)＊sin(x)＋exp(－x)＊cos(x)

【例 6-27】　求微分方程 $\begin{cases}\dfrac{dx}{dt}=2x+3y\\[2mm]\dfrac{dy}{dt}=x-2y\end{cases}$　满足 $x(0)=1$，$y(0)=1$。

【解】

≫ clear

≫[x，y]=dsolve('Dx=2＊x+3＊y'，'Dy=x-2＊y'，'x(0)=1'，'y(0)=1')

x＝

　　(1/2+4/7＊7^(1/2)＊exp(7^(1/2)＊t)+(1/2-4/7＊7^(1/2)＊exp(-7^(1/2)＊t)

y＝

　　1/3(1/2+4/7＊7^(1/2))＊7^(1/2)＊exp(7^(1/2)＊t)-1/3(1/2-4/7＊7^(1/2))＊

7^(1/2)＊exp(-7^(1/2)＊t)-(1/2)＊exp(-7^(1/2)＊t)-2/3＊(1/2+4/7＊7^(1/2))＊

exp(7^(1/2)＊t)-2/3＊(1/2-4/7＊7^(1/2))＊exp(-7^(1/2)＊t)

习　　题

1. 指出下列微分方程的阶数

(1) $\left(\dfrac{dr}{ds}\right)^3=\sqrt{1+\dfrac{d^2r}{ds^2}}$；　　　　　　(2) $y(xy+1)dx+x(1+xy+x^2y^2)dy=0$；

(3) $yy''=1+(y')^3$；　　　　　　　　　　(4) $y''+y=e^x+\cos x$；

(5) $\dfrac{d^2y}{dx^2}=\dfrac{xy}{1+x^2}$；　　　　　　　　　　(6) $y^{(5)}+\cos y+4x=0$。

2. 验证下列函数(C 为任意常数)是否为相应微分方程的解？是通解还是特解？

(1) $y''-y'=0$，$y=C_1e^x+C_2e^{-x}$，$y=C_1e^x+C_2$；

(2) $\dfrac{dy}{dx}=y^2\cos x$，$y=-\dfrac{1}{\sin x}$，$y=-\cos x+C$；

(3) $y''=\cos x$, $y=C_1\cos x+C_2 x$, $y=-\cos x+C_1 x+C_3$;

(4) $\begin{cases} y''-4y'+3y=0 \\ y\big|_{x=0}=6 \\ y'\big|_{x=0}=10 \end{cases}$, $y=4e^x+2e^{3x}$, $y=2e^x+3e^{3x}$。

3. 验证 $y=\dfrac{1}{x}[e^x+2e]$ 为 $xy'+y-e^x=0$ 通解。

4. 求下列微分方程的解

(1) $\begin{cases} \dfrac{\mathrm{d}y}{\mathrm{d}t}=\sin\omega t\,(\omega\ \text{为常数}) \\ y\big|_{t=0}=0 \end{cases}$;   (2) $\begin{cases} y'=\dfrac{1}{x} \\ y\big|_{x=1}=0 \end{cases}$;

(3) $y''=x+\sin x$。

5. 一曲线通过点 $(1,\ 0)$，且曲线上任意点 $M(x,\ y)$ 处切线斜率为 x^2，求曲线的方程。

6. 解下列微分方程

(1) $\dfrac{\mathrm{d}y}{\mathrm{d}x}=2xy$;   (2) $y'=\dfrac{x^3}{\sin 3y}$;

(3) $\dfrac{\mathrm{d}y}{\mathrm{d}x}=\dfrac{xy}{1+x^2}$;   (4) $y'=\dfrac{xy+y}{x+xy}$;

(5) $\sqrt{1-y^2}\,\mathrm{d}x+y\,\sqrt{1-x^2}\,\mathrm{d}y=0$; (6) $(e^{x+y}-e^x)\mathrm{d}x+(e^{x+y}+e^y)\mathrm{d}y=0$;

(7) $y\ln x\,\mathrm{d}x+x\ln y\,\mathrm{d}y=0$;   (8) $y'+\dfrac{1}{y^2}e^{y^3+x}=0$;

(9) $xy'=y\ln\dfrac{y}{x}$;   (10) $(x^2+y^2)\mathrm{d}x=xy\,\mathrm{d}y$;

(11) $y'=\dfrac{x}{y}+\dfrac{y}{x}$, $y\big|_{x=1}=2$;   (12) $\left(x+y\cos\dfrac{y}{x}\right)\mathrm{d}x=x\cos\dfrac{y}{x}\,\mathrm{d}y$, $y\big|_{x=1}=0$。

7. 求下列线性微分方程的通解或在给定的初始条件下的特解

(1) $y'+x^2y=0$;   (2) $x\cdot y'+y=\cos x$;

(3) $y'+y=4e^{-x}$;   (4) $\dfrac{\mathrm{d}y}{\mathrm{d}x}+4y+5=0$;

(5) $y'-y=2xe^{2x}$, $y(0)=1$;   (6) $xy'+y-e^x=0$, $y\big|_{x=1}=3e$;

(7) $\dfrac{\mathrm{d}y}{\mathrm{d}x}+xy-xy^3=0$;   (8) $(x^4-3y^2)\mathrm{d}x+xy\,\mathrm{d}y=0$。

8. 用降阶法求下列微分方程的通解或特解

(1) $y''=2x^2+\sin 3x$;   (2) $y'''=xe^x$;

(3) $y''+y'=e^x$;   (4) $y''-\dfrac{2x}{x^2+1}y'=0$, $y\big|_{x=0}=1$, $y'\big|_{x=0}=3$;

(5) $xy''=y'+5x^2$;   (6) $2yy'+y'^2=0$, $y>0$;

(7) $y^3y''+1=0$, $y\big|_{x=1}=1$, $y'\big|_{x=1}=0$, $y>0$。

9. 求下列二阶微分方程的通解或特解

(1) $y''-7y'+6y=0$;   (2) $y''-4y'+8y=0$;

(3) $y''-6y'+9y=0$;   (4) $y''-25y=0$;

(5) $y''+4y'+29y=0$;   (6) $y''-6y'=0$;

(7) $y''-5y'+6y=0$, $y(0)=1$, $y'(0)=2$;

(8) $y''-2y'+4y=0$, $y(0)=1$, $y'(0)=1$;

(9) $y''-5y'+4y=2e^x$;   (10) $y''-4y'+4y=x^3$;

(11) $y''+y'+y=x$;   (12) $y''-y'=-6x+2$。

118

第七章 定积分及其应用

在工程技术和经济学的许多问题中，经常需要计算某些"和式的极限"。定积分就是从各种计算"和式的极限"问题抽象出的数学概念，它与不定积分是两个不同的数学概念。但是，微积分基本定理则把这两个概念联系起来，解决了定积分的计算问题，使定积分得到了广泛的应用。

本章我们将介绍定积分的概念，性质和计算方法，研究如何用定积分解决实际问题。

第一节 定积分的概念和性质

一、引例：曲边梯形的面积

中学里我们已经学会了正方形、三角形、梯形等面积的计算，这些图形有一个共同的特征：每条边都是直线段。但是我们在生活和工程实际中经常接触的都是曲边图形，他们的面积怎么计算呢？我们通常用一些小矩形面积的和来近似它。下面通过例子来看定积分的概念是如何提炼出来的。

定义 7.1 设 $y=f(x)$ 为闭区间 $[a,b]$ 上的连续函数，且 $f(x) \geqslant 0$，由曲线 $y=f(x)$、直线 $x=a$、$x=b$ 以及 x 轴所围成的平面图形(如图 7-1)，称为曲边梯形。

下面我们讨论曲边梯形面积 A 的计算问题。

分析：在初等几何中，我们只会计算由直线段和圆弧所围成的平面图形的面积，现在计算曲边梯形的面积，由于 $y=f(x)$ 表示任意非负连续函数，因而这是一个一般的几何问题，只有用极限的方法才能得到完满的解决。在初等数学中，圆面积是用一系列边数无限增加的内接或外切正多边形面积的极限来定义，现在用类似的方法，即借助于已知的矩形的面积定义曲边梯形的面积，具体做法如下：

1. 分割

在区间 $[a,b]$ 内任取 $n-1$ 个分点，依次为

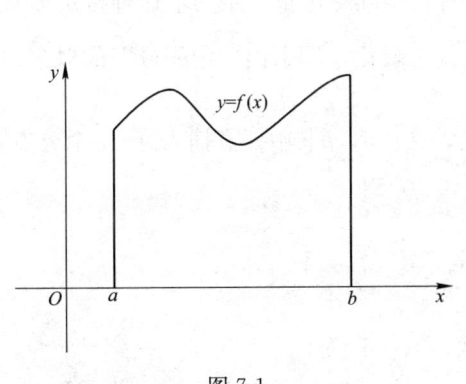

图 7-1

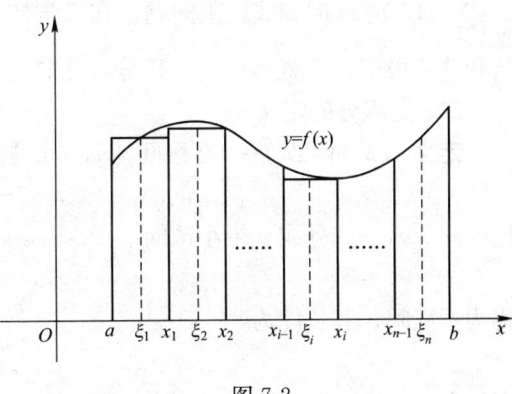

图 7-2

$$a = x_0 < x_1 < \cdots < x_{n-1} < x_n = b,$$

这些点把区间 $[a, b]$ 分割成 n 个小区间 $[x_{i-1}, x_i]$ $(i=1, 2, \cdots, n)$，再用直线 $x=x_i(i=1, 2, \cdots, n)$ 把曲边梯形分割成 n 个小曲边梯形(如图 7-2)，且这些小区间的长为

$$\Delta x_1 = x_1 - x_0, \ \Delta x_2 = x_2 - x_1, \ \cdots, \ \Delta x_n = x_n - x_{n-1}$$

记 A_i 为第 i 个小曲边梯形的面积，则曲边梯形的面积 $A = \sum_{i=1}^{n} A_i$。

2. 近似

在每个小区间 $[x_{i-1}, x_i]$ 上任取一点 ξ_i，作以 $f(\xi_i)$ 为高，区间 $[x_{i-1}, x_i]$ 为底的小矩形。当分割区间 $[a, b]$ 的分点较多，又分割得较细密时，由于 $f(x)$ 为连续函数，它在每个小区间上的值变化不大，从而可用第 i 个小矩形的面积 $f(\xi_i)\Delta x_i$ 来近似代替第 i 个小曲边梯形的面积 A_i，即

$$A_i \approx f(\xi_i)\Delta x_i \quad (i=1, 2, 3, \cdots, n)$$

3. 求和

这 n 个小矩形面积之和就可作为该曲边梯形面积 A 的近似值，即

$$A = \sum_{i=1}^{n} A_i \approx \sum_{i=1}^{n} f(\xi_i)\Delta x_i \quad (\Delta x_i = x_i - x_{i-1})$$

4. 取极限

我们注意到上式右边的和式既依赖于对区间 $[a, b]$ 的分割，又与所选点 $\xi_i(i=1, 2, \cdots, n)$ 有关。可以看出将区间 $[a, b]$ 逐次分下去，使小区间的长度 Δx_i 变得越小，则不论 ξ_i 如何选取，n 个小矩形面积之和 $\sum_{i=1}^{n} f(\xi_i)\Delta x_i$ 越接近于 A，而在任何有限过程中，n 个小矩形面积之和 $\sum_{i=1}^{n} f(\xi_i)\Delta x_i$ 总是曲边梯形面积 A 的近似值，只有在无限过程中，应用极限方法才能过渡到曲边梯形的面积。这样，当分点无限增加，且对区间 $[a, b]$ 无限细分时，若此和式与某一常数无限接近，而且与分点 x_i 和点 ξ_i 的选取无关，则把此常数作为曲边梯形的面积 A，记 $\lambda = \max\{\Delta x_1, \Delta x_2, \cdots \Delta x_n\}$，则

$$A = \lim_{\lambda \to 0} \sum_{i=1}^{n} f(\xi_i)\Delta x_i$$

此例通过"分割、近似、求和、取极限"这种思想将曲边梯形面积化为形如 $\lim_{\lambda \to 0} \sum_{i=1}^{n} f(\xi_i)\Delta x_i$ 的和式极限问题。在科学技术中还有很多问题也都归纳为求这种特定形式的和式的极限，这就是产生定积分概念的背景，将其一般化，即引出"定积分"的概念。

二、定积分的定义

定义 7.2 函数 $f(x)$ 在区间 $[a, b]$ 上有定义，在 $[a, b]$ 中任意插入 $n-1$ 个分点

$$a = x_0 < x_1 < \cdots < x_{n-1} < x_n = b$$

把区间 $[a, b]$ 分成 n 个小区间

$$[x_0, x_1], [x_1, x_2], \cdots, [x_{n-1}, x_n]$$

称为子区间，其长度为

$$\Delta x_i = x_i - x_{i-1} \quad (i=1, 2, 3, \cdots, n)$$

在每个小区间 $[x_{i-1}, x_i]$ 上任取一点 $\xi_i(x_{i-1} \leqslant \xi_i \leqslant x_i)$，得相应的函数值 $f(\xi_i)$，作乘积

$$f(\xi_i)\Delta x_i \quad (i=1, 2, 3, \cdots, n),$$

把所有这些乘积求和

$$\sum_{i=1}^{n} f(\xi_i)\Delta x_i$$

如果不论对区间 $[a, b]$ 怎样分法，也不论在小区间上的点 ξ_i 怎样取法，记 $\lambda=\max\{\Delta x_1, \Delta x_2, \cdots \Delta x_n\}$，当 $\lambda \to 0$ 时，上式的极限存在，则称此极限为函数 $f(x)$ 在区间 $[a, b]$ 上的定积分，记作 $\int_a^b f(x)\mathrm{d}x$，即

$$\int_a^b f(x)\mathrm{d}x = \lim_{\lambda \to 0}\sum_{i=1}^{n} f(\xi_i)\Delta x_i$$

其中，$f(x)$ 称为被积函数，$f(x)\mathrm{d}x$ 称为被积表达式，x 称为积分变量，区间 $[a, b]$ 称为积分区间，a、b 分别称为积分下限和上限。

关于定积分的定义作如下说明：

(1) 前提（必要条件）：对所论函数 $f(x)$ 提出了限制——$f(x)$ 在区间 $[a, b]$ 上连续或 $f(x)$ 在区间 $[a, b]$ 上有界且只有有限个第一类间断点（否则不可积）；

(2) 分法、取法：所谓和式极限存在是指不论对区间 $[a, b]$ 怎样的分法 和 $\xi_i(i=1, 2, 3, \cdots, n)$ 怎样的取法，极限都存在且相等；

(3) 因为和式极限是由函数 $f(x)$ 及区间 $[a, b]$ 所确定，所以定积分只与被积函数和积分区间有关而与积分变量的记号无关，即

$$\int_a^b f(x)\mathrm{d}x = \int_a^b f(t)\mathrm{d}t = \int_a^b f(u)\mathrm{d}u$$

(4) 该定义是在 $a<b$ 的情况下给出的，但不管是 $a<b$ 还是 $b<a$，总有

$$\int_a^b f(x)\mathrm{d}x = -\int_b^a f(x)\mathrm{d}x$$

特别当 $a=b$ 时规定：$\int_a^b f(x)\mathrm{d}x = 0$

三、定积分的性质

设函数 $f(x)$、$g(x)$ 在所讨论的区间上可积，则定积分有如下的性质：

性质 1 函数的和（差）的定积分等于它们的定积分的和（差）。

即：
$$\int_a^b [f(x) \pm g(x)]\mathrm{d}x = \int_a^b f(x)\mathrm{d}x \pm \int_a^b g(x)\mathrm{d}x$$

证明略。

这个性质可以推广到有限个函数的情形，即：

$$\int_a^b [f_1(x) \pm f_2(x) \pm \cdots \pm f_n(x)]\mathrm{d}x = \int_a^b f_1(x)\mathrm{d}x \pm \int_a^b f_2(x)\mathrm{d}x \pm \cdots \pm \int_a^b f_n(x)\mathrm{d}x$$

性质 2 被积函数的常数因子可以提到积分号外面，即

$$\int_a^b kf(x)\mathrm{d}x = k\int_a^b f(x)\mathrm{d}x$$

证明略。

性质 3 对任意点 c，有

$$\int_a^b f(x)\mathrm{d}x = \int_a^c f(x)\mathrm{d}x + \int_c^b f(x)\mathrm{d}x$$

这一性质的几何意义十分明显。如图 7-3，曲边梯形的面积有：

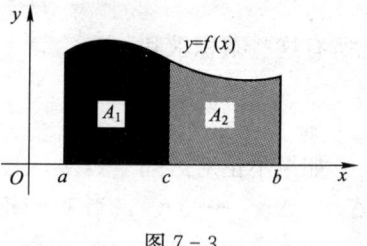

图 7-3

$$\int_a^b f(x)\mathrm{d}x = A = A_1 + A_2 = \int_a^c f(x)\mathrm{d}x + \int_c^b f(x)\mathrm{d}x$$

此性质表明，定积分对于积分区间具有可加性。其实，无论三个数 a、b、c 的相对位置如何，性质 3 总是成立的。

性质 4 如果在区间 $[a, b]$ 上，$f(x) \equiv 1$，则 $\int_a^b 1\mathrm{d}x = b - a$。

该性质的几何解释如图 7-4。

性质 5 如果在区间 $[a, b]$ 上，$f(x) \leqslant g(x)$，则

$$\int_a^b f(x)\mathrm{d}x \leqslant \int_a^b g(x)\mathrm{d}x \quad (a < b)$$

性质 6 设 M 及 m 分别是函数 $f(x)$ 在闭区间 $[a, b]$ 上的最大值及最小值，则有

$$m \cdot (b - a) \leqslant \int_a^b f(x)\mathrm{d}x \leqslant M \cdot (b - a)$$

这一性质可用来估计定积分值的范围，它也具有鲜明的几何意义（如图 7-5）。

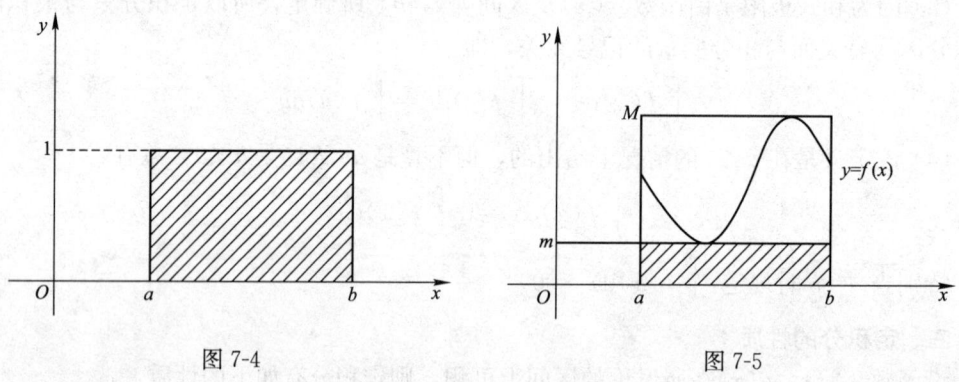

图 7-4

图 7-5

性质 7（定积分中值定理）如果函数 $f(x)$ 在闭区间 $[a, b]$ 上连续，则在区间 $[a, b]$ 上至少存在一点 ξ，使得

$$\int_a^b f(x)\mathrm{d}x = f(\xi) \cdot (b - a) \quad (a \leqslant \xi \leqslant b)$$

积分中值定理的几何解释是很清楚的，它表明区间 $[a, b]$ 上的曲边梯形的面积等于同一底边而高为 $f(\xi)(a \leqslant \xi \leqslant b)$ 的矩形面积。

四、定积分的几何意义

1. 当 $f(x) \geqslant 0$ 时，我们已经知道，定积分 $\int_a^b f(x)\mathrm{d}x$ 在几何上表示由曲线 $y = f(x)$、两条直线 $x = a$，$x = b$ 与 x 轴所围成的曲边梯形的面积（图 7-6），即

$$\int_a^b f(x)\mathrm{d}x = A$$

2. 当 $f(x) \leqslant 0$，由曲线 $y = f(x)$，两条直线 $x = a$，$x = b$ 与 x 轴所围成的曲边梯形位

于 x 轴的下方,此时定积分 $\int_a^b f(x)\mathrm{d}x$ 的值为负值(图7-7),即

$$\int_a^b f(x)\mathrm{d}x = -A$$

综合以上两种情况,我们对面积赋以正负号,在 x 轴上方的图形面积赋以正号,在 x 轴下方的图形面积赋以负号。则定积分 $\int_a^b f(x)\mathrm{d}x$ 的几何意义为:

它是由连续曲线 $y=f(x)$ 及两条直线 $x=a$,$x=b$ 和 x 轴所围成图形的各部分面积的代数和(图7-8),即

$$\int_a^b f(x)\mathrm{d}x = -A_1 + A_2 - A_3$$

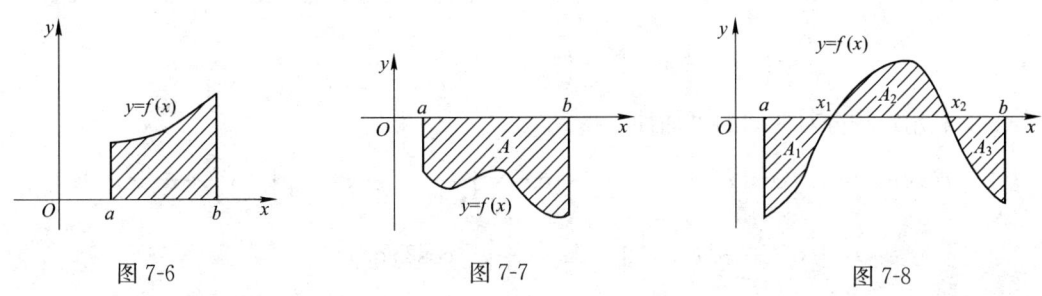

图7-6   图7-7   图7-8

第二节 牛顿—莱布尼兹公式

上一节课我们学习了定积分的定义,知道了定积分是一种和式的极限,如果直接用公式来计算定积分的值,即使被积函数很简单,也是一件比较困难的事。而我们这节课要学习的牛顿——莱布尼兹公式不仅为定积分的计算提供了一种有效的方法,而且在理论上把定积分与不定积分联系了起来,让定积分的运算有了一个完善的方法。

定理7.1(牛顿—莱布尼兹公式) 如果函数 $F(x)$ 是连续函数 $f(x)$ 在区间 $[a,b]$ 上的一个原函数,则

$$\int_a^b f(x)\mathrm{d}x = F(b) - F(a)$$

证明略。

为了方便起见,以后把 $F(b)-F(a)$ 记成 $F(x)\Big|_a^b$,于是上式又可写成

$$\int_a^b f(x)\mathrm{d}x = F(x)\Big|_a^b$$

公式指出,计算定积分的步骤:

(1) 对于函数 $f(x)$ 利用学过的不定积分公式求它的一个原函数 $F(x)$;

(2) 计算 $F(x)$ 在区间 $[a,b]$ 上、下限处函数值的差 $F(b)-F(a)$。

【例7-1】 求 $\int_0^1 x^2 \mathrm{d}x$。

【解】 $\int_0^1 x^2 \mathrm{d}x = \dfrac{1}{3}x^3 \Big|_0^1 = \dfrac{1}{3} - 0 = \dfrac{1}{3}$

【例 7-2】 计算下列定积分

(1) $\int_4^9 \sqrt{x}(\sqrt{x}+1)\mathrm{d}x$；   (2) $\int_2^5 |x-3|\mathrm{d}x$；

(3) $f(x)=\begin{cases}\dfrac{1}{1+x^2}, & x>0 \\ \cos^2 x, & x\leqslant 0\end{cases}$，求 $\int_{-\frac{\pi}{4}}^1 f(x)\mathrm{d}x$。

【解】 (1) $\int_4^9 \sqrt{x}(\sqrt{x}+1)\mathrm{d}x = \int_4^9 (x+\sqrt{x})\mathrm{d}x = \int_4^9 x\mathrm{d}x + \int_4^9 \sqrt{x}\mathrm{d}x$

$$= \frac{1}{2}x^2 \Big|_4^9 + \frac{2}{3}x^{\frac{3}{2}} \Big|_4^9 = \frac{1}{2}(81-16) + \frac{2}{3}(27-8) = \frac{271}{6}$$

(2) $\int_2^5 |x-3|\mathrm{d}x = \int_2^3 |x-3|\mathrm{d}x + \int_3^5 |x-3|\mathrm{d}x = \int_2^3 (3-x)\mathrm{d}x + \int_3^5 (x-3)\mathrm{d}x$

$$= \left(3x-\frac{1}{2}x^2\right)\Big|_2^3 + \left(\frac{1}{2}x^2-3x\right)\Big|_3^5 = \frac{5}{2}$$

(3) 利用定积分对区间的可加性，得

$$\int_{-\frac{\pi}{4}}^1 f(x)\mathrm{d}x = \int_{-\frac{\pi}{4}}^0 \cos^2 x\mathrm{d}x + \int_0^1 \frac{1}{1+x^2}\mathrm{d}x = \int_0^1 \frac{1}{1+x^2}\mathrm{d}x + \frac{1}{2}\int_{-\frac{\pi}{4}}^0 (1+\cos 2x)\mathrm{d}x$$

$$= \int_0^1 \frac{1}{1+x^2}\mathrm{d}x + \frac{1}{2}\int_{-\frac{\pi}{4}}^0 \mathrm{d}x + \frac{1}{4}\int_{-\frac{\pi}{4}}^0 \cos 2x\mathrm{d}2x$$

$$= \arctan x \Big|_0^1 + \frac{1}{2}\left[0-\left(-\frac{\pi}{4}\right)\right] + \frac{1}{4}\sin 2x \Big|_{-\frac{\pi}{4}}^0$$

$$= \left(\frac{\pi}{4}-0\right) + \frac{\pi}{8} + \frac{1}{4}[0-(-1)]$$

$$= \frac{3\pi+2}{8}$$

【例 7-3】 计算下列定积分

(1) $\int_1^2 \frac{(x+1)(2x-1)}{x^2}\mathrm{d}x$；   (2) $\int_0^1 \frac{x}{x+1}\mathrm{d}x$；

(3) $\int_1^2 \frac{1}{x^2-2x+2}\mathrm{d}x$；   (4) $\int_{-1}^1 \frac{e^x}{1+e^x}\mathrm{d}x$。

【解】 (1) $\int_1^2 \frac{(x+1)(2x-1)}{x^2}\mathrm{d}x = \int_1^2 \frac{2x^2+x-1}{x^2}\mathrm{d}x = \int_1^2 \left(2+\frac{1}{x}-\frac{1}{x^2}\right)\mathrm{d}x$

$$= \left(2x+\ln|x|+\frac{1}{x}\right)\Big|_1^2 = \left(4+\ln 2+\frac{1}{2}\right) - (2+\ln 1+1)$$

$$= \frac{3}{2}+\ln 2$$

(2) $\int_0^1 \frac{x}{x+1}\mathrm{d}x = \int_0^1 \frac{x+1-1}{x+1}\mathrm{d}x = \int_0^1 \left(1-\frac{1}{x+1}\right)\mathrm{d}x$

$$= (x-\ln|x+1|)\Big|_0^1 = (1-\ln 2)-(0-\ln 1) = 1-\ln 2$$

(3) $\int_1^2 \frac{1}{x^2-2x+2}\mathrm{d}x = \int_1^2 \frac{1}{(x-1)^2+1}\mathrm{d}x = \arctan(x-1)\Big|_1^2$

$$= \arctan 1 - \arctan 0 = \frac{\pi}{4}$$

$(4) \displaystyle\int_{-1}^{1} \frac{e^x}{1+e^x}\mathrm{d}x = \int_{-1}^{1} \frac{1}{1+e^x}\mathrm{d}(1+e^x) = \ln(1+e^x)\Big|_{-1}^{1} = \ln(1+e) - \ln\left(1+\frac{1}{e}\right)$

$\qquad = \ln(1+e) - \ln\left(\dfrac{e+1}{e}\right) = \ln(1+e) - [\ln(1+e) - \ln e] = \ln e = 1$

第三节　定积分的换元积分法和分部积分法

一、定积分的换元积分法

我们知道求定积分可以转化为求原函数，在前面我们又知道用换元法可以求出一些函数的原函数。因此，在一定条件下，可以用换元法来计算定积分。

定理 7.2（换元积分法）　如果函数 $f(x)$ 在区间 $[a, b]$ 上连续，函数 $x=\varphi(t)$ 在区间 $[\alpha, \beta]$ 上是单调且有连续导数 $\varphi'(t)$，当 t 从 α 变到 β 时，$x=\varphi(t)$ 在 $[a, b]$ 上变化，且有 $\varphi(\alpha)=a$、$\varphi(\beta)=b$，则有定积分的换元公式：

$$\int_a^b f(x)\mathrm{d}x = \int_\alpha^\beta f[\varphi(t)]\varphi'(t)\mathrm{d}t$$

证明略。

这个定理与不定积分第二类换元法类似，只是不定积分最后需要将变量还原，而定积分不需要作变量的还原，但要将积分上、下限作相应的改变，即换元必须换限。同时被积函数和积分变量也要作相应的变换，这与不定积分的换元法相同，所以，对不定积分使用换元法的经验和技巧也可以用在定积分的换元积分上。

【例 7-4】 计算下列定积分

$(1) \displaystyle\int_0^4 \frac{1-\sqrt{x}}{1+\sqrt{x}}\mathrm{d}x；\quad (2) \int_0^4 \frac{x+2}{\sqrt{2x+1}}\mathrm{d}x。$

【解】（1）应用换元积分法，注意在换元时必须同时换限。

令 $t=\sqrt{x}$ 则 $x=t^2$，$\mathrm{d}x=2t\mathrm{d}t$，

当 $x=0$ 时，$t=0$，当 $x=4$ 时，$t=2$，于是由定积分的换元公式

$$\int_0^4 \frac{1-\sqrt{x}}{1+\sqrt{x}}\mathrm{d}x = \int_0^2 \frac{1-t}{1+t}2t\mathrm{d}t = 2\int_0^2 \frac{t-t^2}{1+t}\mathrm{d}t = 2\int_0^2 \frac{(1+t)-(t^2-1)-2}{1+t}\mathrm{d}t$$

$$= 2\int_0^2 \left[1-(t-1)-\frac{2}{1+t}\right]\mathrm{d}t$$

$$= 2\int_0^2 \left(-t+2-\frac{2}{1+t}\right)\mathrm{d}t$$

$$= 2\left(2t-\frac{t^2}{2}-2\ln|1+t|\right)\Big|_0^2 = 4-4\ln 3$$

（2）令 $\sqrt{2x+1}=t$ 则 $x=\dfrac{t^2-1}{2}$，$\mathrm{d}x=t\mathrm{d}t$，且当 $x=0$ 时 $t=1$，当 $x=4$ 时 $t=3$

$$原式 = \int_1^3 \frac{\frac{t^2-1}{2}+2}{t}\cdot t\mathrm{d}t = \frac{1}{2}\int_1^3 (t^2+3)\mathrm{d}t = \frac{1}{2}\left(\frac{1}{3}t^3+3t\right)\Big|_1^3$$

$$= \frac{1}{2}\left[\left(\frac{27}{3}+9\right)-\left(\frac{1}{3}+3\right)\right] = \frac{22}{3}$$

【例 7-5】 计算 $\int_0^a \sqrt{a^2-x^2}\,\mathrm{d}x(a>0)$。

【解】 设 $x=a\sin t$，则 $\mathrm{d}x=a\cos t\,\mathrm{d}t$，且当 $x=0$ 时，$t=0$；当 $x=a$ 时，$t=\dfrac{\pi}{2}$。于是

$$\int_0^a \sqrt{a^2-x^2}\,\mathrm{d}x = a^2\int_0^{\frac{\pi}{2}} \cos^2 t\,\mathrm{d}t = \frac{a^2}{2}\int_0^{\frac{\pi}{2}}(1+\cos 2t)\,\mathrm{d}t = \frac{a^2}{2}\left(t+\frac{1}{2}\sin 2t\right)\Big|_0^{\frac{\pi}{2}} = \frac{\pi a^2}{4}$$

二、奇、偶函数在对称区间上的积分

定理 7.3 若函数 $f(x)$ 在对称区间 $[-a,a](a>0)$ 上连续

(1) 如果 $f(x)$ 为奇函数，即 $f(-x)=-f(x)$，则有

$$\int_{-a}^a f(x)\,\mathrm{d}x = 0$$

(2) 如果 $f(x)$ 为偶函数，即 $f(-x)=f(x)$，则有

$$\int_{-a}^a f(x)\,\mathrm{d}x = 2\int_0^a f(x)\,\mathrm{d}x$$

证明略。

【例 7-6】 计算下列定积分

(1) $\int_{-\pi}^{\pi} x^4\sin x\,\mathrm{d}x$； (2) $\int_{-2}^2 |x|\,\mathrm{d}x$； (3) $\int_{-1}^1 (x\cos x + e^x - 5x^3)\,\mathrm{d}x$。

【解】 (1) 因为 $f(x)=x^4\sin x$ 是奇函数，且积分区间 $[-\pi,\pi]$ 关于原点对称，所以 $\int_{-\pi}^{\pi} x^4\sin x\,\mathrm{d}x = 0$。

(2) 因为被积函数 $f(x)=|x|$ 是偶函数，且积分区间 $[-2,2]$ 关于原点对称，所以 $\int_{-2}^2 |x|\,\mathrm{d}x = 2\int_0^2 x\,\mathrm{d}x = x^2\Big|_0^2 = 4$。

(3) 被积函数中 $x\cos x - 5x^3$ 是奇函数，e^x 是非奇非偶函数，且积分区间 $[-1,1]$ 关于原点对称，所以 $\int_{-1}^1 (x\cos x + e^x - 5x^3)\,\mathrm{d}x = \int_{-1}^1 e^x\,\mathrm{d}x = e^x\Big|_{-1}^1 = e - e^{-1}$。

三、定积分的分部积分法

对应于不定积分的分部积分法，定积分也有分部积分法。

设函数 $u=u(x)$、$v=v(x)$ 在区间 $[a、b]$ 上具有连续导数 $u'(x)$、$v'(x)$，由 $(uv)'=u'v+uv'$ 得 $uv'=(uv)'-u'v$，等式两端在区间 $[a,b]$ 上积分得

$$\int_a^b uv'\,\mathrm{d}x = uv\Big|_a^b - \int_a^b u'v\,\mathrm{d}x,\quad \text{或}\quad \int_a^b u\,\mathrm{d}v = uv\Big|_a^b - \int_a^b v\,\mathrm{d}u$$

这就是定积分的分部积分公式。

利用分部积分法计算定积分有以下五种基本类型。

1. 被积函数为幂函数多项式与指数函数乘积形式；

【例 7-7】 计算 $\int_0^1 xe^x\,\mathrm{d}x$。

分析：此类型先保留幂函数多项式，将指数函数与 $\mathrm{d}x$ 凑出新微分，再用分部积分公式。

【解】 $\int_0^1 xe^x\,\mathrm{d}x = \int_0^1 x\,\mathrm{d}e^x$

$$= xe^x\Big|_0^1 - \int_0^1 e^x\,\mathrm{d}x = e - e^x\Big|_0^1 = 1$$

2. 被积函数为幂函数多项式与三角函数乘积形式；

【例 7-8】 计算 $\int_0^\pi x\sin x \mathrm{d}x$。

分析：此类型先保留幂函数多项式，将三角函数与 $\mathrm{d}x$ 凑出新微分，再用分部积分公式。

【解】
$$\int_0^\pi x\sin x \mathrm{d}x = -\int_0^\pi x\mathrm{d}\cos x$$
$$= -x\cos x\Big|_0^\pi + \int_0^\pi \cos x \mathrm{d}x = \pi + \sin x\Big|_0^\pi = \pi$$

3. 被积函数为幂函数多项式与对数函数乘积形式；

【例 7-9】 计算 $\int_1^e x\ln x \mathrm{d}x$。

分析：此类型先保留对数函数，将幂函数多项式与 $\mathrm{d}x$ 凑出新微分，再用分部积分公式。

【解】
$$\int_1^e x\ln x \mathrm{d}x = \frac{1}{2}\int_1^e \ln x \mathrm{d}x^2$$
$$= \frac{1}{2}x^2\ln x\Big|_1^e - \frac{1}{2}\int_1^e x^2 \mathrm{d}\ln x$$
$$= \frac{1}{2}e^2 - \frac{1}{2}\int_1^e x\mathrm{d}x = \frac{1}{2}e^2 - \frac{1}{4}x^2\Big|_1^e = \frac{1}{4}(e^2+1)$$

4. 被积函数为幂函数多项式与反三角函数乘积形式；

【例 7-10】 计算 $\int_0^1 x\arctan x \mathrm{d}x$。

分析：此类型先保留反三角函数，将幂函数多项式与 $\mathrm{d}x$ 凑出新微分，再用分部积分公式。

【解】
$$\int_0^1 x\arctan x \mathrm{d}x = \frac{1}{2}\int_0^1 \arctan x \mathrm{d}x^2 = \frac{1}{2}x^2\arctan x\Big|_0^1 - \frac{1}{2}\int_0^1 x^2 \mathrm{d}\arctan x$$
$$= \frac{\pi}{8} - \frac{1}{2}\int_0^1 \frac{x^2}{1+x^2}\mathrm{d}x = \frac{\pi}{8} - \frac{1}{2}\int_0^1 \Big(1 - \frac{1}{1+x^2}\Big)\mathrm{d}x$$
$$= \frac{\pi}{8} - \frac{1}{2}(x - \arctan x)\Big|_0^1 = \frac{\pi}{4} - \frac{1}{2}$$

5. 被积函数为指数函数与三角函数乘积形式；

【例 7-11】 计算 $\int_0^1 e^x\sin x \mathrm{d}x$。

分析：此类型先将指数函数与 $\mathrm{d}x$ 凑出新微分或将三角函数与 $\mathrm{d}x$ 凑出新微分都可以，需要连续用两次分部积分公式，最后移项化简即可。

【解】
$$\int_0^1 e^x\sin x \mathrm{d}x = \int_0^1 \sin x \mathrm{d}e^x$$
$$= e^x\sin x\Big|_0^1 - \int_0^1 e^x \mathrm{d}\sin x = e\sin 1 - \int_0^1 e^x\cos x \mathrm{d}x$$
$$= e\sin 1 - \int_0^1 \cos x \mathrm{d}e^x = e\sin 1 - e^x\cos x\Big|_0^1 + \int_0^1 e^x \mathrm{d}\cos x$$
$$= e\sin 1 - e\cos 1 + 1 - \int_0^1 e^x\sin x \mathrm{d}x$$

移项化简得 $\int_0^1 e^x \sin x \mathrm{d}x = \dfrac{1}{2}[e(\sin 1 - \cos 1) + 1]$

【例 7-12】 计算 $\int_0^1 e^{\sqrt{x}} \mathrm{d}x$。

【解】 令 $\sqrt{x} = t$，则 $x = t^2$，$\mathrm{d}x = 2t\mathrm{d}t$，当 $x = 0$ 时，$t = 0$；当 $x = 1$ 时，$t = 1$，得

$$\int_0^1 e^{\sqrt{x}} \mathrm{d}x = 2\int_0^1 e^t t \mathrm{d}t$$

$$= 2\int_0^1 t \mathrm{d}e^t$$

$$= 2te^t \Big|_0^1 - 2\int_0^1 e^t \mathrm{d}t$$

$$= 2e - 2e^t \Big|_0^1 = 2$$

计算定积分时有时要多种方法综合应用，要注意能够根据题目选择正确的作题方法。

第四节 无限区间上的广义积分

在我们上几节的学习中，所求解的都是可积函数在有限区间 $[a, b]$ 上的定积分，在实际问题中，我们经常需要用到无限区间上的积分。因此，我们将定积分的概念推广到无限区间上，此类积分称为无限区间上的广义积分。

定义 7.3 设函数 $f(x)$ 在区间 $[a, +\infty)$ 上连续，取 $b > a$，如果极限

$$\lim_{b \to +\infty} \int_a^b f(x)\mathrm{d}x$$

存在，则称此极限为函数 $f(x)$ 在无穷区间 $[a, +\infty)$ 上的广义积分，记作 $\int_a^{+\infty} f(x)\mathrm{d}x$，即

$$\int_a^{+\infty} f(x)\mathrm{d}x = \lim_{b \to +\infty} \int_a^b f(x)\mathrm{d}x$$

这时也称广义积分 $\int_a^{+\infty} f(x)\mathrm{d}x$ 收敛。

如果上述极限不存在，函数 $f(x)$ 在无穷区间 $[a, +\infty)$ 上的广义积分 $\int_a^{+\infty} f(x)\mathrm{d}x$ 就没有意义，此时称广义积分 $\int_a^{+\infty} f(x)\mathrm{d}x$ 发散。

类似地，设函数 $f(x)$ 在区间 $(-\infty, b]$ 上连续，如果极限 $\lim\limits_{a \to -\infty} \int_a^b f(x)\mathrm{d}x (a < b)$

存在，则称此极限为函数 $f(x)$ 在无穷区间 $(-\infty, b]$ 上的广义积分，记作 $\int_{-\infty}^b f(x)\mathrm{d}x$，即

$$\int_{-\infty}^b f(x)\mathrm{d}x = \lim_{a \to -\infty} \int_a^b f(x)\mathrm{d}x$$

这时也称广义积分 $\int_{-\infty}^b f(x)\mathrm{d}x$ 收敛。如果上述极限不存在，则称广义积分 $\int_{-\infty}^b f(x)\mathrm{d}x$ 发散。

定义 7.4 设函数 $f(x)$ 在区间 $(-\infty, +\infty)$ 上连续，如果广义积分

$$\int_{-\infty}^0 f(x)\mathrm{d}x \quad 和 \quad \int_0^{+\infty} f(x)\mathrm{d}x$$

都收敛，则称上述两个广义积分的和为函数 $f(x)$ 在无穷区间 $(-\infty，+\infty)$ 上的广义积分，记作 $\int_{-\infty}^{+\infty} f(x)\mathrm{d}x$，即

$$\int_{-\infty}^{+\infty} f(x)\mathrm{d}x = \int_{-\infty}^0 f(x)\mathrm{d}x + \int_0^{+\infty} f(x)\mathrm{d}x$$

$$= \lim_{a\to-\infty}\int_a^0 f(x)\mathrm{d}x + \lim_{b\to+\infty}\int_0^b f(x)\mathrm{d}x$$

这时也称广义积分 $\int_{-\infty}^{+\infty} f(x)\mathrm{d}x$ 收敛。

广义积分的计算公式可采用如下简记形式。

$$\int_a^{+\infty} f(x)\mathrm{d}x = F(x)\Big|_a^{+\infty} = \lim_{x\to+\infty} F(x) - F(a)$$

类似地

$$\int_{-\infty}^b f(x)\mathrm{d}x = F(x)\Big|_{-\infty}^b = F(b) - \lim_{x\to-\infty} F(x)$$

$$\int_{-\infty}^{+\infty} f(x)\mathrm{d}x = F(x)\Big|_{-\infty}^{+\infty} = \lim_{x\to+\infty} F(x) - \lim_{x\to-\infty} F(x)$$

【例 7-13】 计算广义积分 $\int_{-\infty}^{+\infty} \dfrac{1}{1+x^2}\mathrm{d}x$。

【解】 $\displaystyle\int_{-\infty}^{+\infty} \frac{1}{1+x^2}\mathrm{d}x = \arctan x\Big|_{-\infty}^{+\infty}$

$$= \lim_{x\to+\infty}\arctan x - \lim_{x\to-\infty}\arctan x$$

$$= \frac{\pi}{2} - \left(-\frac{\pi}{2}\right) = \pi$$

【例 7-14】 计算广义积分 $\int_0^{+\infty} e^{-x}\mathrm{d}x$。

【解】 $\displaystyle\int_0^{+\infty} e^{-x}\mathrm{d}x = -e^{-x}\Big|_0^{+\infty} = -(\lim_{x\to+\infty} e^{-x} - 1) = -(0-1) = 1$

【例 7-15】 判断广义积分 $\int_0^{+\infty} \sin x\mathrm{d}x$ 的敛散性。

【解】 $\displaystyle\int_0^{+\infty} \sin x\mathrm{d}x = -\cos x\Big|_0^{+\infty} = -(\lim_{x\to+\infty}\cos x - \cos 0)$

由于当 $x\to+\infty$ 时，函数 $\cos x$ 没有极限，所以此广义积分发散。

【例 7-16】 判断广义积分 $\int_0^{+\infty} e^{-\sqrt{x}}\mathrm{d}x$ 的敛散性。

【解】 令 $\sqrt{x}=t$，则 $x=t^2$，$\mathrm{d}x=2t\mathrm{d}t$，$x=0$ 时 $t=0$；$x\to+\infty$ 时 $t\to+\infty$

$\displaystyle\int_0^{+\infty} e^{-\sqrt{x}}\mathrm{d}x = 2\int_0^{+\infty} te^{-t}\mathrm{d}t = -2\int_0^{+\infty} te^{-t}\mathrm{d}(-t) = -2\int_0^{+\infty} t\mathrm{d}e^{-t} = -2\left[te^{-t}\Big|_0^{+\infty} + \int_0^{+\infty} e^{-t}\mathrm{d}(-t)\right]$

$$= -2\left[(\lim_{t\to+\infty} te^{-t} - 0) + e^{-t}\Big|_0^{+\infty}\right] = -2\left[\lim_{t\to+\infty}\frac{t}{e^t} + (\lim_{t\to+\infty} e^{-t} - 1)\right]$$

$$= -2[0 + (0-1)] = 2$$

第五节　定积分的微元法

我们再论曲边梯形面积计算，从中我们来体会定积分定义的思想。

我们在利用定积分表示曲边梯形的面积时采用的是分割、近似、求和、取极限四个步骤，建立了所求变量的积分。

设 $f(x)$ 在区间 $[a, b]$ 上连续，且 $f(x) \geqslant 0$，求以曲线 $y = f(x)$ 为曲边，底为区间 $[a, b]$ 的曲边梯形的面积 A。

1. 分割

用任意一组分点　　$a = x_0 < x_1 < \cdots < x_{i-1} < x_i < \cdots < x_n = b$

将区间 $[a, b]$ 分成 n 个子区间 $[x_{i-1}, x_i](i = 1, 2, \cdots, n)$，其长度为

$$\Delta x_i = x_i - x_{i-1} \quad (i = 1, 2, \cdots, n)$$

并记 $\lambda = \max\{\Delta x_1, \Delta x_2, \cdots, \Delta x_n\}$

相应的，曲边梯形被划分成 n 个小曲边梯形。

2. 近似

在每个子区间 $[x_{i-1}, x_i]$ 上任取一点 ξ_i，以 $f(\xi_i)$ 和 Δx_i 为底边长的小矩形的面积近似代替相应的小曲边梯形的面积 ΔA_i，即

$$\Delta A_i \approx f(\xi_i) \Delta x_i$$

3. 求和

曲边梯形的面积 A 的近似值为

$$A = \sum_{i=1}^{n} \Delta A_i \approx \sum_{i=1}^{n} f(\xi_i) \Delta x_i$$

4. 取极限，使近似值向精确值转化

$$A = \lim_{\lambda \to 0} \sum_{i=1}^{n} f(\xi_i) \Delta x_i = \int_a^b f(x) \mathrm{d}x$$

在上述四步中，若从任意分割后的若干个子区间上任取一个讨论，这个区间可以记为 $[x, x+\mathrm{d}x]$，而点 ξ_i 可以用 x 来代替，那么近似形式 $f(\xi_i) \Delta x_i$ 可表示为 $f(x) \mathrm{d}x$，它和定积分 $\int_a^b f(x) \mathrm{d}x$ 的被积表达式相同，从而可以把上述四步简化为两步。

(1) 选取积分变量 $x \in [a, b]$，在 $[a, b]$ 上任取一代表子区间 $[x, x+\mathrm{d}x]$，如图 7-9 所示，区间 $[x, x+\mathrm{d}x]$ 上的小曲边梯形的面积 ΔA 可以近似数值 $f(x)$ 为高、$\mathrm{d}x$ 为底的小矩形面积 $f(x)\mathrm{d}x$，即

$$\Delta A \approx f(x)\mathrm{d}x$$

(2) 将上式右端在区间 $[a, b]$ 上积分，得

$$A = \int_a^b f(x)\mathrm{d}x$$

一般的，所求量 A 与 x 变化区间 $[a, b]$ 有关，且关于区间 $[a, b]$ 具有

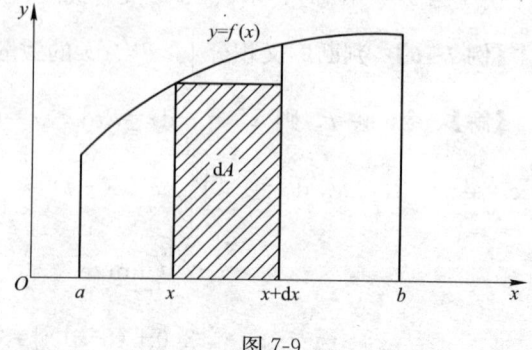

图 7-9

可加性，则可在 $[a，b]$ 上的任意一个子区间 $[x，x+\mathrm{d}x]$ 上找出所求量的一微小量的近似值 $\mathrm{d}A=f(x)\mathrm{d}x$，然后把它作为被积表达式，从而得到所求量 A 的积分表达式

$$A=\int_a^b f(x)\mathrm{d}x$$

这种方法叫微元法，$\mathrm{d}A=f(x)\mathrm{d}x$ 称为所求量 A 的微元或元素。

注：微元实际上是对一个整体无限分割后，其中一份具有代表性的无穷小量！

第六节 定积分在几何中的应用

牛顿—莱布尼兹公式的出现使定积分的计算简单、简便了，于是定积分在各个领域开始有了广泛的应用。

一、平面图形的面积

在前面的学习中，我们知道了定积分的几何意义，知道了用定积分我们可以求平面图形的面积。在本节中，我们重点学习这一内容。

（1）当 $f(x)\geqslant 0$ 时，则其面积为（如图 7-10 所示）：

$$S=\int_a^b f(x)\mathrm{d}x$$

（2）当 $f(x)\leqslant 0$，则其面积为（如图 7-11 所示）：

$$S=-\int_a^b f(x)\mathrm{d}x$$

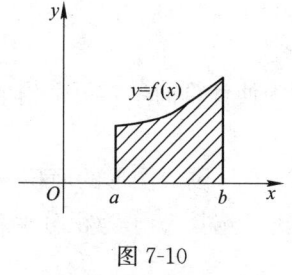

图 7-10

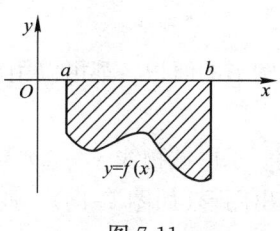

图 7-11

于是，总有

$$S=\int_a^b |f(x)|\mathrm{d}x$$

【例 7-17】 求曲线 $y=x^3$ 与直线 $x=-1$，$x=2$ 及 x 轴所围成的平面图形的面积。

【解】 先画出所求区域的图形（图 7-12），得

$$S=\int_{-1}^2 |x^3|\mathrm{d}x$$

$$=\int_{-1}^0 (-x^3)\mathrm{d}x+\int_0^2 x^3\mathrm{d}x$$

$$=\left[-\frac{1}{4}x^4\right]_{-1}^0+\left[\frac{1}{4}x^4\right]_0^2=\frac{17}{4}$$

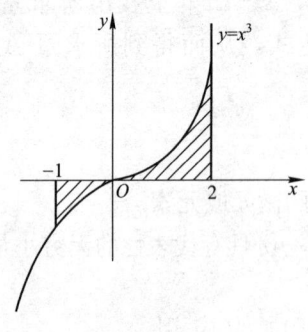

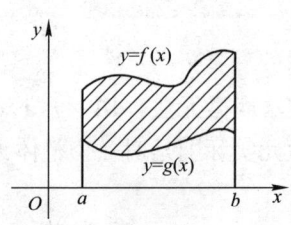

图 7-12   图 7-13

（3）当曲线 $y=f(x)$ 位于曲线 $y=g(x)$ 的上方，则其面积为（如图 7-13 所示）：

$$S = \int_a^b [f(x) - g(x)]\mathrm{d}x$$

【例 7-18】 求由抛物线 $y=x^2$ 及 $y^2=x$ 所围成的平面图形的面积。

【解】 作出图形（如图 7-14）

解方程组 $\begin{cases} y^2=x \\ y=x^2 \end{cases}$

得两条抛物线的交点为 $(0，0)$，$(1，1)$，

于是，得

$$S = \int_0^1 (\sqrt{x} - x^2)\mathrm{d}x$$

$$= \frac{2}{3} x^{\frac{3}{2}} \Big|_0^1 - \frac{1}{3} x^3 \Big|_0^1 = \frac{1}{3}$$

一个平面图形的面积，都可以用定积分表示，但为使计算简单，可适当地选取积分变量，如下例：

【例 7-19】 求由抛物线 $y^2=2x$ 与直线 $2x+y-2=0$ 所围成图形的面积。

【解】 作出图形（如图 7-15）。通过观察图形，我们选择 y 作为积分变量比较方便，联立方程组

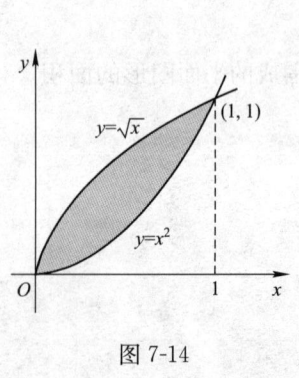

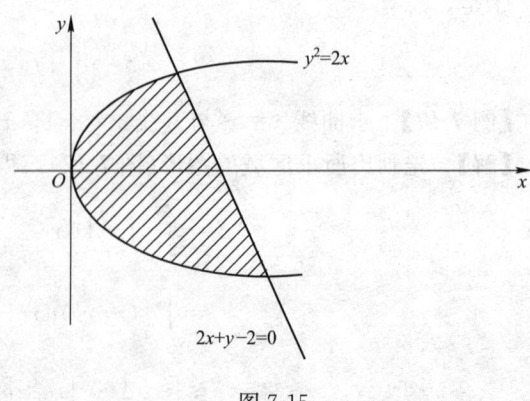

图 7-14   图 7-15

132

$$\begin{cases} y^2 = 2x \\ 2x + y - 2 = 0 \end{cases}$$

解得抛物线与直线交点为 $\left(\dfrac{1}{2}, 1\right)$，$(2, -2)$，故所求图形的面积为

$$S = \int_{-2}^{1} \left(1 - \frac{1}{2}y - \frac{1}{2}y^2\right) \mathrm{d}y$$

$$= \left(y - \frac{1}{4}y^2 - \frac{1}{6}y^3\right)\Big|_{-2}^{1} = \frac{9}{4}$$

由此可见，适当的选取积分变量可以使计算简便。

【例 7-20】 求椭圆 $\dfrac{x^2}{a^2} + \dfrac{y^2}{b^2} = 1$ 的面积。

【解】 作出图形，如图 7-16。由 $\dfrac{x^2}{a^2} + \dfrac{y^2}{b^2} = 1$，得

$$y = \pm \frac{b}{a}\sqrt{a^2 - x^2}$$

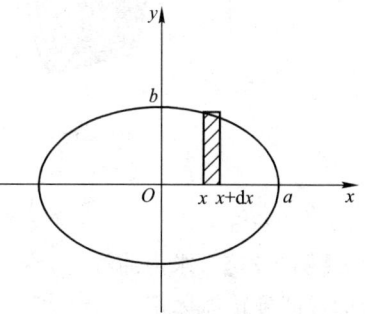

图 7-16

根据椭圆的对称性，得

$$S = 4\int_0^a \frac{b}{a}\sqrt{a^2 - x^2}\,\mathrm{d}x = \frac{4b}{a}\int_0^a \sqrt{a^2 - x^2}\,\mathrm{d}x$$

令 $x = a\sin t$，则 $\mathrm{d}x = a\cos t\,\mathrm{d}t$，且当 $x = 0$ 时，$t = 0$；$x = a$ 时，$t = \dfrac{\pi}{2}$，代入上式，得

$$S = \frac{4b}{a}\int_0^{\frac{\pi}{2}} a^2\cos^2 t\,\mathrm{d}t = 4ab\int_0^{\frac{\pi}{2}} \cos^2 t\,\mathrm{d}t$$

$$= 2ab\int_0^{\frac{\pi}{2}}(1 + \cos 2t)\,\mathrm{d}t = 2ab\left[t + \frac{1}{2}\sin 2t\right]_0^{\frac{\pi}{2}}$$

$$= \pi ab$$

特别当 $a = b = r$ 时，得圆的面积公式：$S = \pi r^2$。

二、旋转体的体积

旋转体就是一个平面图形绕着该平面的一条直线旋转一周而成的立体图形。圆柱、圆锥、圆台、球都是旋转体。

设一旋转体是由连续曲线 $y = f(x)$（$f(x) \geqslant 0$）、直线 $x = a$、$x = b$（$a < b$）及 x 轴所围成的平面图形绕 x 轴旋转一周而成的立体图形（如图 7-17）。我们利用定积分计算旋转体的体积。

取横坐标 x 为积分变量，在区间 $[a, b]$ 上任取一子区间 $[x, x + \mathrm{d}x]$，在其上的小旋转体可近似看成底半径为 y，高为 $\mathrm{d}x$ 的小圆柱体，即有体积微元

$$\mathrm{d}V = \pi y^2 \mathrm{d}x = \pi f^2(x)\mathrm{d}x$$

因为旋转体的垂直于 x 轴的截面面积公式为

$$S(x) = \pi y^2 = \pi f^2(x)$$

于是所求旋转体的体积

$$V_x = \int_a^b \pi y^2 \mathrm{d}x = \pi\int_a^b f^2(x)\mathrm{d}x$$

类似地，由曲线 $x = g(y)$，直线 $y = c$，$y = d$（$c < d$）及 y 轴所围成的曲边梯形绕 y 轴旋转一周而成的旋转体（如图 7-18）体积为

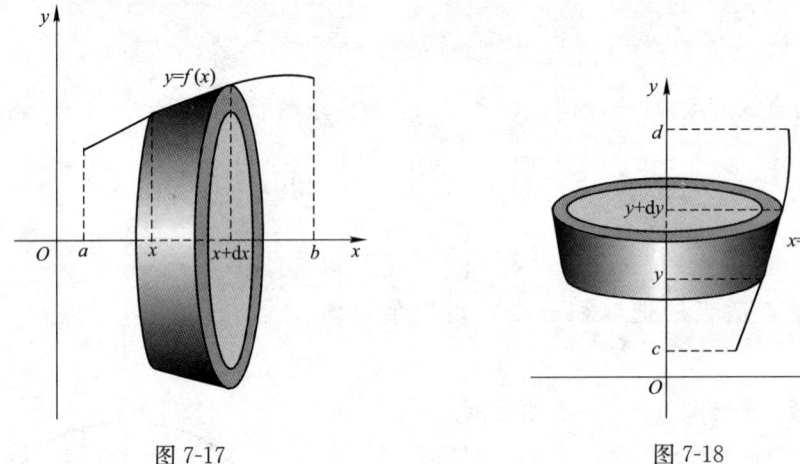

图 7-17

图 7-18

$$V_y = \int_c^d \pi x^2 \mathrm{d}y = \pi \int_c^d g^2(y)\mathrm{d}y$$

【例 7-21】 求由曲线 $xy=4$，直线 $x=1$，$x=4$，$y=0$ 所围成的图形绕 x 轴旋转一周而形成的旋转体体积。

【解】 先作图形(如图 7-19)，因为图形绕 x 轴旋转，所以取 x 为积分变量，x 的变化区间为 $[1,4]$，于是体积为

$$\begin{aligned}
V &= \pi \int_1^4 \left(\frac{4}{x}\right)^2 \mathrm{d}x \\
&= 16\pi \int_1^4 \frac{1}{x^2} \mathrm{d}x \\
&= -16\pi \left.\frac{1}{x}\right|_1^4 = 12\pi
\end{aligned}$$

小结：求旋转体体积时，第一要明确形成旋转体的平面图形是由哪些曲线围成，这些曲线的方程是什么；第二要明确图形绕哪一条坐标轴或平行于坐标轴的直线旋转，正确选择积分变量，写出定积分的表达式及积分上、下限。

【例 7-22】 求由曲线 $y=e^x$，直线 $y=e$ 及 y 轴所围成的封闭图形绕 y 轴旋转一周所得旋转体的体积。

【解】 作出图形(如图 7-20 所示)。选择 y 作为积分变量，积分区间为 $[1,e]$，由 $y=e^x$ 得 $x=\ln y$，故所求旋转体的体积为

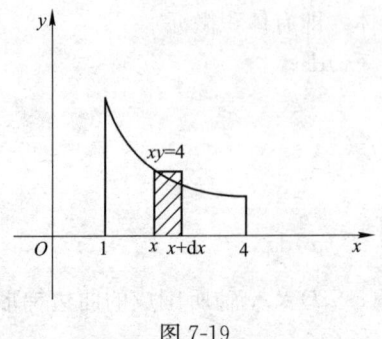

图 7-19

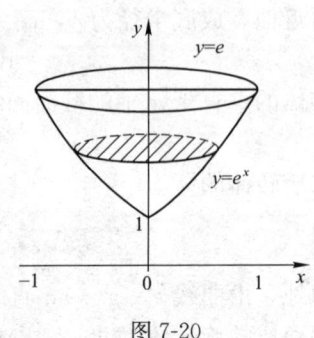

图 7-20

$$V_y = \int_1^e \pi x^2 \mathrm{d}y$$

$$= \int_1^e \pi \ln^2 y \mathrm{d}y$$

$$= \pi y \ln^2 y \Big|_1^e - \pi \int_1^e y \cdot 2\ln y \cdot \frac{1}{y} \mathrm{d}y$$

$$= \pi e - 2\pi \int_1^e \ln y \mathrm{d}y$$

$$= \pi e - 2\pi y \ln y \Big|_1^e + 2\pi \int_1^e 1 \cdot \mathrm{d}y$$

$$= -\pi e + 2\pi y \Big|_1^e$$

$$= \pi(e-2)$$

【例 7-23】 求椭圆 $\dfrac{x^2}{a^2} + \dfrac{y^2}{b^2} = 1$ 绕 x 轴旋转一周而成的旋转体(叫旋转椭球体)(如图 7-21)的体积。

【解】 由椭圆方程得

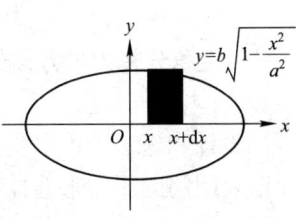

$$y^2 = b^2 \left(1 - \frac{x^2}{a^2}\right)$$

故所求立体的体积为

图 7-21

$$V = \pi \int_{-a}^{a} b^2 \left(1 - \frac{x^2}{a^2}\right) \mathrm{d}x$$

$$= \pi b^2 \left(x - \frac{x^3}{3a^2}\right) \Big|_{-a}^{a} = \frac{4}{3}\pi ab^2$$

三、求平面曲线弧长

现在来计算曲线 $y = f(x)$ 上相应的于 x 从 a 到 b 的一段弧的长度。

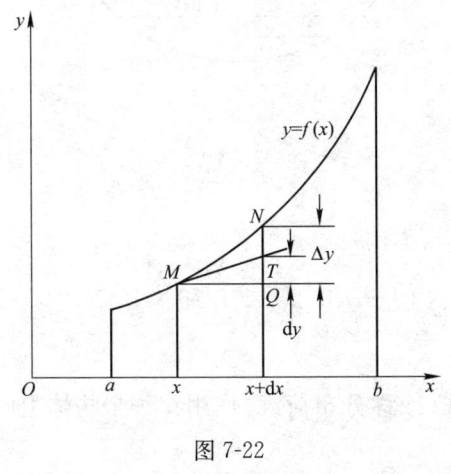

设函数 $y = f(x)$ 在 $[a, b]$ 上具有一阶连续导数,选取 $x \in [a, b]$ 为积分变量,任取一子区间 $[x, x+\mathrm{d}x]$,相应的小弧长 MN 的长度可以用曲线在点 $M[x, f(x)]$ 处的切线上相应的小直线段 MT 的长度近似代替,如图 7-22 所示。

由于切线上小直线段 $MT = \sqrt{(\mathrm{d}x)^2 + (\mathrm{d}y)^2} = \sqrt{1 + (y')^2}\,\mathrm{d}x$,于是可取弧长微元为

$$\mathrm{d}l = \sqrt{1 + (y')^2}\,\mathrm{d}x$$

注意:一微小的切线段长度替代与之相应的微小弧线段的长度。

图 7-22

所以,所求弧长为

$$l = \int_a^b \sqrt{1 + (y')^2}\,\mathrm{d}x$$

【例 7-24】 求曲线 $y = \ln(1-x^2)$ 相应于 $0 \leqslant x \leqslant \dfrac{1}{2}$ 的一段弧长。

【解】 $y' = \dfrac{-2x}{1-x^2}$，所以 $\sqrt{1+y'^2} = \dfrac{1+x^2}{1-x^2}$

根据弧长公式
$$l = \int_0^{\frac{1}{2}} \frac{1+x^2}{1-x^2} \mathrm{d}x$$
$$= \int_0^{\frac{1}{2}} \left(-1 + \frac{1}{1+x} + \frac{1}{1-x} \right) \mathrm{d}x$$
$$= -\frac{1}{2} + \ln\left| \frac{1+x}{1-x} \right| \Big|_0^{\frac{1}{2}}$$
$$= -\frac{1}{2} + \ln 3$$

第七节　定积分在工程技术中的应用

一、定积分在力学方面的应用

1. 液体静压力

在设计和施工工程中我们要考虑到墙壁的承载力，比如要建一个蓄水池，就要计算水对池壁及闸门的压力来选择材料，所以计算液体的静压力对施工有很大的实际意义。

【例 7-25】　有一个水平放置的无压输水管道，其横断面是直径为 6m 的圆，水流正好半满，求此时输水管道一端的竖直闸门上所受的水压力。（如图 7-23）

【解】　首先建立合适的直角坐标系，如图所示，则圆的方程为 $x^2 + y^2 = r^2 = 9$。

在区间 $[-3, 3]$ 中任取一微小区间 $[x, x+\mathrm{d}x]$，视该区间对应的部分闸门为小矩形，其面积微元为

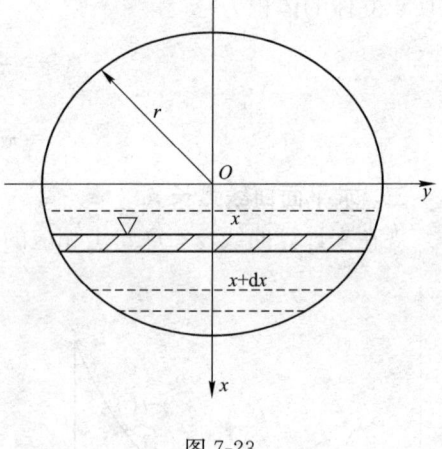

图 7-23

$$\mathrm{d}S = 2y\mathrm{d}x = 2\sqrt{9-x^2}\,\mathrm{d}x$$

视整个小矩形所在的水深为 x，则得压力微元

$$\mathrm{d}F = \rho g \cdot x \cdot \mathrm{d}S = 2\rho g x \sqrt{9-x^2}\,\mathrm{d}x$$

于是所求压力为

$$F = \rho g \int_0^3 2x\sqrt{9-x^2}\,\mathrm{d}x = -\frac{2}{3} \times 9.8 \times 10^3 \times (9-x^2)^{\frac{3}{2}} \Big|_0^3 = 1.76 \times 10^5 \,\mathrm{N}$$

2. 分布荷载的力矩

【例 7-26】　在结构分析中，常常需要确定荷载（或称分布荷载）作用在一个物体上时所产生的力矩。（如图 7-24）

表示一个有常量 $\omega lb/ft$ 的连续荷载，其荷载的基本单元 $\omega \mathrm{d}x$ 围绕点 O 产生的力矩为 $\omega x \mathrm{d}x$，则全部荷载围绕点 O 的总力矩为

$$M_0 = \int_0^L \omega x \,\mathrm{d}x = \frac{\omega L^2}{2}$$

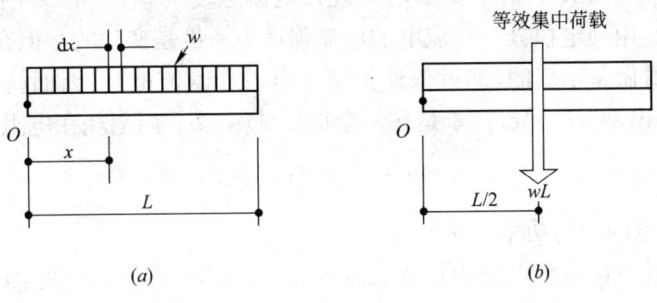

图 7-24

注意，若设想此连续荷载作用在荷载量中心处的等效集中荷载代替，也能得到同样的力矩值，这时，等效集中荷载为 wl（即 $\omega lb/f \times Lft = wLlt$），它作用在距离点 $O \dfrac{L}{2}$ 处，此等效力系对点 O 的力矩为

$$M_0 = \omega l \times \frac{L}{2} = \frac{\omega L^2}{2}$$

它和由 $M_0 = \displaystyle\int_0^L \omega x\,\mathrm{d}x$ 得到的力矩值相同。例如图 7-24 中的均布荷载为 $100lb/ft$，作用在一个 20ft 长的杠杆上，它围绕点 O 产生的力矩为

$$M_0 = \frac{\omega l^2}{2} = 100 \times \frac{20^2}{2} = 20000 \text{ft. lb}$$

或

$$M_0 = \omega l \times \frac{L}{2} = 100 \times 20 \times \frac{20}{2} = 20000 \text{ft. lb}$$

二、定积分在供热中的应用

【例 7-27】 烟气在锅炉的烟道中温度从 $900℃$ 降低到 $200℃$ 然后从烟囱中排出，求每立方米烟气所放出的热量的真实比热。

【解】 按真实比热进行计算，查表知

$$a_0 = 28.106, \quad a_1 = 1.9665 \times 10^{-3}, \quad a_2 = 4.8023 \times 10^{-6}, \quad a_3 = 1.9661 \times 10^{-9},$$

$$Q_P = \frac{1}{22.4} \int_{T_1}^{T_2} M_{cp}\,\mathrm{d}T$$

$$= \frac{1}{22.4} \int_{T_1}^{T_2} (a_0 + a_1 T + a_2 T^2 + a_3 T^3)\,\mathrm{d}T$$

$$= \frac{1}{22.4}\Big[28.106 \times (473 - 1173) + \frac{1.9665 \times 10^{-3}}{2}(473^2 - 1173^2)$$

$$+ \frac{4.8023 \times 10^{-6}}{3}(473^3 - 1173^3) + \frac{1.9661 \times 10^{-9}}{4}(473^4 - 1173^4) \Big]$$

$$= -996.22 (\text{kJ/m}^3)$$

三、在电工学中的应用

1. 计算消耗在电阻元件上的功

此问题主要出现在机电一体化专业的《电工学》、《电工电子技术》等课程中，用于计算交流电路中消耗在电阻 R 上的功。由电工学知识可知，经过时间 t，直流电流 I 消耗在

电阻R上的功为$W=I^2Rt$。对于交流电来说，电流强度$i=i(t)$是一个随时间变化的量，因此电功的计算要用到定积分。交流电的电流强度$i(t)$虽是变化的，但在很短的时间间隔内，可以近似地看做是不变的（即近似地把交流电看作直流电），因而就可以求得在dt时间内的功的微元$dW=Ri^2(t)dt$。于是在一个周期$[0，T]$内消耗在电阻R上的功W为

$$W=\int_0^T Ri^2(t)dt$$

2. 计算交流电的平均功率

【例7-28】 计算纯电阻电路中正弦交流电$i=I_m\sin\omega t$在一个周期上的功率的平均值。

【解】 设电阻为R，那么这个电路中电压为

$$u=I_m R\sin\omega t$$

而功率$P=ui=I_m^2R\sin^2\omega t$，从而功率在长度为一个周期的区间$\left[0，\dfrac{2\pi}{\omega}\right]$上的平均值为

$$\overline{P}=\frac{1}{\dfrac{2\pi}{\omega}}\int_0^{\frac{2\pi}{\omega}}I_m^2R\sin^2\omega t\,dt$$

$$=\frac{I_m^2R\omega}{2\pi}\int_0^{\frac{2\pi}{\omega}}\sin^2\omega t\,dt$$

$$=\frac{I_m^2R}{4\pi}\left(\omega t-\frac{1}{2}\sin2\omega t\right)\Big|_0^{\frac{2\pi}{\omega}}$$

$$=\frac{1}{2}I_m u_m$$

3. 计算交流电电流和电压的有效值

【例7-29】 设(1)交流电$i=I_0\sin\omega t$；(2)两个交流半周的整流电流$i=I_0|\sin\omega t|$，求其在一个周期上的平均值$\overline{I}$。

【解】 由(1)，i的周期为$\dfrac{2\pi}{\omega}$，于是

$$\overline{I}_0=\frac{1}{T}\int_0^T I_0\sin\omega t\,dt=\frac{\omega I_0}{2\pi}\int_0^{\frac{2\pi}{\omega}}\sin\omega t\,dt=\frac{I_0}{2\pi}\int_0^{2\pi}\sin u\,du=0$$

由(2)，i的周期为$T=\dfrac{\pi}{\omega}$，于是$\overline{I}=\dfrac{\omega}{\pi}\displaystyle\int_0^{\frac{\pi}{\omega}}I_0\sin\omega t\,dt=\dfrac{2I_0}{\pi}$。

平均值$\overline{I}$是直流电的强度，它等于一个周期内流过的交流电量。

4. 电路中的电量

【例7-30】 设导线在时刻t(单位：s)的电流为$i(t)=0.006t\sqrt{t^2+1}$，求在时间间隔$[1，4]$s内流过导线横截面的电量$Q(t)$(单位：A)。

【解】 由电流与电量的关系$i=\dfrac{dQ}{dt}$得在$[1，4]$s内流过导线横截面的电量Q为

$$Q=\int_1^4 0.006t\sqrt{t^2+1}\,dt=\int_1^4 0.003\sqrt{t^2+1}\,d(t^2+1)$$

$$=\left[0.002(t^2+1)^{\frac{3}{2}}\right]\Big|_1^4\approx0.1345(A)$$

5. 电能

【例7-31】 在电力需求的电涌时期，消耗电能的速度r可以近似地表示为$r=te^{-t}$(t

单位：h），求在前两个小时内消耗的总电能 E（单位：J）。

【解】 由变化率求总改变量得

$$E = \int_0^2 r\mathrm{d}t = \int_0^2 te^{-t}\mathrm{d}t = \int_0^2 (-t)\mathrm{d}e^{-t}$$

$$= (-te^{-t})\Big|_0^2 - \int_0^2 e^{-t}\mathrm{d}(-t)$$

$$= -2e^{-2} + 0 - (e^{-t})\Big|_0^2$$

$$\approx 0.594(\mathrm{J})$$

第八节 利用 MATLAB 计算定积分

在高等数学中，求解积分是一个难点，但利用 MATLAB 就很简单，它提供了一个可求解不定积分的函数 int，其调用格式为：

（1）int(f) 求表达式 f 对默认自变量的积分值。

（2）int(f, t) 求表达式 f 对自变量 t 的不定积分值。

（3）int(f, a, b) 求表达式 f 对默认自变量的定积分值，积分区间为 $[a, b]$。

（4）int(f, t, a, b)求表达式 f 对自变量 t 的定积分值，积分区间为 $[a, b]$。

【例 7-32】 已知 $f(x) = ax^2 + bx + c$，求 $f(x)$ 的积分。

【解】 clear

≫syms a b c x

≫f=a* x^2+b* x+c

≫int(f)   %表达式 f 的不定积分，自变量是 x

ans=

1/3* a* x^3+1/2* b* x^2+c* x

≫int(f, x, 0, 2)   %表达式 f 在（0，2）的定积分，自变量是 x

ans=

8/3* a+2* b+2c

【例 7-33】 求定积分 $\int_0^{\frac{1}{2}} \dfrac{x^2}{\sqrt{1-x^2}}\mathrm{d}x$，$\int_0^{\frac{\pi}{2}} x^2\sin^2 x\mathrm{d}x$。

【解】 ≫ syms x   %定义符号变量

≫ S=x^2/sqrt(1−x^2);   %定义符号表达式

≫ int(S, 0, 1/2)   %计算符号表达式在区间 $[0, 1/2]$ 上的定积分

ans=

−1/8* 3^(1/2)+1/12* Pi

≫ S=x^2* sin(x)^2;   %定义符号表达式

≫ int(S, 0, pi/2)   %计算符号表达式在区间 $[0, \pi/2]$ 上的定积分

ans＝

1/48 * Pi^3＋1/8 * π

【例 7-34】 求积分 $\displaystyle\int_0^{+\infty} \frac{\sqrt{x}}{(1+x)^2}dx$。

【解】 ≫clear

≫int(sqrt(x)/(1＋x)^2, 0, inf)

ans＝

1/2 * Pi

习　　题

1. 试用定积分表示由曲线 $y=\cos x$，直线 $x=\dfrac{\pi}{2}$，$x=\dfrac{3}{2}\pi$ 及 x 轴围成的图形的面积。

2. 利用定积分的几何意义说明下列等式。

(1) $\displaystyle\int_0^1 2x\,dx=1$；
(2) $\displaystyle\int_{-\pi}^{\pi} \sin x\,dx=0$。

3. 计算下列定积分

(1) $\displaystyle\int_0^1 (2x+3)\,dx$；
(2) $\displaystyle\int_4^9 \left(\sqrt{x}+\frac{1}{\sqrt{x}}\right)dx$；

(3) $\displaystyle\int_0^a (3x^2-x)\,dx$；
(4) $\displaystyle\int_1^2 \left(x^2+\frac{1}{x^4}\right)dx$；

(5) $\displaystyle\int_{-\frac{\pi}{2}}^{\frac{\pi}{2}} \sqrt{\sin^2 x}\,dx$；
(6) $\displaystyle\int_{\frac{\sqrt{3}}{3}}^0 \frac{dx}{1+x^2}$；

(7) $\displaystyle\int_1^2 \frac{e^{\frac{1}{x}}}{x^2}\,dx$；
(8) $\displaystyle\int_0^{\sqrt{3}a} \frac{dx}{a^2+x^2}$；

(9) $\displaystyle\int_0^1 \frac{dx}{\sqrt{4-x^2}}$；
(10) $\displaystyle\int_{-1}^0 \frac{3x^4+3x^2+2}{x^2+1}\,dx$；

(11) $\displaystyle\int_{-\infty-1}^{-2} \frac{dx}{1+x}$；
(12) $\displaystyle\int_0^3 e^{\frac{1}{2}x}\,dx$；

(13) $\displaystyle\int_0^2 f(x)\,dx$，其中 $f(x)=\begin{cases} x, & x<1 \\ x^2, & x\geqslant 1 \end{cases}$；
(14) $\displaystyle\int_{\frac{\pi}{3}}^{\pi} \sin\left(x+\frac{\pi}{3}\right)dx$；

(15) $\displaystyle\int_{-2}^1 \frac{dx}{(9+4x)^3}$；
(16) $\displaystyle\int_1^{\sqrt{2}} x\sqrt{2-x^2}\,dx$；

(17) $\displaystyle\int_{-1}^1 \frac{dx}{\sqrt{5-4x}}$；
(18) $\displaystyle\int_{-2}^{-1} \frac{dx}{x^2+4x+5}$；

(19) $\displaystyle\int_0^1 \frac{1-x^2}{1+x^2}\,dx$；
(20) $\displaystyle\int_{\frac{1}{e}}^e \frac{1}{x}(\ln x)^2\,dx$；

(21) $\displaystyle\int_0^1 (e^x-1)^4 e^x\,dx$；
(22) $\displaystyle\int_0^1 xe^{x^2}\,dx$；

(23) $\displaystyle\int_0^1 \frac{dx}{e^x+e^{-x}}$；
(24) $\displaystyle\int_0^1 \frac{e^x-e^{-x}}{2}\,dx$；

(25) $\displaystyle\int_{-1}^1 \frac{x\,dx}{\sqrt{5-4x}}$；
(26) $\displaystyle\int_0^1 \frac{\sqrt{x}}{2-\sqrt{x}}\,dx$；

(27) $\displaystyle\int_{-1}^1 \frac{1}{(1+x^2)^2}\,dx$；
(28) $\displaystyle\int_0^1 \frac{\sqrt{x^2-1}}{x}\,dx$。

4. 利用函数的奇偶性计算下列定积分

140

(1) $\int_{-5}^{5} \dfrac{x^2 \sin x^3}{x^4 + 2x^2 + 1} dx$;

(2) $\int_{-\frac{\pi}{2}}^{\frac{\pi}{2}} \cos^5 x \sin^5 x dx$;

(3) $\int_{-\frac{1}{2}}^{\frac{1}{2}} \dfrac{(\arcsin x)^3}{\sqrt{1-x^2}} dx$;

(4) $\int_{-\frac{\pi}{4}}^{\frac{\pi}{4}} \left(\dfrac{x^3}{1+\cos^2 x} + 1 \right) dx$。

5. 计算下列定积分

(1) $\int_0^1 x e^{-x} dx$;

(2) $\int_1^4 \dfrac{\ln x}{\sqrt{x}} dx$;

(3) $\int_1^2 \ln(x+1) dx$;

(4) $\int_1^e \ln x dx$;

(5) $\int_0^1 \arcsin x dx$;

(6) $\int_0^{2\pi} x \sin^2 x dx$;

(7) $\int_0^{\frac{\pi}{2}} x \cos 2x dx$;

(8) $\int_0^{\pi^2} \sin \sqrt{x} dx$;

(9) $\int_{\frac{1}{2}}^1 e^{\sqrt{2x-1}} dx$;

(10) $\int_0^{\ln 2} \sqrt{1 - e^{-2x}} dx$。

6. 求下列广义积分

(1) $\int_0^{+\infty} e^{-4x} dx$;

(2) $\int_{-\infty}^{+\infty} \dfrac{dx}{x^2 + 4x + 5}$;

(3) $\int_1^{+\infty} \dfrac{dx}{\sqrt{x}}$;

(4) $\int_e^{+\infty} \dfrac{dx}{x \ln^2 x}$。

7. 求由下列曲线所围成的图形的面积:

(1) $y^2 = 2x$, $y = x - 4$;

(2) $y = \dfrac{1}{x}$ 与 $y = x$, $x = 2$;

(3) $y = x^2$, $x + y = 2$;

(4) $y = \dfrac{x^2}{2}$, $y^2 + x^2 = 8$(两部分都要计算)。

8. 求下列各图中画斜线部分的面积:

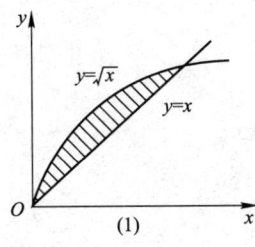

(1)

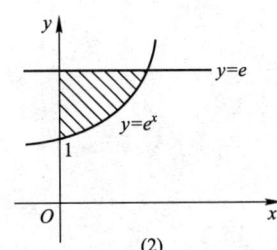

(2)

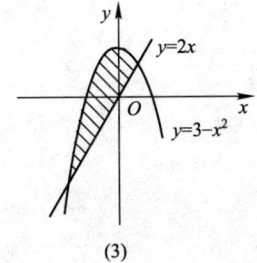

(3)

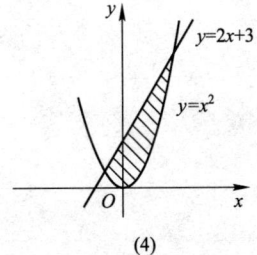

(4)

9. 求由下列各题中的曲线所围图形绕指定轴旋转的旋转体的体积：

(1) $y=x^3$，$y=0$，$x=2$ 绕 x 轴、y 轴；

(2) $y=x^2$，$x=y^2$ 绕 x 轴、绕 y 轴；

(3) $y^2=ax$ 和 $x=a(a>0)$，绕 x 轴、y 轴；

(4) $x^2+(y-5)^2=16$ 绕 x 轴。

10. 一曲线通过点 $(e^3，3)$，且在任一点处的切线的斜率等于该点横坐标的倒数，求该曲线的方程。

11. 求抛物线 $y^2=4x$ 及其在点 $(1，2)$ 处的法线所围成的图形的面积。

12. 已知曲线 $x=ky^2(k>0)$ 与直线 $y=-x$ 所围图形的面积为 $\dfrac{9}{48}$，试求 k 的值。

13. 求曲线 $y=\dfrac{2}{3}x^{\frac{3}{2}}$ 相应于 $a\leqslant x\leqslant b$ 的一段弧长。

14. 求曲线 $x=\dfrac{1}{4}y^2-\dfrac{1}{2}\ln y$ 相应于 $1\leqslant y\leqslant e$ 上的一段弧长。

第八章　多元函数微分学

在很多实际问题中，常常遇到含有两个或更多个自变量的函数，即多元函数。本章将在一元函数的基础上研究多元函数微分学的基本理论、方法及其应用。

第一节　二元函数的极限和连续

一、二元函数的概念

1. 二元函数的定义

定义 8.1　设有三个变量 x、y 和 z，如果当变量 x、y 在一定范围内任意取定一对数值时，变量 z 按照一定的规律 f 总有确定的数值与它们对应，则称 z 是 x、y 的二元函数，记为 $z=f(x,y)$。其中 x、y 称为自变量，z 称为因变量。自变量 x、y 的取值范围称为函数的定义域。二元函数在点 (x_0,y_0) 所取得的函数值记为：$z\Big|_{\substack{x=x_0\\y=y_0}}$，$z|_{(x_0,y_0)}$ 或 $f(x_0,y_0)$。

类似地，可以定义多元函数 $u=f(x,x_2,\cdots,x_n)$，多于一个自变量的函数称为多元函数。

【例 8-1】　设 $z=\cos(xy)-\sqrt{1+y^2}$，求 $z|_{(\pi,1)}$。

【解】　$z|_{(\pi,1)}=\cos(\pi\times1)-\sqrt{1+1^2}=-1-\sqrt{2}$

【例 8-2】　设 $z=\arcsin\dfrac{x}{2}+\arcsin\dfrac{y}{3}$，求 $z|_{(2,3)}$。

【解】　$z|_{(2,3)}=\arcsin1+\arcsin1=\dfrac{\pi}{2}+\dfrac{\pi}{2}=\pi$

2. 二元函数的定义域

在一元函数当中使得函数表达式有意义的自变量的取值范围是定义域，同样在二元函数 $z=f(x,y)$ 中使函数表达式有意义的自变量的取值范围叫做二元函数的定义域。相对于一元函数，二元函数的定义域比较复杂。二元函数的定义域在几何上表示一个平面区域。

平面区域是坐标平面上满足某些条件的点的集合。围成平面区域的曲线称为该区域的边界。包含边界的平面区域称为闭区域，不含边界的平面区域称为开区域，包含部分边界的平面区域称为半开区域。如果一个区域总可以被包含在一个以原点为圆心的一个圆域内部，则此区域称为有界区域，否则称为无界区域。

【例 8-3】　求下列函数的定义域。

(1) $z=\sqrt{4-x^2-y^2}$ (2) $z=\arcsin\dfrac{x}{2}+\arcsin\dfrac{y}{3}$

【解】　(1) 要使式子 $z=\sqrt{4-x^2-y^2}$ 有意义，应有

$$4-x^2-y^2\geqslant0 \quad 即 \quad x^2+y^2\leqslant4$$

所以函数定义域是以原点为圆心以 2 为半径的圆形闭区域，如图 8-1 所示。

（2）要使函数 $z=\arcsin\dfrac{x}{2}+\arcsin\dfrac{y}{3}$ 有意义，应有

$$\begin{cases}\left|\dfrac{x}{2}\right|\leqslant 1\\[2mm]\left|\dfrac{y}{3}\right|\leqslant 1\end{cases}\quad\text{即}\quad\begin{cases}-2\leqslant x\leqslant 2\\-3\leqslant y\leqslant 3\end{cases}$$

所以函数的定义域 D 是以 $x=\pm 2$，$y=\pm 3$ 为边界的矩形闭区间，如图 8-2 所示。

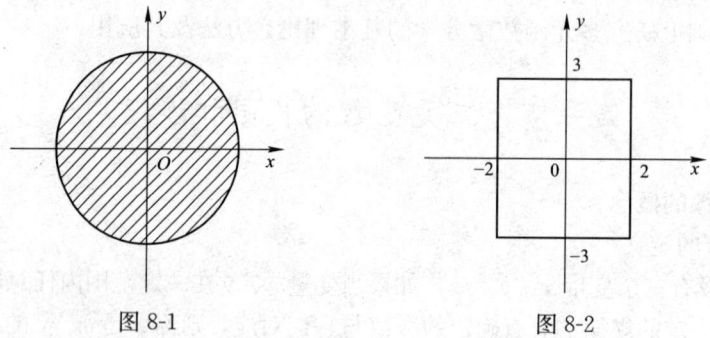

图 8-1   图 8-2

【例 8-4】 求函数 $z=\sqrt{4-x^2-y^2}+\ln(y^2-2x+1)$ 的定义域。

【解】 要使函数有意义，应有

$$\begin{cases}4-x^2-y^2\geqslant 0\\y^2-2x+1>0\end{cases}\quad\text{即}\quad\begin{cases}x^2+y^2\leqslant 4\\y^2>2x-1\end{cases}$$

【例 8-5】 求函数 $z=\sqrt{xy}+\arcsin\dfrac{y}{2}$ 的定义域。

【解】 由 $xy\geqslant 0$，$\left|\dfrac{y}{2}\right|\leqslant 1$ 即 $\begin{cases}xy\geqslant 0\\\left|\dfrac{y}{2}\right|\leqslant 1\end{cases}$

解得 $\qquad\qquad\begin{cases}-2\leqslant y\leqslant 0\\x\leqslant 0\end{cases}\quad\text{或}\quad\begin{cases}0\leqslant y\leqslant 2\\x\geqslant 0\end{cases}$

函数的定义域为 $\qquad\begin{cases}-2\leqslant y\leqslant 0\\x\leqslant 0\end{cases}\quad\text{或}\quad\begin{cases}0\leqslant y\leqslant 2\\x\geqslant 0\end{cases}$

3. 二元函数的几例意义

我们知道一元函数一般表示平面上一条曲线；对于二元函数，在空间直角坐标系中一般表示曲面。这一曲面是由点 $(x,\ y,\ f(x,\ y))$，$(x,\ y)\in D$ 组成的点集构成，该点集称为 $z=f(x,\ y)$ 的图形，定义域 D 就是曲面 z 在 xy 面上的投影区域。

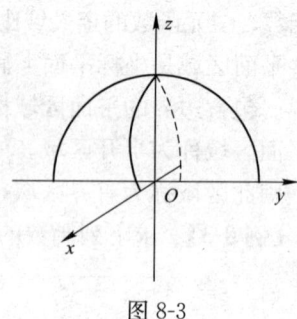

图 8-3

例如二元函数 $z=\sqrt{16-x^2-y^2}$ 表示以原点为球心、半径为 4m 的半球面，如图 8-3 所示。

二、二元函数的极限与连续

设函数 $z=f(x,y)$ 在点 $M_0(x_0,\ y_0)$ 的某一邻域内有定义，$M(x,\ y)$ 为该邻域内任意一点，当点 M 以任意方式趋近 M_0 时，函数 $f(x,\ y)$ 趋于一个确定的常数 A，则称 A 为当点

$M(x,y){\rightarrow}M_0(x_0,y_0)$ 时 $f(x,y)$ 的极限，记作 $\lim\limits_{\substack{x\to x_0\\y\to y_0}}f(x,y)=A$。如果函数 $z=f(x,y)$ 在

点 $M_0(x_0,y_0)$ 的某邻域内有定义，且满足 $\lim\limits_{\substack{x\to x_0\\y\to y_0}}f(x,y)=f(x_0,y_0)$，则称 $z=f(x,y)$ 在点

$M_0(x_0,y_0)$ 连续；若 $f(x,y)$ 在 D 内每一点都连续，则称函数 $z=f(x,y)$ 在 D 内连续。

多元连续函数具有以下性质：

1. 多元连续函数的和、差、积仍为连续函数，在分母不为零的点处连续函数之商仍为连续函数。

2. 多元连续函数的复合函数也是连续函数。

3. 多元初等函数在其定义域上都是连续函数。

4. 最大（小）值定理：有界闭区域 D 上的连续函数，在区域 D 上必能得到最大值与最小值。

5. 介值定理：有界闭区域 D 上的连续函数在区域 D 上必能取得介于最大值与最小值之间的值。

第二节　偏　导　数

一、偏导数的概念

对于多元函数，我们也常会遇到研究它对某个自变量的变化率问题，这就产生了偏导数的概念。

1. 偏导数的定义

定义 8.2　设函数 $z=f(x,y)$ 在点 (x_0,y_0) 的某一邻域内有定义，当自变量 x 在 x_0 处取得改变量 $\Delta x(\Delta x\neq0)$，而自变量 $y=y_0$ 保持不变时，函数相应的改变量

$$\Delta_x z=f(x_0+\Delta x,y_0)-f(x_0,y_0)$$

称为函数 $f(x,y)$ 关于 x 的偏增量。类似地，函数 $f(x,y)$ 关于 y 的偏增量为

$$\Delta_y z=f(x_0,y_0+\Delta y)-f(x_0,y_0)$$

当自变量 x、y 分别关于 x_0、y_0 取得改变量 Δx、Δy 时，函数 $f(x,y)$ 相应的改变量

$$\Delta z=f(x_0+\Delta x,y_0+\Delta y)-f(x_0,y_0)$$

称为函数 $f(x,y)$ 的全增量。

设函数 $z=f(x,y)$ 在点 (x_0,y_0) 的某一邻域内有定义，如果极限

$$\lim_{\Delta x\to0}\frac{\Delta_x z}{\Delta x}=\lim_{\Delta x\to0}\frac{f(x_0+\Delta x,y_0)-f(x_0,y_0)}{\Delta x}$$

存在，则称极限值为函数 $f(x,y)$ 在点 (x_0,y_0) 处对 x 的偏导数，记作

$$f'_x(x_0,y_0)\quad\text{或}\quad\frac{\partial f(x_0,y_0)}{\partial x}\quad\text{或}\quad\frac{\partial z}{\partial x}\bigg|_{\substack{x=x_0\\y=y_0}}\quad\text{或}\quad z'_x\bigg|_{\substack{x=x_0\\y=y_0}}$$

类似地有对 y 的偏导数为

$$f'_y(x_0,y_0)=\lim_{\Delta y\to0}\frac{f(x_0,y_0+\Delta y)-f(x_0,y_0)}{\Delta y}$$

如果函数 $z=f(x,y)$ 在区域 D 内每一点 (x,y) 处都存在偏导数 $f'_x(x_0,y_0)$、$f'_y(x_0,y_0)$，则它们也是 D 上的函数，称为 $z=f(x、y)$ 在 D 上的偏导数，记为 $\frac{\partial z}{\partial x}$ 或 $\frac{\partial f}{\partial x}$，

z'_x, f'_x; $\dfrac{\partial z}{\partial y}$ 或 $\dfrac{\partial f}{\partial y}$, z'_y, f'_y。

由上述偏导数定义，可见求多元函数某一个自变量的偏导数时，只需将其他自变量看成常量，用一元函数求导方法计算即可。

【例 8-6】 求函数 $z=x^3-3xy+2y^2$ 在点 $(2,1)$ 处的两个偏导数。

【解】 因为 $\dfrac{\partial z}{\partial x}=3x^2-3y$ $\quad$ $\dfrac{\partial z}{\partial y}=-3x+4y$

所以 $\dfrac{\partial z}{\partial x}\bigg|_{\substack{x=2 \\ y=1}}=3\times 2^2-3\times 1=9$

$$\frac{\partial z}{\partial y}\bigg|_{\substack{x=2 \\ y=1}}=-3\times 2+4\times 1=-2$$

【例 8-7】 已知：$z=xy+x^3$，求 $\dfrac{\partial z}{\partial x}+\dfrac{\partial z}{\partial y}$。

【解】 因为 $\dfrac{\partial z}{\partial x}=y+3x^2$

$$\frac{\partial z}{\partial y}=x$$

所以 $\dfrac{\partial z}{\partial x}+\dfrac{\partial z}{\partial y}=y+3x^2+x$

【例 8-8】 设 $u=\sqrt{x^2+y^2+z^2}$，求证：

$$\left(\frac{\partial u}{\partial x}\right)^2+\left(\frac{\partial u}{\partial y}\right)^2+\left(\frac{\partial u}{\partial z}\right)^2=1$$

【证明】 $\dfrac{\partial u}{\partial x}=\dfrac{1}{2\sqrt{x^2+y^2+z^2}}\cdot(x^2+y^2+z^2)'_x=\dfrac{x}{\sqrt{x^2+y^2+z^2}}=\dfrac{x}{u}$

同理得 $\dfrac{\partial u}{\partial y}=\dfrac{y}{u}$、$\dfrac{\partial u}{\partial z}=\dfrac{z}{u}$，代入等式左边得

$$\left(\frac{\partial u}{\partial x}\right)^2+\left(\frac{\partial u}{\partial y}\right)^2+\left(\frac{\partial u}{\partial z}\right)^2=\frac{x^2+y^2+z^2}{u^2}=1$$

所以有 $\qquad\left(\dfrac{\partial u}{\partial x}\right)^2+\left(\dfrac{\partial u}{\partial y}\right)^2+\left(\dfrac{\partial u}{\partial z}\right)^2=1$

【例 8-9】 设函数 $z=\ln\left(1+\dfrac{y}{x}\right)$，求 $\dfrac{\partial z}{\partial x}\bigg|_{(1,1)}$ 和 $\dfrac{\partial z}{\partial y}\bigg|_{(1,1)}$。

【解】 由于 $f(x,1)=\ln(1+x)$，$f(1,y)=\ln\left(1+\dfrac{1}{y}\right)$

$$f'_x(x,1)=\frac{1}{1+x},\quad f'_y(1,y)=\frac{1}{1+\dfrac{1}{y}}\left(-\frac{1}{y^2}\right),$$

所以 $\qquad f'_x(1,1)=\dfrac{1}{2}\quad f'_y(1,1)=-\dfrac{1}{2}$

2. 二元函数偏导数的几何意义

设 $p(x_0，y_0)$ 为曲面 $z=f(x，y)$ 上的一点，过 p 作平面 $y=y_0$ 与曲面 $z=f(x、y)$ 相交，其交线为平面 $y=y_0$ 上的曲线 $z=(x，y_0)$，则 $f'_x(x_0，y_0)$ 表示上述交线在点 p 处的切线沿 x 轴方向的斜率，同样 $f'_y(x_0，y_0)$ 表示交线在 p 处的切线沿 y 轴方向的斜率。

二、高阶偏导数

由上面的例题可以看出函数 $z=f(x、y)$ 的一阶偏导数 $\dfrac{\partial z}{\partial x}=f'_x(x，y)$；$\dfrac{\partial z}{\partial y}=f'_y(x，y)$ 一般说来仍然是 x、y 的函数，如果这两个函数关于 x、y 的偏导数也存在，则称它们的偏导数是 $f(x，y)$ 的二阶偏导数。

依照对变量的不同求导次序二阶偏导数有四个

$$
\begin{cases}
\left(\dfrac{\partial z}{\partial x}\right)'_x=\dfrac{\partial}{\partial x}\left(\dfrac{\partial z}{\partial x}\right)=\dfrac{\partial^2 z}{\partial x^2}=f''_{xx}(x，y)=z''_{xx} \\[3mm]
\left(\dfrac{\partial z}{\partial x}\right)'_y=\dfrac{\partial}{\partial y}\left(\dfrac{\partial z}{\partial x}\right)=\dfrac{\partial^2 z}{\partial x\,\partial y}=f''_{xy}(x，y)=z''_{xy}
\end{cases}
$$

$$
\begin{cases}
\left(\dfrac{\partial z}{\partial y}\right)'_x=\dfrac{\partial}{\partial x}\left(\dfrac{\partial z}{\partial y}\right)=\dfrac{\partial^2 z}{\partial y\,\partial x}=f''_{yx}(x，y)=z''_{yx} \\[3mm]
\left(\dfrac{\partial z}{\partial y}\right)'_y=\dfrac{\partial}{\partial y}\left(\dfrac{\partial z}{\partial y}\right)=\dfrac{\partial^2 z}{\partial y^2}=f''_{yy}(x，y)=z''_{yy}
\end{cases}
$$

其中 $f''_{xy}(x、y)$ 及 $f''_{yx}(x、y)$ 称为二阶混合偏导数，类似地可以定义三阶、四阶…n 阶偏导数。二阶及二阶以上的偏导数称为高阶偏导数。当二阶偏导数 z''_{xy}、z''_{yx} 在区域 D 内为连续函数时，可以证明 $z''_{xy}=z''_{yx}$。

【例 8-10】 设 $z=e^x\cos y$，求 $\dfrac{\partial^2 z}{\partial x^2}$、$\dfrac{\partial^2 z}{\partial y^2}$、$\dfrac{\partial^2 z}{\partial x\,\partial y}$、$\dfrac{\partial^2 z}{\partial y\,\partial x}$。

【解】 $\dfrac{\partial z}{\partial x}=e^x\cos y$　　$\dfrac{\partial z}{\partial y}=-e^x\sin y$

$$
\dfrac{\partial^2 z}{\partial x^2}=e^x\cos y\qquad \dfrac{\partial^2 z}{\partial y^2}=-e^x\cos y
$$

$$
\dfrac{\partial^2 z}{\partial x\,\partial y}=-e^x\sin y\qquad \dfrac{\partial^2 z}{\partial y\,\partial x}=-e^x\sin y
$$

【例 8-11】 设 $z=\arctan\dfrac{y}{x}$，试求 $\dfrac{\partial^2 z}{\partial x\,\partial y}$、$\dfrac{\partial^2 z}{\partial y\,\partial x}$。

【解】 $\dfrac{\partial z}{\partial x}=\dfrac{1}{1+\left(\dfrac{y}{x}\right)^2}\dfrac{-y}{x^2}=\dfrac{-y}{x^2+y^2}$

$$
\dfrac{\partial z}{\partial y}=\dfrac{1}{1+\left(\dfrac{y}{x}\right)^2}\dfrac{1}{x}=\dfrac{x}{x^2+y^2}
$$

$$
\dfrac{\partial^2 z}{\partial x\,\partial y}=\dfrac{\partial}{\partial y}\left(\dfrac{-y}{x^2+y^2}\right)=\dfrac{(-1)(x^2+y^2)-(-y)(0+2y)}{(x^2+y^2)^2}=\dfrac{y^2-x^2}{(x^2+y^2)^2}
$$

$$
\dfrac{\partial^2 z}{\partial y\,\partial x}=\dfrac{\partial}{\partial x}\left(\dfrac{x}{x^2+y^2}\right)=\dfrac{1(x^2+y^2)-x(2x+0)}{(x^2+y^2)^2}=\dfrac{y^2-x^2}{(x^2+y^2)^2}
$$

第三节 全 微 分

一元函数 $y=f(x)$ 在点 $x=x_0$ 的微分是指：如果函数在 $x=x_0$ 的增量 Δy 可以表示成 $\Delta y=A\Delta x+o(x)$，其中 A 与 Δx 无关，α 是 Δx 的高阶无穷小，即 $\lim\limits_{\Delta x\to 0}\dfrac{\alpha}{\Delta x}=0$，那么 $A\Delta x$ 是函数 $y=f(x)$ 在 $x=x_0$ 处微分，这时称函数在点 x_0 处可微。

类似地，二元函数全微分的定义如下。

定义 8.3 若函数 $z=f(x,y)$，在点 $p(x,y)$ 处的全增量 $\Delta z=f(x+\Delta x,y+\Delta y)$ 可表示为 $\Delta z=A\Delta x+B\Delta y+o(\rho)$ 其中 A、B 与 Δx、Δy 无关，$\rho=\sqrt{(\Delta x)^2+(\Delta y)^2}$，$o(\rho)$ 是 ρ 是高阶无穷小。则称 $z=f(x,y)$ 在点 $\rho=(x,y)$ 可微，其中表达式 $A\Delta x+B\Delta y$ 叫做 $z=f(x,y)$ 在点 (x,y) 的全微分，记作 $\mathrm{d}z$，则 $\mathrm{d}z=A\Delta x+B\Delta y$ 或 $\mathrm{d}z=A\mathrm{d}x+B\mathrm{d}y$，可证明：$A=\dfrac{\partial f}{\partial x}$、$B=\dfrac{\partial f}{\partial y}$，则全微分 $\mathrm{d}z=\dfrac{\partial f}{\partial x}\mathrm{d}x+\dfrac{\partial f}{\partial y}\mathrm{d}y$。

由此结论可知：计算函数 $z=f(x,y)$ 的全微分时只需求出 $f_x'(x,y)$ 和 $f_y'(x,y)$，再代入上式就可得到 $\mathrm{d}z$，二元函数全微分概念可推广到三元及多元以上函数。例如三元函数 $u=f(x,y,z)$ 有三个偏导数 $\dfrac{\partial u}{\partial x}$、$\dfrac{\partial u}{\partial y}$、$\dfrac{\partial u}{\partial z}$ 连续，则它可微且其全微分为 $\mathrm{d}u=\dfrac{\partial u}{\partial x}\mathrm{d}x+\dfrac{\partial u}{\partial y}\mathrm{d}y+\dfrac{\partial u}{\partial z}\mathrm{d}z$

【例 8-12】 求下列函数的全微分

(1) $z=e^{xy}$ 　　　　　　　　　　 (2) $z=\dfrac{1}{2}\ln(1+x^2+y^2)$

【解】 (1) 因为 $\dfrac{\partial z}{\partial x}=ye^{xy}$ 　 $\dfrac{\partial z}{\partial y}=xe^{xy}$，所以 $\mathrm{d}z=ye^{xy}\mathrm{d}x+xe^{xy}\mathrm{d}y$

(2) 因为 $\dfrac{\partial z}{\partial x}=\dfrac{x}{1+x^2+y^2}$ 　 $\dfrac{\partial z}{\partial y}=\dfrac{y}{1+x^2+y^2}$

所以 $\mathrm{d}z=\dfrac{x}{1+x^2+y^2}\mathrm{d}x+\dfrac{y}{1+x^2+y^2}\mathrm{d}y$

【例 8-13】 设 $z=\ln(x+y^2)$，求 $\mathrm{d}z\Big|_{\substack{x=1\\y=0}}$。

【解】 因为 $\dfrac{\partial z}{\partial x}\Big|_{\substack{x=1\\y=0}}=\dfrac{1}{x+y^2}\Big|_{\substack{x=1\\y=0}}=1$，$\dfrac{\partial z}{\partial y}\Big|_{\substack{x=1\\y=0}}=\dfrac{2y}{x+y^2}\Big|_{\substack{x=1\\y=0}}=0$

$$\mathrm{d}z=\dfrac{\partial z}{\partial x}\mathrm{d}x+\dfrac{\partial z}{\partial y}\mathrm{d}y$$

所以 $\mathrm{d}z=\mathrm{d}x$

【例 8-14】 已知 $z=x^{y^2}$，求 $\mathrm{d}z$。

【解】 因为 $\dfrac{\partial z}{\partial x}=y^2x^{y^2-1}$ 　 $\dfrac{\partial z}{\partial y}=x^{y^2}2y\ln x$

所以 $\mathrm{d}z=\dfrac{\partial z}{\partial x}\mathrm{d}x+\dfrac{\partial z}{\partial y}\mathrm{d}y=y^2x^{y^2-1}\mathrm{d}x+2yx^{y^2}\ln x\mathrm{d}y$。

【例 8-15】 已知 $z=e^{\frac{x}{y}}$，求 $\mathrm{d}z$。

【解】 因为 $\dfrac{\partial z}{\partial x}=e^{\frac{x}{y}}\dfrac{1}{y}$，$\dfrac{\partial z}{\partial y}=e^{\frac{x}{y}}\left(-\dfrac{x}{y^2}\right)$

所以 $dz = \dfrac{1}{y}e^{\frac{x}{y}}dx - \dfrac{x}{y^2}e^{\frac{x}{y}}dy$

第四节　复合函数与隐函数的微分法

一、多元复合函数求导法则

多元复合函数的微分法是多元函数微分运算中的重点和难点，求导的关键是搞清函数的复合关系，分清中间变量与自变量，准确使用偏导数表示符号，熟练灵活运用链式法则。

1. 若 $z = f[u(x),\ v(x)]$ 且 u、v 是中间变量，x 是自变量，$u = u(x)$，$v = v(x)$ 则 $\dfrac{dz}{dx} = \dfrac{\partial z}{\partial u}\dfrac{du}{dx} + \dfrac{\partial z}{\partial y}\dfrac{dv}{dx}$（如图 8-4）。

2. 若 $z = f[u(x,\ y),\ v(x,\ y)]$ 且 u、v 是中间变量，x、y 是自变量，$u = u(x,\ y)$，$v = v(x,\ y)$ 则 $\dfrac{\partial z}{\partial x} = \dfrac{\partial f}{\partial u}\dfrac{\partial u}{\partial x} + \dfrac{\partial f}{\partial v}\dfrac{\partial v}{\partial x}$、$\dfrac{\partial z}{\partial y} = \dfrac{\partial f}{\partial u}\dfrac{\partial u}{\partial y} + \dfrac{\partial f}{\partial v}\dfrac{\partial v}{\partial y}$（如图 8-5）。

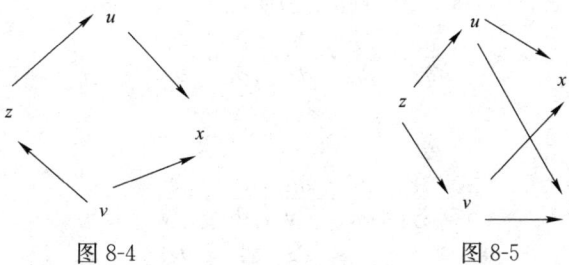

图 8-4　　　　　　　　　图 8-5

【例 8-16】 已知 $z = (x^3 - 2y)^{\cos xy}$ 求 $\dfrac{\partial z}{\partial x}$、$\dfrac{\partial z}{\partial y}$。

【解】 设 $u = x^3 - 2y$　$v = \cos xy$，则 $z = u^v$，因此 $\dfrac{\partial z}{\partial u} = vu^{v-1}$

$$\dfrac{\partial z}{\partial v} = u^v \ln u \quad \dfrac{\partial u}{\partial x} = 3x^2 \quad \dfrac{\partial v}{\partial x} = -y\sin xy \quad \dfrac{\partial u}{\partial y} = -2 \quad \dfrac{\partial v}{\partial y} = -x\sin xy$$

于是 $\dfrac{\partial z}{\partial x} = \dfrac{\partial z}{\partial u}\dfrac{\partial u}{\partial x} + \dfrac{\partial z}{\partial v}\dfrac{\partial v}{\partial x}$

$$= vu^{v-1}3x^2 + u^v \ln u(-y\sin xy)$$

$$= \cos xy(x^3 - 2y)^{\cos xy - 1}3x^2 + (x^3 - 2y)^{\cos xy}\ln(x^3 - 2y)(-y\sin xy)$$

同理　　$\dfrac{\partial z}{\partial y} = \dfrac{\partial z}{\partial u}\dfrac{\partial u}{\partial y} + \dfrac{\partial z}{\partial v}\dfrac{\partial v}{\partial y}$

$$= \cos xy(x^3 - 2y)^{\cos xy - 1}(-2) + (x^3 - 2y)^{\cos xy}\ln(x^3 - 2y)(-x\sin xy)$$

【例 8-17】 设 $z = f\left(\dfrac{y}{x},\ x + 2y,\ y\sin x\right)$，求 $\dfrac{\partial u}{\partial x}$、$\dfrac{\partial u}{\partial y}$、$\dfrac{\partial z}{\partial x}$。

【解】 令 $u = \dfrac{y}{x}$　$v = x + 2y$　$w = y\sin x$，于是 $z = f(u,\ v,\ w)$

因为　　　　　　　　　$\dfrac{\partial u}{\partial x} = -\dfrac{y}{x^2}$；　$\dfrac{\partial v}{\partial x} = 1$；　$\dfrac{\partial w}{\partial x} = y\cos x$

$$\dfrac{\partial u}{\partial y} = \dfrac{1}{x}；\quad \dfrac{\partial v}{\partial y} = 2；\quad \dfrac{\partial w}{\partial y} = \sin x$$

所以
$$\frac{\partial z}{\partial x}=f'_u\left(-\frac{y}{x^2}\right)+f'_v 1+f'_w y\cos x$$

（式中的 f_i 表示 z 对第 i 个中间变量的偏导数（$i=1$，2，3）。通过这种表示方法可以不明显地写出中间变量 u、v、w。）

【例 8-18】 已知 $z=f(x^2+y^2$，$xy)$，求 $\dfrac{\partial z}{\partial x}$、$\dfrac{\partial z}{\partial y}$。

【解】 设 $u=x^2+y^2$，$v=xy$，$z=f(u，v)$，所以

$$\frac{\partial z}{\partial x}=\frac{\partial z}{\partial u}\cdot\frac{\partial u}{\partial x}+\frac{\partial z}{\partial v}\cdot\frac{\partial v}{\partial x}$$
$$=2xf'_u+yf'_v$$
$$\frac{\partial z}{\partial y}=\frac{\partial z}{\partial u}\cdot\frac{\partial u}{\partial y}+\frac{\partial z}{\partial v}\cdot\frac{\partial v}{\partial y}$$
$$=2yf'_u+xf'_v$$

【例 8-19】 已知 $z=f((x^2-y^2)$，$e^{\frac{y}{x}})$，求 $\dfrac{\partial z}{\partial x}$，$\dfrac{\partial z}{\partial y}$。

【解】 设 $u=x^2-y^2$，$v=e^{\frac{y}{x}}$，$z=f(u，v)$ 所以

$$\frac{\partial z}{\partial x}=\frac{\partial z}{\partial u}\cdot\frac{\partial u}{\partial x}+\frac{\partial z}{\partial v}\cdot\frac{\partial v}{\partial x}$$
$$=2x\frac{\partial z}{\partial u}-\frac{y}{x^2}e^{\frac{y}{x}}\frac{\partial z}{\partial v}$$
$$\frac{\partial z}{\partial y}=\frac{\partial z}{\partial u}\cdot\frac{\partial u}{\partial y}+\frac{\partial z}{\partial v}\cdot\frac{\partial v}{\partial y}$$
$$=-2y\frac{\partial z}{\partial u}+\frac{1}{x}e^{\frac{y}{x}}\frac{\partial z}{\partial v}$$

二、隐函数的微分法

隐函数的求导法则是利用复合函数的求导法则，求导时把隐函数看成中间变量，$y=y(x)$ 是由方程 $F(x，y)=0$ 确定的隐函数，即可如下求导

$$\frac{\partial F}{\partial x}+\frac{\partial F}{\partial y}\frac{\mathrm{d}y}{\mathrm{d}x}=0$$

于是得公式
$$\frac{\mathrm{d}y}{\mathrm{d}x}=-\frac{\dfrac{\partial F}{\partial x}}{\dfrac{\partial F}{\partial y}}\quad\text{或}\quad\frac{\mathrm{d}y}{\mathrm{d}x}=-\frac{F'_x}{F'_y}\quad(F'_y\neq0)$$

若 $z=f(x，y)$ 是由方程 $F(x，y，z)=0$ 确定的隐函数，有

$$\frac{\partial F}{\partial x}+\frac{\partial F}{\partial z}\frac{\partial z}{\partial x}=0$$
$$\frac{\partial F}{\partial y}+\frac{\partial F}{\partial z}\frac{\partial z}{\partial y}=0$$

即得公式
$$\frac{\partial z}{\partial x}=-\frac{\dfrac{\partial F}{\partial x}}{\dfrac{\partial F}{\partial z}}\quad\text{或}\quad\frac{\partial z}{\partial x}=-\frac{F'_x}{F'_z}(F'_z\neq0)$$

同理
$$\frac{\partial z}{\partial y}=-\frac{\dfrac{\partial F}{\partial y}}{\dfrac{\partial F}{\partial z}}\quad\text{或}\quad\frac{\partial z}{\partial y}=-\frac{F'_y}{F'_z}$$

【例 8-20】 设 $x^2+y^2=2x$，求 $\dfrac{\mathrm{d}y}{\mathrm{d}x}$。

【解】 令 $F(x,\ y)=x^2+y^2-2x$，则 $F_x'=2x-2\quad F_y'=2y$

$$\frac{\mathrm{d}y}{\mathrm{d}x}=-\frac{2x-2}{2y}=\frac{1-x}{y}$$

【例 8-21】 已知 $x^3+2y^2+3z^3=6$，求 $\dfrac{\partial z}{\partial x}$、$\dfrac{\partial z}{\partial y}$。

【解】 令 $F(x,\ y,\ z)=x^3+2y^2+3z^3-6$

因为 $F_x'=3x^2\quad F_y'=4y\quad F_z'=9z^2$

$$\therefore \frac{\partial z}{\partial x}=-\frac{3x^2}{9z^2}=\frac{x^2}{3z^2}$$

$$\frac{\partial z}{\partial y}=-\frac{4y}{9z^2}$$

【例 8-22】 已知方程 $e^z=xyz$ 确定隐函数 $z=f(x,\ y)$，求 $\dfrac{\partial z}{\partial x}$、$\dfrac{\partial z}{\partial y}$。

【解】 设 $F(x,\ y,\ z)=e^z-xyz=0$，则 $\dfrac{\partial F}{\partial x}=-yz\quad \dfrac{\partial F}{\partial y}=-xz\quad \dfrac{\partial F}{\partial z}=e^z-xy$

于是

$$\frac{\partial F}{\partial x}=-\frac{\dfrac{\partial F}{\partial x}}{\dfrac{\partial F}{\partial z}}=-\frac{yz}{e^z-xy}$$

$$\frac{\partial F}{\partial y}=-\frac{\dfrac{\partial F}{\partial y}}{\dfrac{\partial F}{\partial z}}=-\frac{xz}{e^z-xy}$$

【例 8-23】 设 $z=z(x,\ y)$ 是由 $e^{-xy}+2z-e^z=2$ 所确定的，求 $\mathrm{d}z\Big|_{\substack{x=2\\ y=-\frac{1}{2}}}$。

【解】 设 $F(x,\ y,\ z)=e^{-xy}+2z-e^z-2$

则 $\dfrac{\partial F}{\partial x}=-ye^{-xy}\quad \dfrac{\partial F}{\partial y}=-xe^{-xy}\quad \dfrac{\partial F}{\partial z}=2-e^z$

所以 $\dfrac{\partial F}{\partial x}=-\dfrac{-ye^{-xy}}{2-e^z}=\dfrac{ye^{-xy}}{2-e^z}$，

$$\frac{\partial z}{\partial y}=\frac{xe^{-xy}}{2-e^z}$$

由于 $e^{-xy}+2z-e^z=2$，所以 $x=2$，$y=-\dfrac{1}{2}$ 时 $z=1$

从而 $\mathrm{d}z\Big|_{\substack{x=2\\ y=-\frac{1}{2}}}=\dfrac{e}{2(e-2)}\mathrm{d}x+\dfrac{2e}{2-e}\mathrm{d}y$

第五节　二元函数的极值

一、二元函数的极值

定义 8.4 设函数 $z=f(x,\ y)$ 在点 $(x,\ y_0)$ 的某邻域内有定义，如果对于该邻域内任何

异于 (x_0, y_0) 的点 (x, y)，都有 $f(x_0, y_0) > f(x, y)$，则称函数 $f(x, y)$ 在点 (x_0, y_0) 有极大值 $f(x_0, y_0)$。反之如果 $f(x, y) > f(x_0, y_0)$ 成立，则称函数 $f(x, y)$ 在点 (x_0, y_0) 有极小值 $f(x_0, y_0)$。极大值、极小值统称为极值，使得函数取得极值的点称为极值点。

定理 8.1（极值存在的必要条件）　设函数 $z = f(x, y)$ 在点 $f(x_0, y_0)$ 存在偏导数，且在点 (x_0, y_0) 处有极值，则在该点处的偏导数必为零，即 $f'_x(x_0, y_0) = 0$，$f'_y(x_0, y_0) = 0$ 或该点偏导不存在。（证明略）

定理 8.2　极值存在的充分条件

设函数 $z = f(x, y)$ 在该点 (x_0, y_0) 的某邻域内连续，存在一阶及二阶连续偏导数，点 (x_0, y_0) 为函数 $f(x, y)$ 的驻点，即 $f'_x(x_0, y_0) = f'_y(x_0, y_0) = 0$ 记

$$f''_{xx}(x_0, y_0) = A \quad f''_{xy}(x_0, y_0) = B \quad f''_{yy}(x, y) = C$$

$\Delta = \begin{vmatrix} A & B \\ B & C \end{vmatrix} = AC - B^2$ 则

(1) 当 $\Delta > 0$、$A < 0$ 时，在点 $(x_0、y_0)$ 有极大值 $f(x_0、y_0)$。

(2) 当 $\Delta > 0$、$A > 0$ 时，在点 $(x_0、y_0)$ 有极小值 $f(x_0、y_0)$。

(3) 当 $\Delta < 0$ 时，$f(x, y)$ 在点 $(x_0、y_0)$ 无极值。

(4) 当 $\Delta = 0$ 时，$f(x, y)$ 在点 $(x_0、y_0)$ 可能有极值，也可能无极值需另作判断（证明略）。

注：求函数极值的方法。

第一步，求偏导数，解方程组 $\begin{cases} f'_x(x, y) = 0 \\ f'_y(x, y) \end{cases}$ 求出驻点；

第二步，对于求出的每个驻点 (x_0, y_0)，求出二阶偏导数 A、B、C；

第三步，判断 Δ 的符号依据充分条件的结论，判定 $f(x, y)$ 是否为极值，是极大值还是极小值。

【例 8-24】　求函数 $f(x、y) = x^3 - 4x^2 + 2xy - y^2 + 1$ 的极值。

【解】　(1) 求偏导数

$$f'_x(x, y) = 3x^2 - 8x + 2y \quad f'_y(x, y) = 2x - 2y \quad f''_{xx}(x, y) = 6x - 8$$
$$f''_{xy}(x, y) = 2 \quad f''_{yy}(x, y) = -2$$

(2) 解方程组 $\begin{cases} f'_x = 3x^2 - 8x + 2y = 0 \\ f'_y = 2x - 2y = 0 \end{cases}$

得驻点 $(0, 0)$ 及 $(2, 2)$。

(3) 列表判定极值点

驻点 (x_0, y_0)	A	B	C	$\Delta = AC - B^2$ 的符号	结论
$(0, 0)$	-8	2	-2	$+$	极大值 $f(0, 0) = 1$
$(2, 2)$	4	2	-2	$-$	$f(2, 2)$ 不是极值

二、条件极值

函数 $z = f(x, y)$ 在条件 $\varphi(x, y) = 0$ 的极值，称为条件极值。

条件极值问题转化为无约束的极值问题，只需构造拉格朗日乘数 $F(x, y, \lambda) = f(x, y) + \lambda \varphi(x, y)$

解方程组：

$$\begin{cases} F'_x=f'_x(x,\ y)+\lambda\varphi'_x(x,\ y)=0 \\ F'_y=f'_y(x,\ y)+\lambda\varphi'_y(x,\ y)=0 \\ \varphi(x,\ y)=0 \end{cases}$$

解出 x、y、λ，则 $(x,\ y)$ 就是 $z=f(x,\ y)$ 在条件 $\varphi(x,\ y)=0$ 下的可能极值点的坐标。

对于实际问题，判定 $(x,\ y)$ 是否为极值点，可依据问题的实际意义判定。若实际问题存在最大值（或最小值），且所求出的驻点是唯一的，则所求出的驻点 $(x,\ y)$ 就是极大值（或极小值）点，即实际问题的最大值（或最小值）点。

【例 8-25】 求函数 $\nu=xyz$ 在条件 $3xy+2z(x+y)=36$ 下的最大值。

【解】 按题意构造辅助函数 $F(x,\ y,\ z)=xyz+\lambda[3xy+2z(x+y)-36]$

求 $F(x,\ y,\ z)$ 的偏导数，令其为零并且与条件 $3xy+2z(x+y)-36=0$ 组成方程组

$$\begin{cases} F'_x=0 \\ F'_y=0 \\ F'_z=0 \\ \varphi(x,\ y)=0 \end{cases}$$

$$\begin{cases} yz+3\lambda y+2\lambda z=0 \\ xz+3\lambda x+2\lambda z=0 \\ xy+2\lambda(x+y)=0 \\ 3xy+2z(x+y)-36=0 \end{cases}$$

解得 $z=3$，$x=y=2$

所以：只有一个驻点，则此点为极值点。

第六节　多元函数微分学在工程技术中的应用

【例 8-26】 如图 8-6，直线 AB 的长度 $D=206.125\pm0.003\mathrm{m}$，方位角 $\alpha=119°45'00''\pm4''$，求直线端点 B 的点位中误差。

【解】 坐标增量的函数式

$$\Delta x=D\cos\alpha$$
$$\Delta y=D\sin\alpha$$

设 $m_{\Delta x}$、$m_{\Delta y}$、m_D、m_α 分别为 Δx、Δy、D 及 α 的中误差。将上两式对 D 及 α 求偏导数，得

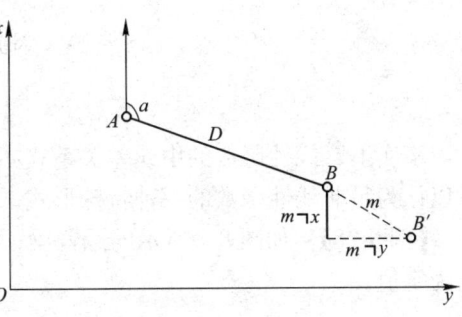

图 8-6

$$\frac{\partial(\Delta x)}{\partial D}=\cos\alpha \qquad \frac{\partial(\Delta x)}{\partial\alpha}=-D\sin\alpha$$

$$\frac{\partial(\Delta y)}{\partial D}=\sin\alpha \qquad \frac{\partial(\Delta y)}{\partial\alpha}=D\cos\alpha$$

得

$$m_{\Delta x}^2=\cos^2\alpha m_D^2+(-D\sin\alpha)^2\left(\frac{m_\alpha}{\rho''}\right)^2$$

$$m_{\Delta y}^2=\sin^2\alpha m_D^2+(D\cos\alpha)^2\left(\frac{m_\alpha}{\rho''}\right)^2$$

由图可知，B 点的点位中误差为

$$m^2 = m_{\Delta x}^2 + m_{\Delta y}^2 = m_D^2 + \left(D\frac{m_a}{\rho''}\right)^2$$

$$m = \pm\sqrt{m_D^2 + \left(D\frac{m_a}{\rho''}\right)^2}$$

将 $m_D = \pm 3\text{mm}$，$m_a = \pm 4''$，$\rho'' = 206265$，$D = 206.125\text{m}$ 代入上式，得

$$m = \pm\sqrt{3^2 + (206.125 \times 1000 \times \frac{4}{206265})^2} \approx \pm 5(\text{mm})$$

【例 8-27】 在应用误差传播定律求函数中误差时，首先应根据问题的性质列出正确的函数关系式，对于线性函数，可直接采用相应的中误差关系式来求；对于非线性函数，应先对函数进行求全微分，获得中误差关系式后，再求函数的中误差。应当注意，观测值必须是独立的观测值，即函数式中各自变量必须是互相独立的，不包含相同的误差，否则应做并项或分项处理，使其均为独立观测值为止，否则将会得出错误的结果。

非线性函数即一般函数，其形式为

$$Z = f(x_1, x_2 \cdots, x_n)$$

式中　$x_1, x_2, \cdots, x_n$——独立观测值；

　　　Z——函数。

为推导中误差关系式，对上式取全微分，得

$$dZ = \frac{\partial f}{\partial x_1}dx_1 + \frac{\partial f}{\partial x_2}dx_2 + \cdots + \frac{\partial f}{\partial x_n}dx_n$$

因为中误差均很小，用其代替上式中的 dZ，dx_1，dx_2，$\cdots dx_n$，得真误差关系式

$$\Delta Z = \frac{\partial f}{\partial x_1}\Delta x_1 + \frac{\partial f}{\partial x_2}\Delta x_2 + \cdots + \frac{\partial f}{\partial x_n}\Delta x_n$$

式中　$\dfrac{\partial f}{\partial x_i}(i=1, 2, \cdots n)$——函数对各变量所取的偏导数，以观测值代入，所得的值为

常数。因此，得函数 Z 的中误差为

$$m_Z^2 = \left(\frac{\partial f}{\partial x_1}\right)^2 m_1^2 + \left(\frac{\partial f}{\partial x_2}\right)^2 m_2^2 + \cdots + \left(\frac{\partial f}{\partial x_n}\right)^2 m_n^2$$

事实上，线性函数的中误差关系式亦可通过求函数全微分的方法导出，因此线性函数可以认为是非线性函数的一种特殊形式。

【例 8-28】 如图 8-7 所示的悬臂梁，假定需要知道杆件端部的挠度。假设 E 和 I 沿梁长为定值。

【解】 x 处的弯矩为 $M_x = -\dfrac{wx^2}{2}$

于是

$$\frac{d^2 y}{dx^2} = \frac{1}{E}\left(-\frac{wx^2}{2}\right)$$

公式积分一次得到

$$\frac{dy}{dx} = \frac{1}{E}\left(-\frac{wx^3}{6} + C_1\right)$$

式中 C_1 是积分常数。它可以由边界条件——在 $x=L$ 处斜率 $\dfrac{dy}{dx}=0$ 来确定，可以求得 C_1

为 $\dfrac{wL^3}{6}$。这样

$$\frac{\mathrm{d}y}{\mathrm{d}x}=\frac{1}{EI}\left(-\frac{wx^3}{6}+\frac{wL^3}{6}\right)$$

它是梁在任意位置 x 处的斜率。再积分一次

$$y=\frac{1}{EI}\left(-\frac{wx^4}{24}+\frac{wL^3x}{6}+C_2\right)$$

式中 C_2 是第二个积分常数，它可以由边界条件——在 $x=L$ 处挠度 $y=0$ 来确定，可以求得 $C_2=-\dfrac{wL^4}{8}$。

$$y=\frac{1}{EI}\left(-\frac{wx^4}{24}+\frac{wL^3x}{6}-\frac{wL^4}{8}\right)$$

这就是此悬臂梁在局部荷载作用下挠曲的基本方程。最大挠度发生在 $x=0$ 处，即

$$y_{\max}=-\frac{wL^4}{8EI}$$

值得注意的是边界条件非常重要，必须仔细处理。

任意类型构件在任意荷载条件作用下的挠度可以用类似的方法确定。还应注意到，如果 E 和 I 沿梁长不为定值，它们必须表示为 x 的函数。

【例 8-29】 考虑图 8-7 所示梁，用 $EI\dfrac{\mathrm{d}^2y}{\mathrm{d}x^2}=M$ 求解支座处弯矩。

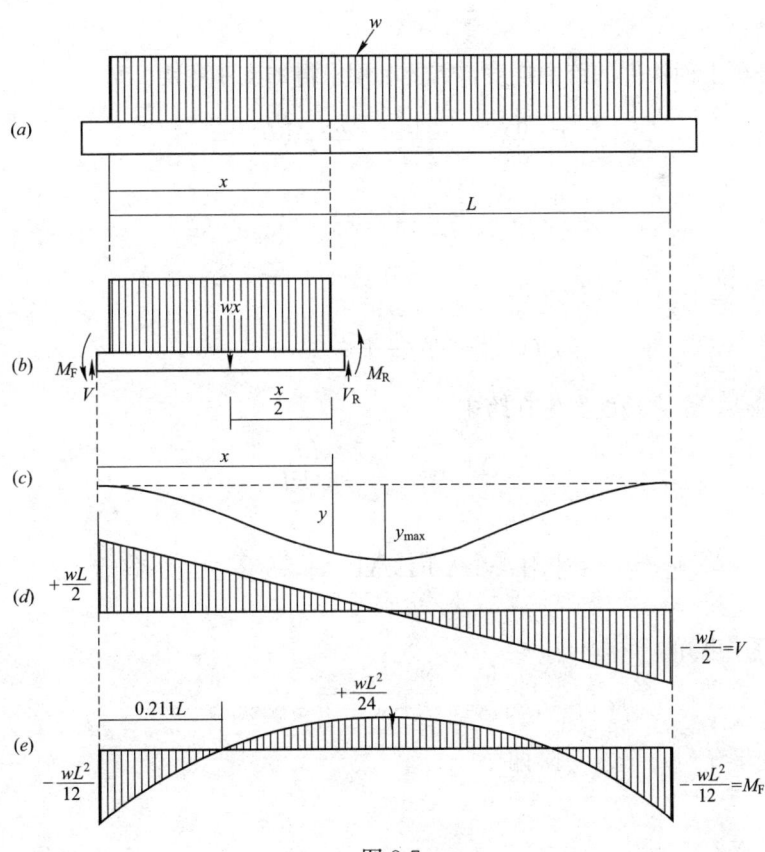

图 8-7

155

【解】 对于固端梁

$$EI\left(\frac{\mathrm{d}^2 y}{\mathrm{d}x^2}\right) = M^F + \frac{wLx}{2} - \frac{wx^2}{2}$$

对它积分得到

$$EI\left(\frac{\mathrm{d}y}{\mathrm{d}x}\right) = M^F x + \frac{wLx^2}{4} - \frac{wx^3}{6} + C_1$$

由于梁在支座处的斜率为水平方向，当 $x=0$ 时，$C_1=0$。同样有，当 $x=L$ 时 $\frac{\mathrm{d}y}{\mathrm{d}x}=0$，则

$$0 = M^F L + \frac{wL^3}{4} - \frac{wL^3}{6}$$

得到

$$M^F = -\frac{wL^2}{12}$$

这是支座处弯矩。利用这个弯矩并考虑静力平衡，则可求得梁中其他点的弯矩值；例如，跨中弯矩为 $M=\frac{wL^2}{24}$。值得注意的是，前面例题中梁的惯性矩为定值。如果 I 是变化的，则应将其表示为 x 的函数并包含在积分式中；这时得到的支座处弯矩不再是 $M^F = -\frac{wL^2}{12}$，而是其他值。这表明连续梁的弯矩与构件的属性变量相关。弹性模量的变量 E 也将影响最终结果。

如果要分析上面构件的跨中挠度，需要利用求得的支座弯矩。

$$EI\frac{\mathrm{d}y}{\mathrm{d}x} = -\frac{wL^2 x}{12} + \frac{wLx^2}{4} - \frac{wx^3}{6}$$

$$EIy = -\frac{wL^2 x^2}{24} + \frac{wLx^3}{12} - \frac{wx^4}{24} + C_2$$

由于 $x=0$ 处 $y=0$，则 $C_2=0$。

$$EIy = -\frac{wL^2 x^2}{24} + \frac{wLx^3}{12} - \frac{wx^4}{24}$$

利用对称性，最大挠度发生在跨中

$$\Delta = y_{\max} = -\frac{wL^4}{384EI}$$

第七节　利用 MATLAB 计算多元函数微分

【例 8-30】 已知

$$f(x, y, z) = \sqrt{x^2 + y^2 + z^2} + \cos(x^2 + z^2)$$

分别对变量 x、y、z 求一阶偏导。

```
≫clear
≫syms x y z
```

```
≫f=sqrt(x^2+y^2+z^2)+cos(x^2+z^2)
f=
   (x^2+y^2+z^2)^(1/2)+cos(x^2+z^2)
≫dfdx=diff(f, x)
dfdx=
   1/(x^2+y^2+z^2)^(1/2)*x-2sin(x^2+z^2)*x
≫dfdy=diff(f, y)
dfdy=
   1/(x^2+y^2+z^2)^(1/2)*y
≫dfdz=diff(f, z)
dfdz=
   1/(x^2+y^2+z^2)^(1/2)*z-2sin(x^2+z^2)*z
```

【例 8-31】 已知二元函数 $f(x, y)=(x^2-2x)e^{-x^2-y^2-xy}$，求 $\partial y/\partial x$。

分析：这是一个对隐函数 $f(x_1, x_2, x_3, \cdots, x_n)$ 自变量之间求偏导的例子，可以通过以下公式求出：

$$\frac{\partial x_i}{\partial x_j}=\frac{\dfrac{\partial}{\partial x_j}f(x_1, x_2, x_3, \cdots, x_n)}{\dfrac{\partial}{\partial x_i}f(x_1, x_2, x_3, \cdots, x_n)}$$

程序：

```
≫clear
≫syms x y
≫f=(x^2-2*x)*exp(-x^2-y^2-x*y)
f=
   (x^2-2*x)*exp(-x^2-y^2-x*y)
≫g= diff(f,x)/diff(f,y)
g=
   ((2*x-2)*exp(-x^2-y^2-x*y) + (x^2-2*x)*(-2*x-y)*exp(-x^2-y^2-x*y))/(x^2-2*x)/
(-2*y-x)/exp(-x^2-y^2-x*y)
≫simplify(g)                        %化简
ans=
   (-2*x+2+2*x^3+x^2*y-4*x^2-2*x*y)/x/(x-2)/(2*y+x)
```

习　　题

1. 求下列函数的定义域

(1) $z=\sqrt{y-x^2+1}$；

(2) $z=\dfrac{1}{\ln(x+y)}$；

(3) $z=\sqrt{y-x^2}+\arccos(x^2+y^2)$。

2. 求下列函数的偏导数

(1) $z=e^{\sin xy}$；

(2) $z=e^x\cos y$；

(3) $z=\ln\sqrt{x^2+y^2}$；

(4) $z=e^{\sin xy}$；

(5) $z = e^{x^2 - y^2} + x^2 y$；

(6) $z = xy\ln(x+y)$。

3. 下列函数的二阶偏导数

(1) $z = x^4 - 4x^2 y^2 + y^4$；

(2) $z = \sin^2(ax + by)$；

(3) $z = \arccos\sqrt{\dfrac{x}{y}}$；

(4) $z = 5x^2 + 6xy + 7y^3$。

4. 求下列函数的全微分

(1) $z = e^{x^2 y}$；

(2) $z = xy + \dfrac{x}{y}$；

(3) $z = \sqrt{x^2 + y^2}$；

(4) $z = \arcsin(xy)$。

5. 求复合函数的偏导数

(1) $z = (x + 3y)^x$，求 $\dfrac{\partial z}{\partial x}$、$\dfrac{\partial z}{\partial y}$。

(2) $z = f(u, v)$、$u = xy$、$v = \dfrac{x}{y}$，求 $\dfrac{\partial z}{\partial x}$、$\dfrac{\partial z}{\partial y}$。

(3) $z = \dfrac{x^2}{y}$，$x = s - 2t$、$y = 2s + t$，求 $\dfrac{\partial z}{\partial s}$、$\dfrac{\partial z}{\partial t}$。

(4) $y = e^{uv}$、$u = \ln\sqrt{x^2 + y^2}$、$v = \arctan\dfrac{y}{x}$，求 $\dfrac{\partial z}{\partial x}$、$\dfrac{\partial z}{\partial y}$。

6. 求隐函数的偏导数

(1) $\dfrac{x}{z} = \ln\dfrac{z}{y}$；

(2) $z^3 + 3xyz = 14$；

(3) $x^3 + y^3 + z^3 + xyz = 6$；

(4) $e^{xy} - \arctan z + xyz = 0$。

7. 证明题

(1) 设 $u = \dfrac{1}{\sqrt{x^2 + y^2 + z^2}}$，证明 $\dfrac{\partial^2 u}{\partial x^2} + \dfrac{\partial^2 u}{\partial y^2} + \dfrac{\partial^2 u}{\partial z^2} = 0$。

(2) 设 $2\sin(x + 2y - 3z) = x + 2y - 3z$，证明 $\dfrac{\partial z}{\partial x} + \dfrac{\partial z}{\partial y} = 1$。

第九章 二重积分、级数

第一节 重 积 分

与定积分类似，二重积分的概念也是从实践中抽象出来的，它是定积分的推广，其中的数学思想与定积分一样，也是一种"和式的极限"。所不同的是：定积分的被积函数是一元函数，积分范围是一个区间；而二重积分的被积函数是二元函数，积分范围是平面上的一个区域。它们之间存在着密切的联系，二重积分可以转化为定积分来计算。定积分是由计算曲边梯形的面积引入的，对于二重积分我们将由计算曲顶柱体的体积引入。

一、引例：曲顶柱体的体积

设有一立体，它的底是 xoy 面上的闭区域 D，它的侧面是以 D 的边界曲线为准线、母线平行于 z 轴的柱面，它的顶是曲面 $z=f(x,y)$，这里 $f(x,y)$ 在 D 上连续(如图 9-1)。这种立体叫做曲顶柱体。

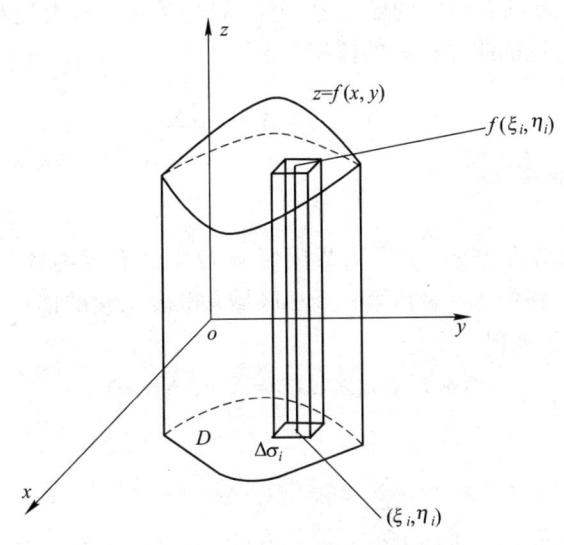

图 9-1 曲顶柱体及其体积的定义

现在我们来讨论如何定义并计算上述曲顶柱体的体积 V。平顶柱体的高是不变的，它的体积可以用公式

体积＝高×底面积

来定义和计算。关于曲顶柱体，当点 (x,y) 在区域 D 上变动时，高度 $f(x,y)$ 是个变量，因此它的体积不能直接用上式来定义和计算。但回忆第七章中求曲边梯形面积的问题就不难想到，那里所采用的解决办法，也可以用来解决目前的问题。

现在我们来讨论当 $z=f(x, y)\geqslant 0$ 时的曲顶柱体的体积，我们也使用"分割"、"求和"、"代替"、"取极限"的方法来求曲顶柱体的体积。

（1）首先，用 $(\Delta x_i, \Delta y_i)$ 把曲顶柱体的底——D，分成 n 个小闭区域 $\Delta\sigma_1$，$\Delta\sigma_2$，…，$\Delta\sigma_n$，分别以这些小闭区域的边界曲线为准线，作母线平行于 z 轴的柱面，这些柱面把原来的曲顶柱体分为 n 个小曲顶柱体。用 ΔV_i 表示以 $\Delta\sigma_i$ 为底的第 i 个小曲顶柱体的体积，V 表示原曲顶柱体的体积，则

$$V = \sum_{i=1}^{n}\Delta V_i$$

（2）当这些小闭区域 $\Delta\sigma_i(i=1, 2, …, n)$ 的直径很小时，由于 $f(x, y)$ 连续，对同一个小闭区域来说，$f(x, y)$ 变化很小，这时小曲顶柱体可近似看作平顶柱体。我们在每个 $\Delta\sigma_i(i=1, 2, …n)$ 任取一点 (x_i, y_i)，以 $f(x_i, y_i)$ 为高 $\Delta\sigma$ 为底的平顶柱体（如图 9-1 所示）的体积为 $f(x_i, y_i)\Delta\sigma_i(i=1, 2, …, n)$，可以近似的看作为小曲顶柱体的体积 ΔV_i，即

$$\Delta V_i \approx f(x_i, y_i)\Delta\sigma_i \quad (i=1, 2, …, n)$$

（3）求和

$$V_n = \sum_{i=1}^{n}f(x_i, y_i)\Delta\sigma$$

则 V_n 是 V 的一个近似值。

（4）令 n 个小闭区域的直径中的最大值（记作 λ）趋于零，取上述和的极限，所得的极限便自然地定义为所讨论的曲顶柱体的体积 V，即

$$V = \lim_{\lambda\to 0}\sum_{i=1}^{n}f(x_i, y_i)\Delta\sigma_i$$

二、 二重积分的基本概念

1. 二重积分的定义

定义 9.1 设二元函数 $f(x, y)$ 是有界闭区域 D 上的有界函数。将 D 任意分成 n 个小区域 $\Delta\sigma_1$，…，$\Delta\sigma_n$，其中 $\Delta\sigma_i$ 表示第 i 个小区域，也表示它的面积。在每个小区域 $\Delta\sigma_i$ 上任取一点 (x_i, y_i)，作乘积

$$f(x_i, y_i)\Delta\sigma_i \quad (i=1, 2, …, n)$$

并求和

$$\sum_{i=1}^{n}f(x_i, y_i)\Delta\sigma_i$$

如果当各小区域的直径中的最大值 λ 趋于零时，和式的极限存在，则称此极限值为函数 $f(x, y)$ 在区域 D 上的二重积分，记作

$$\iint\limits_{D}f(x, y)\mathrm{d}\sigma = \lim_{\lambda\to 0}\sum_{i=1}^{n}f(x_i, y_i)\Delta\sigma_i$$

其中 $f(x, y)$ 叫做被积函数，$f(x, y)\mathrm{d}\sigma$ 叫做被积表达式，$\mathrm{d}\sigma$ 叫做面积元素，x 与 y 叫做积分变量，D 叫做积分区域。

注：

（1）若 $f(x, y)$ 在有界区域 D 上连续，则 $f(x, y)$ 在 D 上的二重积分一定存在。

（2）因为二重积分的存在与对闭区域 D 的划分方式无关，所以可以用平行于 x 轴和 y 轴的直线划分区域 D，这样除了包含边界点的一些小闭区域外，其余的小闭区域都是矩形闭区域。设矩形闭区域 $\Delta\sigma_i$ 的边长为 Δx_i 和 Δy_i，则 $\Delta\sigma_i = \Delta x_i \Delta y_i$。因此在直角坐标系中，有时也把面积元素 $\mathrm{d}\sigma$ 记作 $\mathrm{d}x\mathrm{d}y$，$\mathrm{d}x\mathrm{d}y$ 叫做直角坐标系中的面积元素，而把二重积分记为

$$\iint\limits_{D} f(x,\ y)\mathrm{d}\sigma = \iint\limits_{D} f(x,\ y)\mathrm{d}x\mathrm{d}y$$

2. 二重积分的几何意义

由定义可知，如果 $f(x,\ y) \geqslant 0$，二重积分的数值就是以区域 D 为底，以 $f(x,\ y)$ 的图像为顶，母线平行于 z 轴的曲顶柱体的体积；当 $f(x,\ y) < 0$ 时，柱体位于 xy 平面的下方，这时二重积分的数值是以区域 D 为底、以 $f(x,\ y)$ 图像为顶的曲顶柱体的体积的相反数；如果 $f(x,\ y)$ 在某些部分上取正值，而在另一部分上取负值，那么二重积分的几何意义就是以 D 为底，以 $z = f(x,\ y)$ 为顶，母线平行于 z 轴的曲顶柱体在各个部分上的体积的代数和。

3. 二重积分的性质

比较定积分与二重积分的定义可以想到，二重积分与定积分有类似的性质，现叙述于下。

（1）$\displaystyle\iint\limits_{D} kf(x,\ y)\mathrm{d}\sigma = k\iint\limits_{D} f(x,\ y)\mathrm{d}\sigma$

（2）$\displaystyle\iint\limits_{D} [f(x,\ y) \pm g(x,\ y)]\mathrm{d}\sigma = \iint\limits_{D} f(x,\ y)\mathrm{d}\sigma \pm \iint\limits_{D} g(x,\ y)\mathrm{d}\sigma$

（3）（区域可加性）设区域 D 由 D_1、D_2 组成，且 D_1、D_2 除边界点外无其他交点，则有：

$$\iint\limits_{D} f(x,\ y)\mathrm{d}\sigma = \iint\limits_{D_1} f(x,\ y)\mathrm{d}\sigma + \iint\limits_{D_2} f(x,\ y)\mathrm{d}\sigma \quad (D = D_1 + D_2)$$

（4）（不等式）：若在区域 D 内有 $f(x,\ y) \geqslant g(x,\ y)$，则有：

$$\iint\limits_{D} f(x,\ y)\mathrm{d}\sigma \geqslant \iint\limits_{D} g(x,\ y)\mathrm{d}\sigma$$

特别地

$$\left| \iint\limits_{D} f(x,\ y)\mathrm{d}\sigma \right| \leqslant \iint\limits_{D} |f(x,\ y)|\mathrm{d}\sigma$$

（5）（介值性）设 m、M 分别是 $f(x,\ y)$ 在闭区域 D 上的最小值和最大值，则

$$m\sigma \leqslant \iint\limits_{D} f(x,\ y)\mathrm{d}\sigma \leqslant M\sigma \quad (\sigma \text{ 为表示区间 } D \text{ 的面积})$$

（6）（中值定理）若 $f(x,\ y)$ 在闭区域 D 上连续，则在 D 内至少存在一点 $(\xi,\ \eta)$，使得

$$\iint\limits_{D} f(x,\ y)\mathrm{d}\sigma = f(\xi,\ \eta) \cdot \sigma \quad (\sigma \text{ 为 } D \text{ 的面积})$$

（7）如果在 D 上 $f(x,\ y) = 1$，$(x,\ y) \in D$，则

$$\iint_D f(x, y)\mathrm{d}\sigma = \iint_D \mathrm{d}\sigma = \sigma \quad (\sigma \text{ 为 } D \text{ 的面积})$$

三、二重积分的计算

在实际应用时，用二重积分的定义和性质去计算二重积分是十分复杂和困难的，这里介绍一种实用的计算方法，此种方法主要是把二重积分的计算化成连续两次计算的定积分，即二次积分。

为了把二重积分化为二次积分，关键是如何把平面区域化为两个单重积分的上、下限。

若区域 D 是一个矩形，即

$$D: [a, b] \times [c, d]$$

则有

定理 9.1 设 $z = f(x, y)$ 在矩形区域 D：$[a, b] \times [c, d]$ 上可积，且对每个 $y \in [c, d]$，积分 $\int_a^b f(x)\mathrm{d}x$ 存在，则二次积分也存在，且

$$\iint_D f(x, y)\mathrm{d}\sigma = \int_c^d \mathrm{d}y \int_a^b f(x, y)\mathrm{d}x = \int_a^b \mathrm{d}x \int_c^d f(x, y)\mathrm{d}y$$

【例 9-1】 计算 $\iint_D (x+y)^2 \mathrm{d}\sigma$，其中 $D = [0, 1] \times [0, 1]$。

【解】 $\iint_D (x+y)^2 \mathrm{d}\sigma = \int_0^1 \mathrm{d}x \int_0^1 (x+y)^2 \mathrm{d}y = \int_0^1 \left[\frac{(x+1)^3}{3} - \frac{x^3}{3}\right]\mathrm{d}x = \frac{7}{6}$

下面我们来介绍两种一般区域：x 型区域和 y 型区域。

x 型区域（如图 9-2 所示）：$D = \{(x, y) \mid \varphi_1(x) \leqslant y \leqslant \varphi_2(x), a \leqslant x \leqslant b\}$

y 型区域（如图 9-3 所示）：$D = \{(x, y) \mid \varphi_1(y) \leqslant x \leqslant \varphi_2(y), c \leqslant y \leqslant d\}$

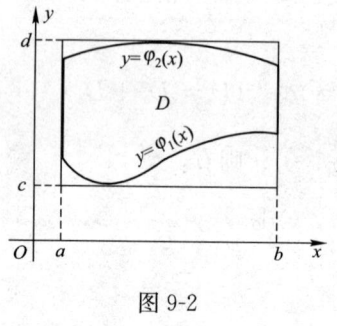

图 9-2

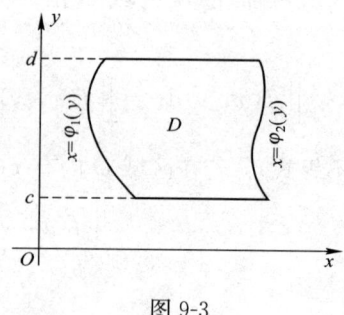

图 9-3

对于 x 型区域 D 为 $\{\varphi_1(x) \leqslant y \leqslant \varphi_2(x), a \leqslant x \leqslant b\}$，在区间 $[a, b]$ 上任意选定一点 x_0，过该点作垂直于 x 轴的平面 $x = x_0$，截曲顶柱体得一截面，此截面为一个以区间 $[\varphi_1(x_0), \varphi_2(x_0)]$ 为底，以曲线 $z = f(x_0, y)$ 为曲边的曲边梯形，（如图 9-4 所示），由定积分的几何意义可得截面积 $A(x_0) = \int_{\varphi_1(x_0)}^{\varphi_2(x_0)} f(x_0, y)\mathrm{d}y$。因为 x_0 是 a 与 b 之间的任意点，所以把 x_0 记为 x，可得在 x 处的截面面积为

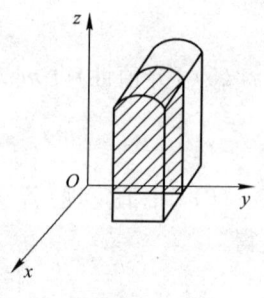

图 9-4

$$A(x) = \int_{\varphi_1(x)}^{\varphi_2(x)} f(x, y)\mathrm{d}y \quad (a \leqslant x \leqslant b)$$

由已知平行截面面积计算体积的公式可得曲顶柱体的体积为

$$V = \int_a^b \left[\int_{\varphi_1(x)}^{\varphi_2(x)} f(x, y)\mathrm{d}y \right]\mathrm{d}x$$

即有

$$\iint\limits_D f(x, y)\mathrm{d}\sigma = \int_a^b \mathrm{d}x \int_{\varphi_1(x)}^{\varphi_2(x)} f(x, y)\mathrm{d}y$$

上式表明,计算二重积分时,可化为先对 y、再对 x 的二次积分来计算。先对 y 积分时把 x 看作常量, $f(x, y)$ 只看作 y 的函数,并对 y 计算从 $\varphi_1(x)$ 到 $\varphi_2(x)$ 的定积分,然后把计算结果(关于 x 的函数)再对 x 计算从 a 到 b 的定积分。从而得到把二重积分化为先对 y、再对 x 的二次积分。

类似地有:若函数 $f(x, y)$ 在 y 型区域 $D = \{(x, y) \mid \varphi_1(y) \leqslant x \leqslant \varphi_2(y), c \leqslant y \leqslant d\}$ 上连续,其中 $\varphi_1(x)$、$\varphi_2(x)$ 在 $[c, d]$ 上连续,即二重积分可化为先对 x、后对 y 的二次积分。则

$$\iint\limits_D f(x, y)\mathrm{d}\sigma = \int_c^d \mathrm{d}y \int_{\varphi_2(y)}^{\varphi_1(y)} f(x, y)\mathrm{d}x$$

一般区域:分割为若干个无公共内点的 x 型区域或 y 型区域的并集。

【**例 9-2**】 计算二重积分 $\iint\limits_D \left(4 - \dfrac{x}{2} - y\right)\mathrm{d}x\mathrm{d}y$,其中 D 为矩形区域, D: $-2 \leqslant x \leqslant 2$, $-1 \leqslant y \leqslant 1$。

【**解**】 由 x, y 在 D 上的变化范围可得

$$\iint\limits_D \left(4 - \frac{x}{2} - y\right)\mathrm{d}x\mathrm{d}y = \int_{-2}^2 \mathrm{d}x \int_{-1}^1 \left(4 - \frac{x}{2} - y\right)\mathrm{d}y$$

$$= \int_{-2}^2 \left[4y - \frac{1}{2}xy - \frac{1}{2}y^2\right]_{-1}^1 \mathrm{d}x = \int_{-2}^2 (8 - x)\mathrm{d}x = 32$$

【**例 9-3**】 设 D 是由直线 $x = 0$、 $y = 1$ 及 $y = x$ 围成的区域,试计算: $I = \iint\limits_D x^2 e^{-y^2}\mathrm{d}\sigma$ 的值。

【**解**】 画出积分区域 D(如图 9-5 所示),可表示为 $x \leqslant y \leqslant 1$, $0 \leqslant x \leqslant 1$,则重积分可化为先对 y、后对 x 的二次积分

$$I = \iint\limits_D x^2 e^{-y^2}\mathrm{d}\sigma = \int_0^2 \mathrm{d}x \int_x^1 x^2 e^{-y^2}\mathrm{d}y \qquad (1)$$

也可化为

$$I = \iint\limits_D x^2 e^{-y^2}\mathrm{d}\sigma = \int_0^1 \mathrm{d}y \int_0^y x^2 e^{-y^2}\mathrm{d}x \qquad (2)$$

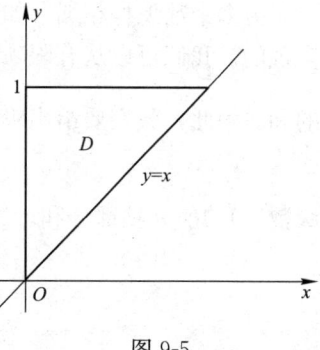

图 9-5

比较(1)和(2)可知(2)式的计算简单。

$$I = \iint\limits_D x^2 e^{-y^2}\mathrm{d}\sigma = \int_0^1 \mathrm{d}y \int_0^y x^2 e^{-y^2}\mathrm{d}x = \frac{1}{3}\int_0^1 y^3 e^{-y^2}\mathrm{d}y = \frac{1}{6} - \frac{1}{3e}$$

可以看出选择积分次序是否恰当将直接影响计算的难易程度，计算时恰当地选择积分次序将使运算简便。

【例 9-4】 计算二重积分 $\iint\limits_{D}\mathrm{d}\sigma$，其中 D 是由直线 $y=2x$，$x=2y$ 及 $x+y=3$ 围成的三角形区域。

【解】 画出积分区域 D(如图 9-6 所示)，于是

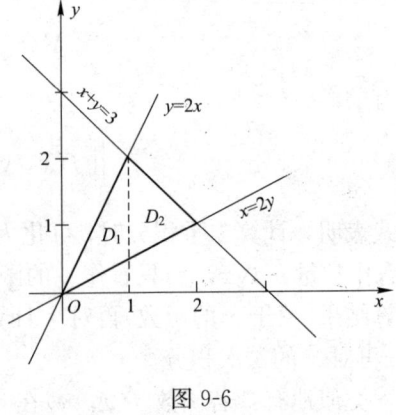

$$\iint\limits_{D}\mathrm{d}\sigma = \iint\limits_{D_1}\mathrm{d}\sigma + \iint\limits_{D_2}\mathrm{d}\sigma = \int_0^1\mathrm{d}x\int_{\frac{x}{2}}^{2x}\mathrm{d}y + \int_1^2\mathrm{d}x\int_{\frac{x}{2}}^{3-x}\mathrm{d}y$$

$$= \int_0^1\left(2x-\frac{x}{2}\right)\mathrm{d}x + \int_1^2\left(3-x-\frac{x}{2}\right)\mathrm{d}x$$

$$= \frac{3}{4}x^2\Big|_0^1 + \left(3x-\frac{3}{4}x^2\right)\Big|_1^2 = \frac{3}{2}$$

图 9-6

第二节　常数项级数的概念和性质

一、常数项级数的概念

定义 9.2 设给定一个数列

$$u_1, u_2, \cdots, u_n, \cdots$$

则把它的各项依次相加所构成的式子

$$u_1+u_2+\cdots+u_n+\cdots \tag{1}$$

称为常数项无穷级数，简称级数，记为 $\sum\limits_{n=1}^{\infty}u_n$，即

$$\sum_{n=1}^{\infty}u_n = u_1+u_2+\cdots+u_n+\cdots$$

其中第 n 项 u_n 称为该级数的一般项或通项。

无穷多个数怎样相加？如果按照通常的办法，从头到尾一个不漏地相加，这是永远无法实现的。我们可以从有限项的和出发，观察它们的变化趋势，由此来研究无穷多个数相加的和。为此，我们要给出级数 $\sum\limits_{n=1}^{\infty}u_n$ 的前 n 项和的定义：

$$s_n = u_1+u_2+\cdots+u_n$$

为级数(1)的前 n 项部分和。当 n 依次取 1，2，3，…时，它们构成一个新的数列

$$s_1 = u_1$$
$$s_2 = u_1+u_2$$
$$s_3 = u_1+u_2+u_3$$
$$\cdots\cdots\cdots$$
$$s_n = \sum_{i=1}^{n}u_i$$
$$\cdots\cdots\cdots$$

称为级数(1)的部分和数列。

如果当 $n\to+\infty$ 时，部分和数列 $\{s_n\}$ 有极限 s，即

$$\lim_{n \to \infty} s_n = s$$

则称级数 $\sum_{n=1}^{\infty} u_n$ 收敛，极限 s 称为级数 $\sum_{n=1}^{\infty} u_n$ 的和，即

$$s = \sum_{i=1}^{\infty} u_i = u_1 + u_2 + \cdots + u_n + \cdots$$

如果 $\{s_n\}$ 没有极限，则称级数 $\sum_{n=1}^{\infty} u_n$ 发散，发散的级数无和。

当级数 $\sum_{n=1}^{\infty} u_n$ 收敛时，其和与部分和的差

$$r_n = s - s_n = u_{n+1} + u_{n+2} + \cdots$$

称为级数 $\sum_{n=1}^{\infty} u_n$ 的余项。易知，如果级数 $\sum_{n=1}^{\infty} u_n$ 收敛，则 $\lim_{n \to \infty} r_n = 0$。

【例 9-5】 讨论等比级数（又称几何级数）

$$\sum_{n=1}^{\infty} aq^{n-1} = a + aq + aq^2 + \cdots + aq^n + \cdots \text{ 的敛散性。}$$

其中 $a \neq 0$，q 是公比。

【解】 （1）当 $|q| \neq 1$ 时，几何级数的部分和 s_n 是

$$s_n = a + aq + aq^2 + \cdots + aq^{n-1} = \frac{a - aq^n}{1-q}$$

1）当 $|q| < 1$ 时，极限 $\lim_{n \to \infty} s_n = \lim_{n \to \infty} \frac{a - aq^n}{1-q} = \frac{a}{1-q}$

因此，当 $|q| < 1$ 时几何级数收敛，其和是 $\frac{a}{1-q}$，即 $\sum_{n=1}^{\infty} aq^{n-1} = \frac{a}{1-q}$。

2）当 $|q| > 1$ 时，极限 $\lim_{n \to \infty} s_n = \frac{a - aq^n}{1-q} = \infty$

因此，当 $|q| > 1$ 时，几何级数发散。

（2）当 $|q| = 1$ 时

1）$q = 1$ 时，几何级数是 $a + a + a + \cdots + a + \cdots$，$s_n = a + a + a + \cdots + a = na$

$$\lim_{n \to \infty} s_n = \lim_{n \to \infty} na = \infty \quad (a \neq 0)$$

即部分和数列 $\{s_n\}$ 发散。

2）当 $q = -1$ 时，几何级数是 $a - a + a - a + \cdots + (-1)^{n-1}a + \cdots$
所以

$$s_n = \begin{cases} 0, & n \text{ 为偶数} \\ a, & n \text{ 为奇数} \end{cases}$$

因为 $a \neq 0$，极限不存在，即部分和数列 $\{s_n\}$ 发散，级数发散。

由此，等比级数 $\sum_{n=1}^{\infty} aq^{n-1}$ 有下列结论：

（1）当 $|q| < 1$ 时，几何级数收敛。

（2）当 $|q| \geqslant 1$ 时，几何级数发散。

【例 9-6】 （1）讨论级数 $\sum_{n=1}^{\infty} \frac{1}{3^n} = \frac{1}{3} + \frac{1}{3^2} + \cdots + \frac{1}{3^n} + \cdots$ 的敛散性。

（2）讨论级数 $\sum\limits_{n=1}^{\infty} 3^{n-1} = 1+3+9+\cdots+3^{n-1}+\cdots$ 的敛散性。

【解】 （1）级数 $\sum\limits_{n=1}^{\infty} \dfrac{1}{3^n}$ 是公比 $q=\dfrac{1}{3}$ 的几何级数，因 $|q|<1$，所以，由上述结论知该级数收敛，其和

$$s = \frac{a}{1-q} = \frac{\dfrac{1}{3}}{1-\dfrac{1}{3}} = \frac{1}{2}$$

（2）级数 $\sum\limits_{n=1}^{\infty} 3^{n-1}$ 是公比 $q=3$ 的几何级数，因 $|q|>1$，所以，由上述结论知该级数发散。

【例 9-7】 讨论级数 $\sum\limits_{n=1}^{\infty} n$ 的敛散性。

【解】 因为 $s_n = 1+2+3+\cdots+n = \dfrac{n(n+1)}{2}$ 且

$$\lim_{n\to\infty} s_n = \lim_{n\to\infty} \frac{n(n+1)}{2} = \infty$$

所以级数 $\sum\limits_{n=1}^{\infty} n$ 发散。

【例 9-8】 判定级数 $\sum\limits_{n=1}^{\infty} \dfrac{1}{(n+1)(n+2)}$ 的敛散性。

【解】 由于 $u_n = \dfrac{1}{(n+1)(n+2)} = \dfrac{1}{n+1} - \dfrac{1}{n+2}$

于是

$$s_n = \frac{1}{2\cdot 3} + \frac{1}{3\cdot 4} + \cdots + \frac{1}{(n+1)(n+2)}$$

$$= \left(\frac{1}{2}-\frac{1}{3}\right) + \left(\frac{1}{3}-\frac{1}{4}\right) + \cdots + \left(\frac{1}{n+1}-\frac{1}{n+2}\right)$$

$$= \frac{1}{2} - \frac{1}{n+2}$$

因此

$$\lim_{n\to\infty} s_n = \lim_{n\to\infty}\left(\frac{1}{2}-\frac{1}{n+2}\right) = \frac{1}{2}$$

从而级数收敛，且其和为 $\dfrac{1}{2}$。

二、无穷级数的性质

根据级数收敛与发散的概念，可以推出级数的下列基本性质。

性质 1 若级数 $\sum\limits_{n=1}^{\infty} u_n$ 收敛于和 s，k 为一个常数，则级数 $\sum\limits_{n=1}^{\infty} ku_n$ 收敛于和 ks；若级数 $\sum\limits_{n=1}^{\infty} u_n$ 发散，则级数 $\sum\limits_{n=1}^{\infty} ku_n$ 也发散。

性质 2 设有两个收敛级数

$$\sum_{n=1}^{\infty} u_n = w, \quad \sum_{n=1}^{\infty} v_n = v,$$

则级数 $\sum_{n=1}^{\infty}(u_n \pm v_n)$ 也收敛,且其和为 $w \pm v$。

【例 9-9】 判定级数 $\sum_{n=1}^{\infty}\left[\left(\dfrac{1}{3}\right)^n + \dfrac{1}{(n+1)(n+2)}\right]$ 的敛散性。

【解】 由例 9-6、例 9-8 知,级数 $\sum_{n=1}^{\infty}\left(\dfrac{1}{3}\right)^n$ 与 $\sum_{n=1}^{\infty}\dfrac{1}{(n+1)(n+2)}$ 均收敛,据性质 2 知,所给级数收敛,$\sum_{n=1}^{\infty}\left[\left(\dfrac{1}{3}\right)^n + \dfrac{1}{(n+1)(n+2)}\right] = \dfrac{1}{2} + \dfrac{1}{2} = 1$。

性质 3 在级数中去掉、增加或改变有限项,不会改变级数的敛散性。如果级数是收敛的,一般来说,级数的和是要改变的。

性质 4(级数收敛的必要条件) 设级数

$$u_1 + u_2 + \cdots + u_n + \cdots$$

收敛,则必有

$$\lim_{n \to \infty} u_n = 0$$

注意:$u_n \to 0 (n \to \infty)$,此条件是级数收敛的必要条件,不充分,因此不能作为判定收敛的依据。

$$\lim_{n \to \infty} u_n \neq 0$$

可以直接说明级数发散。

【例 9-10】 讨论 $\sum_{n=1}^{\infty}\dfrac{n}{100n+1}$ 的敛散性。

【解】 因为 $\lim_{n \to \infty} u_n = \lim_{n \to \infty}\dfrac{n}{100n+1} = \dfrac{1}{100} \neq 0$,则级数 $\sum_{n=1}^{\infty}\dfrac{n}{100n+1}$ 发散。

注意:若 $\lim_{n \to \infty} u_n \neq 0$,可以直接说明级数发散。

【例 9-11】 级数

$$\sum_{n=1}^{\infty}\frac{1}{n} = 1 + \frac{1}{2} + \frac{1}{3} + \cdots + \frac{1}{n} + \cdots$$

称为调和级数,证明此级数发散。

【证明】 用反证法,设级数的和为 s,则有

$$\lim_{n \to \infty}(s_{2n} - s_n) = s - s = 0$$

然而

$$s_{2n} - s_n = \frac{1}{n+1} + \frac{1}{n+2} + \cdots + \frac{1}{2n}$$

$$> \frac{1}{2n} + \frac{1}{2n} + \cdots + \frac{1}{2n} = \frac{1}{2}$$

此与 $\lim_{n \to \infty}(s_{2n} - s_n) = 0$ 矛盾,故调和级数 $\sum_{n=1}^{\infty}\dfrac{1}{n}$ 发散。

从此可以看出,虽然 $\lim_{n \to \infty} u_n = \lim_{n \to \infty}\dfrac{1}{n} = 0$,调和级数却是发散的。

【例 9-12】 判定级数 $\sum\limits_{n=1}^{\infty} \dfrac{4n-5}{2n-7}$ 的敛散性。

【解】 因为 $\lim\limits_{n\to\infty} u_n = \lim\limits_{n\to\infty} \dfrac{4n-5}{2n-7} = 2 \neq 0$，所以此级数发散。

【例 9-13】 判定级数 $\sum\limits_{n=1}^{\infty} \dfrac{1}{(2n-1)(2n+1)}$ 的敛散性。

【解】 由于级数前 n 项部分的和为

$$
\begin{aligned}
s_n &= \frac{1}{1 \cdot 3} + \frac{1}{3 \cdot 5} + \frac{1}{5 \cdot 7} + \cdots + \frac{1}{(2n-1)(2n+1)} \\
&= \frac{1}{2}\left[\left(1 - \frac{1}{3}\right) + \left(\frac{1}{3} - \frac{1}{5}\right) + \cdots + \left(\frac{1}{2n-1} - \frac{1}{2n+1}\right)\right] \\
&= \frac{1}{2}\left(1 - \frac{1}{2n+1}\right)
\end{aligned}
$$

所以 $\lim\limits_{n\to\infty} s_n = \lim\limits_{n\to\infty} \dfrac{1}{2}\left(1 - \dfrac{1}{2n+1}\right) = \dfrac{1}{2}$，即级数收敛，其和为 $\dfrac{1}{2}$。

第三节　正项级数及其审敛法

正项级数是数项级数中比较简单、但是又很重要的一种级数。

定义 9.3 若级数 $\sum\limits_{n=1}^{\infty} u_n$ 中的各项都是非负的，即 $u_n \geqslant 0 (n=1, 2, 3, \cdots)$，则称级数 $\sum\limits_{n=1}^{\infty} u_n$ 为正项级数。

其他级数的敛散性可归结为正项级数的敛散性问题，因此，正项级数的敛散性判定就显得十分重要。

判断正项级数的敛散性可以依据下面三个定理。

一、基本定理

设级数

$$
\sum_{n=1}^{\infty} u_n = u_1 + u_2 + u_3 + \cdots + u_n + \cdots \tag{1}
$$

是一个正项级数，它的部分和数列

$$s_1 = u_1, \ s_2 = u_1 + u_2, \ s_3 = u_1 + u_2 + u_3, \ \cdots, \ s_n = u_1 + u_2 + \cdots + u_n, \ \cdots$$

是单调增加的，即 $\quad s_1 \leqslant s_2 \leqslant s_3 \leqslant \cdots \leqslant s_n \leqslant \cdots$

根据单调有界数列必有极限的准则，我们可以得到判定正项级数敛散性的一个基本定理。

定理 9.2 正项级数收敛的充要条件是：部分和数列 $\{s_n\}$ 有上界。

由定理 9.2 可知若正项级数 $\sum\limits_{n=1}^{\infty} u_n$ 发散，则有 $\lim\limits_{n\to\infty} s_n = \sum\limits_{n=1}^{\infty} u_n = \infty$。

根据基本定理判断正项级数敛散性，往往不大方便，但由定理可以得到常用的正项级数的审敛法。

二、基本审敛法

1. 比较审敛法

定理 9.3 给定两个正项级数 $\sum\limits_{n=1}^{\infty} u_n$、$\sum\limits_{n=1}^{\infty} v_n$

（1）若 $u_n \leqslant v_n (n=1, 2, \cdots)$，而 $\sum\limits_{n=1}^{\infty} v_n$ 收敛，则 $\sum\limits_{n=1}^{\infty} u_n$ 亦收敛；

（2）若 $u_n \leqslant v_n (n=1, 2, \cdots)$，而 $\sum\limits_{n=1}^{\infty} u_n$ 发散，则 $\sum\limits_{n=1}^{\infty} v_n$ 亦发散。

证明略。

应用比较审敛法作题时，往往要找到一个已知敛散性的比较级数，经常作为比较级数的是 P—级数。

【例 9-14】 讨论 P—级数

$$\sum_{n=1}^{\infty} \frac{1}{n^p} = 1 + \frac{1}{2^p} + \frac{1}{3^p} + \cdots + \frac{1}{n^p} + \cdots \quad (p > 0)$$

的敛散性。

【解】 （1）当 $p=1$ 时，$\sum\limits_{n=1}^{\infty} \frac{1}{n_p} = \sum\limits_{n=1}^{\infty} \frac{1}{n}$ 为调和级数，发散。

（2）当 $0 < p < 1$ 时，$\frac{1}{n^p} \geqslant \frac{1}{n}$，由第一比较审敛法知，级数发散。

（3）当 $p > 1$ 时，

$$\sum_{n=1}^{\infty} \frac{1}{n^p} = 1 + \left(\frac{1}{2^p} + \frac{1}{3^p}\right) + \left(\frac{1}{4^p} + \frac{1}{5^p} + \frac{1}{6^p} + \frac{1}{7^p}\right) + \cdots \leqslant 1 + \left(\frac{1}{2^p} + \frac{1}{2^p}\right)$$

$$+ \left(\frac{1}{4^p} + \frac{1}{4^p} + \frac{1}{4^p} + \frac{1}{4^p}\right) + \cdots = \sum_{n=1}^{\infty} \left(\frac{1}{2^{p-1}}\right)^{n-1}$$

因级数 $\sum\limits_{n=1}^{\infty} \left(\frac{1}{2^{p-1}}\right)^{n-1}$ 为公比为 $q = \frac{1}{2^{p-1}} < 1$ 的等比级数，收敛，故已知级数也收敛。

综上所述，P—级数 $\sum\limits_{n=1}^{\infty} \frac{1}{n^p} (p > 0)$，

$$\begin{cases} p \text{ 级数收敛，} & p > 1 \\ p \text{ 级数发散，} & p \leqslant 1 \end{cases}$$

例如：正项级数 $\sum\limits_{n=1}^{\infty} \frac{1}{n^2}$，$\sum\limits_{n=1}^{\infty} \frac{1}{n\sqrt{n}}$ 收敛；$\sum\limits_{n=1}^{\infty} \frac{1}{n}$，$\sum\limits_{n=1}^{\infty} \frac{1}{\sqrt[3]{n^2}}$ 发散。

利用 P—级数还可以得到更一般的规律，如果正项级数的通项 u_n 是分式，而其分母、分子是 n 次多项式（常数是零次多项式）或无理式时，只要分母的最高次数高出分子最高次数一次以上（不包括一次），则该正项级数收敛，否则发散。

【例 9-15】 判定以下级数的敛散性

（1）$\sum\limits_{n=1}^{\infty} \frac{2n}{(5n-7)(6n+3)}$；　　　　　　（2）$\sum\limits_{n=1}^{\infty} \frac{2}{n\sqrt{2n+6}}$；

(3) $\sum\limits_{n=1}^{\infty}(\sqrt{n^4+1}-\sqrt{n^4-1})$。

【解】 (1) 因为通项的分母中，n 的最高次数为 2 次，分子的次数为 1 次，分母次数比分子次数高 1 次，故该级数发散。

(2) 因为通项的分母中，n 的最高次数为 $\dfrac{3}{2}$ 次，分子的次数为 0 次，分母次数比分子次数高 $\dfrac{3}{2}$ 次，故该级数收敛。

(3) 因为通项为 $\dfrac{2}{\sqrt{n^4+1}+\sqrt{n^4-1}}$，其中分母中 n 的最高次数为 2 次，分子的次数为 0 次，分母次数比分子次数高 2 次，故该级数收敛。

2. 达朗贝尔比值审敛法

定理9.4 对于正项级数 $\sum\limits_{n=1}^{\infty}u_n$，如果极限

$$\lim_{n\to\infty}\frac{u_{n+1}}{u_n}=\rho$$

则(1) 当 $\rho<1$ 时，级数收敛；

(2) 当 $\rho>1$（也包括 $\rho=+\infty$）时，级数发散；

(3) 当 $\rho=1$ 时，级数的敛散性不详。

证明略。

达朗贝尔比值审敛法一般用于正项级数通项中出现 a^n，$n!$ 等形式时。

【例 9-16】 试证明正项级数的敛散性

(1) $\sum\limits_{n=1}^{\infty}\dfrac{1}{(n-1)!}$；　　　　(2) $\sum\limits_{n=1}^{\infty}\dfrac{n}{2^n}$；　　　　(3) $\sum\limits_{n=1}^{\infty}\dfrac{n^n}{n!}$。

【解】 (1) 根据达朗贝尔比值审敛法

$$\rho=\lim_{n\to\infty}\frac{u_{n+1}}{u_n}=\lim_{n\to\infty}\frac{(n-1)!}{n!}=\lim_{n\to\infty}\frac{1}{n}=0<1$$

所以该正项级数收敛。

(2) 根据达朗贝尔比值审敛法

$$\rho=\lim_{n\to\infty}\frac{u_{n+1}}{u_n}=\lim_{n\to\infty}\left(\frac{n+1}{2^{n+1}}\Big/\frac{n}{2^n}\right)=\frac{1}{2}<1$$

所以该正项级数收敛。

(3) 根据达朗贝尔比值审敛法

$$\rho=\lim_{n\to\infty}\frac{u_{n+1}}{u_n}=\lim_{n\to\infty}\left[\frac{(n+1)^{n+1}}{(n+1)!}\Big/\frac{n^n}{n!}\right]=\lim_{n\to\infty}\left(1+\frac{1}{n}\right)^n=e>1$$

所以该正项级数发散。

【例 9-17】 判别正项级数 $\sum\limits_{n=1}^{\infty}\dfrac{x^n}{n}$ 的敛散性。

【解】 根据达朗贝尔比值审敛法

170

$$\rho = \lim_{n \to \infty} \frac{u_{n+1}}{u_n} = \lim_{n \to \infty} \frac{\dfrac{x^{n+1}}{n+1}}{\dfrac{x^n}{n}} = \lim_{n \to \infty} \frac{nx}{n+1} = x$$

所以，当 $0 < x < 1$ 时收敛，当 $x \geq 1$ 时发散（$x = 1$ 时级数为调和级数）。

第四节 任意项级数及其审敛法

上节我们讨论了关于正项级数敛散性的判别法，本节我们要进一步讨论关于任意常数项级数敛散性的判别法，这里所谓"任意常数项级数"是指级数的各项可以是正数、负数或零。先来讨论一种特殊的级数——交错级数，然后再讨论一般常数项级数。

一、交错级数

定义 9.4 正、负项相间的级数，称为交错级数，可以写成下面的形式

$$\sum_{n=1}^{\infty} (-1)^{n-1} u_n = u_1 - u_2 + u_3 - u_4 + \cdots + (-1)^{n-1} u_n \cdots$$

其中，$u_n > 0 (n = 1, 2, \cdots)$。

对于交错级数我们有专门判定其审敛的方法。

定理 9.5（交错级数审敛法） 如果交错级 $\displaystyle\sum_{n=1}^{\infty} (-1)^{n-1} u_n = u_1 - u_2 + u_3 - u_4 + \cdots + (-1)^{n-1} u_n \cdots$ 满足条件

(1) $u_n \geq u_{n+1} (n = 1, 2, \cdots)$

(2) $\lim_{n \to \infty} u_n = 0$

则交错级数 $\displaystyle\sum_{n=1}^{\infty} (-1)^{n-1} u_n$ 收敛，且收敛和 $s \leq u_1$。

此定理也称为莱布尼兹审敛法。证明略。

【例 9-18】 试证明交错级数

$$\sum_{n=1}^{\infty} (-1)^{n-1} \frac{1}{n} = 1 - \frac{1}{2} + \frac{1}{3} - \frac{1}{4} + \cdots + (-1)^{n-1} \frac{1}{n} + \cdots$$

是收敛的。

【证明】 根据交错级数审敛法

(1) $u_n = \dfrac{1}{n} > \dfrac{1}{n+1} = u_{n+1}$

(2) $\lim_{n \to \infty} u_n = \lim_{n \to \infty} \dfrac{1}{n} = 0$

故此交错级数收敛，并且和 $s < 1$。

【例 9-19】 试判断交错级数 $\displaystyle\sum_{n=1}^{\infty} (-1)^{n-1} \frac{2n+1}{3^n}$ 的敛散性。

【解】 因为 $u_n = \dfrac{2n+1}{3^n}$，$u_{n+1} = \dfrac{2(n+1)+1}{3^{n+1}} = \dfrac{2n+3}{3^{n+1}}$

根据交错级数审敛法

（1）$u_n - u_{n+1} = \dfrac{2n+1}{3^n} - \dfrac{2n+3}{3^{n+1}} = \dfrac{4n}{3^{n+1}} \geqslant 0$ 即 $u_n \geqslant u_{n+1}(n=1,\ 2,\ \cdots)$

（2）$\lim\limits_{n \to \infty} u_n = \lim\limits_{n \to \infty} \dfrac{2n+1}{3^n} = \lim\limits_{n \to \infty} \dfrac{2}{3^n \ln 3} = 0$

所以此交错级数收敛。

二、任意项级数的敛散性

要判断任意项级数的敛散性是一件较为复杂的事情，实际上针对正项级数的敛散性判别法的有效范围还可以扩大，也就是说，还可以应用于判断更多的级数是否收敛。这是通过引入绝对收敛的概念而得到的。

定义 9.5　如果任意项级数 $\sum\limits_{n=1}^{\infty} u_n$ 的各项绝对值所构成的正项级数 $\sum\limits_{n=1}^{\infty} |u_n|$ 收敛，则称级数 $\sum\limits_{n=1}^{\infty} u_n$ 绝对收敛。

容易知道，级数 $\sum\limits_{n=1}^{\infty} (-1)^{n-1} \dfrac{1}{n^2}$ 是绝对收敛级数。

定理 9.6　如果级数 $\sum\limits_{n=1}^{\infty} u_n$ 绝对收敛，则级数 $\sum\limits_{n=1}^{\infty} u_n$ 必定收敛。

证明略。

定理将任意项级数的敛散性判定转化成对正项级数的敛散性判定，使任意项级数的收敛性的判定法更为简便。

【例 9-20】　试判定级数 $\sum\limits_{n=1}^{\infty} (-1)^{\frac{n(n-1)}{2}} \dfrac{6n-7}{3n^3+6n}$ 的敛散性。

【解】　考察级数

$$\sum_{n=1}^{\infty} \left| (-1)^{\frac{n(n-1)}{2}} \dfrac{6n-7}{3n^3+6n} \right| = \sum_{n=1}^{\infty} \dfrac{6n-7}{3n^3+6n}$$

利用正项级数的比较审敛法，不难判定级数 $\sum\limits_{n=1}^{\infty} \dfrac{6n-7}{3n^3+6n}$ 是收敛的，即任意项级数 $\sum\limits_{n=1}^{\infty} (-1)^{\frac{n(n-1)}{2}} \dfrac{6n-7}{3n^3+6n}$ 绝对收敛，根据定理 9.6 可知该级数收敛。

但是如果级数 $\sum\limits_{n=1}^{\infty} |u_n|$ 发散，任意项级数 $\sum\limits_{n=1}^{\infty} u_n$ 未必发散。

定义 9.6　若级数 $\sum\limits_{n=1}^{\infty} |u_n|$ 发散，但级数 $\sum\limits_{n=1}^{\infty} u_n$ 收敛，则称级数 $\sum\limits_{n=1}^{\infty} u_n$ 条件收敛。

例如：交错级数 $\sum\limits_{n=1}^{\infty} (-1)^{n-1} \dfrac{1}{n}$ 根据例 9-18 知是收敛的，而级数 $\sum\limits_{n=1}^{\infty} \dfrac{1}{n}$ 为调和级数是发散的，所以级数 $\sum\limits_{n=1}^{\infty} (-1)^{n-1} \dfrac{1}{n}$ 是条件收敛的。

【例 9-21】　讨论级数 $\sum\limits_{n=1}^{\infty} \dfrac{(-1)^{n-1}}{\sqrt{n}}$ 的敛散性，如果收敛，指出是绝对收敛还是条件收敛？

【解】　因 $u_n = \dfrac{(-1)^{n-1}}{\sqrt{n}}$，于是 $|u_n| = \dfrac{1}{\sqrt{n}}$，此时级数 $\displaystyle\sum_{n=1}^{\infty}|u_n| = \sum_{n=1}^{\infty}\dfrac{1}{\sqrt{n}}$ 是 $p = \dfrac{1}{2} < 1$ 的

p—级数，发散。

又原级数 $\displaystyle\sum_{n=1}^{\infty}\dfrac{(-1)^{n-1}}{\sqrt{n}}$ 是一个交错级数，易知 $\displaystyle\lim_{n\to\infty}\dfrac{1}{\sqrt{n}} = 0$ 且 $u_n = \dfrac{1}{\sqrt{n}} > \dfrac{1}{\sqrt{n+1}} = u_{n+1}$，满

足莱布尼兹审敛法的条件，所以级数收敛，且为条件收敛。

第五节　幂级数及其收敛法

一、幂级数

定义 9.7　形如

$$\sum_{n=0}^{\infty}a_n(x-x_0)^n = a_0 + a_1(x-x_0) + a_2(x-x_0)^2 + \cdots \tag{1}$$

的级数，称为幂级数。其中常数 a_0，a_1，a_2，$\cdots$，a_n，$\cdots$ 称作幂级数系数。

特例：当 $x_0 = 0$，幂级数 $\displaystyle\sum_{n=0}^{\infty}a_n(x-x_0)^n = a_0 + a_1(x-x_0) + a_2(x-x_0)^2 + \cdots$ 成为

$$\sum_{n=0}^{\infty}a_n x^n = a_0 + a_1 x + a_2 x^2 + \cdots \tag{2}$$

此级数为最常见的幂级数。若其中令 $x - x_0 = t$，则(1)化为(2)的形式，故研究幂级数，一般研究 $x_0 = 0$ 时的幂级数，即(2)式。

二、求幂级数的收敛区间

取 $x = x_1$，则幂级数 $\displaystyle\sum_{n=1}^{\infty}a_n x^n$ 成为常数项级数 $\displaystyle\sum_{n=0}^{\infty}a_n x_1^n$，如此常数项级数收敛，那么 x_1

称为幂级数 $\displaystyle\sum_{n=1}^{\infty}a_n x^n$ 的收敛点。

幂级数 $\displaystyle\sum_{n=1}^{\infty}a_n x^n$ 的收敛点的全体成为幂级数 $\displaystyle\sum_{n=1}^{\infty}a_n x^n$ 的收敛域。

那么如何求幂级数 $\displaystyle\sum_{n=1}^{\infty}a_n x^n$ 的收敛域呢？我们给出下面的定理。

定理 9.7　设有幂级数 $\displaystyle\sum_{n=1}^{\infty}a_n x^n$ 是不缺项的，即 $a_n \neq 0$。如果

$R = \displaystyle\lim_{n\to\infty}\left|\dfrac{a_n}{a_{n+1}}\right|$，那么

(1) 当 $|x| < R$ 时，幂级数收敛；

(2) 当 $|x| > R$ 时，幂级数发散。

其中 R 可以是零，也可以是 $+\infty$。

证明略。

由上面的定理我们可知：幂级数的收敛区间是关于原点对称的区间 $|x| < R$，在这个区间内级数收敛，在这个区间外级数发散。区间 $|x| < R$ 称为幂级数的收敛区间，简称敛区。正数 R 为幂级数的收敛半径。当 $|x| = R$ 时，级数的敛散性不能由定理来判定，需另

行讨论。

由此，可知求幂级数 $\sum\limits_{n=1}^{\infty} a_n x^n$ 的收敛域的步骤为

(1) 利用定理 9.7 求 R，找出开区间 $(-R, R)$；

(2) 利用数项级数审敛法讨论幂级数 $\sum\limits_{n=1}^{\infty} a_n x^n$ 在区间端点 $-R$、R 的敛散性。

【例 9-22】 求幂级数 $\sum\limits_{n=1}^{\infty} \dfrac{x^n}{(n+2)3^n}$ 的收敛区间。

【解】 (1) 根据定理 9.7 该级数的收敛半径为

$$R = \lim_{n \to \infty} \left| \frac{a_n}{a_{n+1}} \right| = \lim_{n \to \infty} \left| \frac{\dfrac{1}{(n+2)3^n}}{\dfrac{1}{(n+3)3^{n+1}}} \right| = \lim_{n \to \infty} \left| \frac{3(n+3)}{(n+2)} \right| = 3$$

所以此幂级数的敛区是 $(-3, 3)$。

(2) 在 $x=3$ 时，级数为 $\sum\limits_{n=1}^{\infty} \dfrac{1}{(n+2)}$，根据正项级数的比较审敛法，分母的最高次数比分子的次数大 1 次，故此级数发散；在 $x=-3$，级数为 $\sum\limits_{n=1}^{\infty} \dfrac{(-1)^n}{(n+2)}$，利用交错级数审敛法，$u_n = \dfrac{1}{n+2} > \dfrac{1}{n+3} = u_{n+1}$，$\lim\limits_{n \to \infty} \dfrac{1}{n+2} = 0$ 此级数收敛。

所以，级数 $\sum\limits_{n=1}^{\infty} \dfrac{x^n}{(n+2)3^n}$ 的收敛区间为 $[-3, 3)$。

【例 9-23】 求幂级数 $\sum\limits_{n=1}^{\infty} \dfrac{x^n}{n!}$ 的收敛区间。

【解】 因为 $R = \lim\limits_{n \to \infty} \left| \dfrac{a_n}{a_{n+1}} \right| = \lim\limits_{n \to \infty} \left| \dfrac{\dfrac{1}{n!}}{\dfrac{1}{(n+1)!}} \right| = \lim\limits_{n \to \infty} (n+1) = +\infty$

所以级数 $\sum\limits_{n=1}^{\infty} \dfrac{x^n}{n!}$ 的收敛半径为 $+\infty$，收敛区间为 $(-\infty, +\infty)$。

第六节　函数的幂级数展开

在上节课中，我们讨论了幂级数的敛散性，在其收敛域内，幂级数收敛于一个和函数。反过来，也可以认为和函数可以展开成一个幂级数。是不是任意一个函数都可以展开成幂级数的形式呢？怎么展开呢？我们要用到泰勒公式，不加证明下面我们直接给出公式。

一、泰勒级数

定理 9.8(泰勒定理) 设函数 $f(x)$ 在点 x_0 有任意阶导数，则对此邻域内的任意点 x，有

$$f(x) = \sum_{k=0}^{n} \frac{f^{(k)}(x_0)}{k!} (x - x_0)^k + R_n(x)$$

$$= f(x_0) + f'(x_0)(x - x_0) + \frac{f''(x_0)}{2!}(x - x_0)^2 + \cdots$$

$$+\frac{f^{(n)}(x_0)}{n!}(x-x_0)^n+R_n(x) \tag{1}$$

$R_n(x)$称为拉格朗日余项。(1)称为泰勒公式。其中

$$R_n(x)=\frac{f^{(n+1)}(\xi)}{(n+1)!}(x-x_0)^{n+1},\ \xi\text{在}x\text{与}x_0\text{之间}。$$

证明略。

如果令$x_0=0$，就得到

$$f(x)=f(0)+\frac{f'(0)}{1!}x+\frac{f''(0)}{2!}x^2+\cdots+\frac{f^{(n)}(0)}{n!}x^n+\cdots$$

称为麦克劳林公式。

公式说明，任一函数只要有$n+1$阶导数，就等于某个n次多项式和一个余项的和。具备什么条件的函数$f(x)$它的泰勒级数才能收敛于$f(x)$本身呢？余项对确定函数能否展开为幂级数是极为重要的。

定理 9.9 若函数$f(x)$在点x_0具有任意阶导数，那么$f(x)$在区间$(x_0-r,\ x_0+r)$内等于它的泰勒级数的和函数的充分条件是：对一切满足不等式$|x-x_0|<r$的x，有

$$\lim_{n\to\infty}R_n(x)=0$$

证明略。

二、把函数展开成幂级数

利用麦克劳林公式，依据定理 9.8，我们就可以把一个$n+1$阶可导的函数$f(x)$展开成幂级数的形式。其步骤为

(1) 求出函数$f(x)$的n阶导数$f^{(n)}(x)$，计算$f(0)$，$f'(0)$，$f''(0)$，$\cdots$，$f^{(n)}(0)$；

(2) 写出麦克劳林级数$f(0)+\frac{f'(0)}{1!}x+\frac{f''(0)}{2!}x^2+\cdots+\frac{f^{(n)}(0)}{n!}x^n+\cdots$，求其收敛区间；

(3) 证明在收敛区间内

$$\lim_{n\to\infty}R_n(x)=0$$

【例 9-24】 求函数$f(x)=e^x$的展开式。

【解】 由于$f^{(n)}(x)=e^x$，$f^{(n)}(0)=1$，$(n=1,\ 2,\ \cdots)$，所以$f(x)$的拉格朗日余项为

$R_n(x)=\frac{e^{\theta x}}{(n+1)!}x^{n+1}(0\leqslant\theta\leqslant1)$，显见

$$|R_n(x)|\leqslant\frac{e^{|x|}}{(n+1)!}|x|^{n+1}$$

它对任何实数x，根据幂级数的审敛法知级数$\sum\limits_{n=1}^{\infty}\frac{|x|^{n+1}}{(n+1)!}$收敛，所以

$$\lim_{n\to\infty}\frac{e^{|x|}}{(n+1)!}|x|^{n+1}=0$$

从而$\lim\limits_{n\to\infty}R_n(x)=0$。由定理 9.9 得到

$$e^x=1+\frac{1}{1!}x+\frac{1}{2!}x^2+\cdots+\frac{1}{n!}x^n+\cdots,\ x\in(-\infty,\ +\infty)$$

运用麦克劳林公式将函数展开成幂级数，虽然有明确的程序，但实际运算往往很繁琐，不给出相应的例题，直接给出用此方法展开的几个函数：

(1) $e^x = \sum_{n=0}^{\infty} \dfrac{x^n}{n!}, = 1 + x + \dfrac{x^2}{2!} + \dfrac{x^3}{3!} + \cdots + \dfrac{x^n}{n!} + \cdots, \ x \in (-\infty, +\infty)$

(2) $\sin x = \sum_{n=0}^{\infty} (-1)^n \dfrac{x^{2n+1}}{(2n+1)!} = x - \dfrac{x^3}{3!} + \dfrac{x^5}{5!} - \cdots + (-1)^n \dfrac{x^{2n+1}}{(2n+1)!} + \cdots, x \in (-\infty, +\infty)$

$\cos x = \sum_{n=0}^{\infty} (-1)^n \dfrac{x^{2n}}{(2n)!} = 1 - \dfrac{x^2}{2!} + \dfrac{x^4}{4!} - \dfrac{x^6}{6!} + \cdots + (-1)^n \dfrac{x^{2n}}{(2n)!} + \cdots, \ x \in (-\infty, +\infty)$

(3) $\dfrac{1}{1-x} = \sum_{n=0}^{\infty} x^n = 1 + x + x^2 - \cdots + x^n + \cdots, \ x \in (-1, 1)$

(4) $\ln(1+x) = \sum_{n=0}^{\infty} (-1)^n \dfrac{x^{n+1}}{n+1} = x - \dfrac{x^2}{2} + \dfrac{x^3}{3} - \cdots + (-1)^n \dfrac{x^{n+1}}{n+1} + \cdots, \ x \in (-1, 1]$

同样，我们也可以把函数 $(1+x)^a$ 展开成 x 的幂级数如下：

$$(1+x)^a = 1 + \alpha x + \dfrac{\alpha(\alpha-1)}{2} x^2 + \cdots + \dfrac{\alpha(\alpha-1)\cdots(\alpha-n+1)}{n!} x^n + \cdots, \ x \in (-1, 1)$$

此式叫做二项式展开式，右端级数叫做二项式级数，当 α 为正整数时，上式就是我们高中学习的二项式公式，下面给出 $\alpha = \dfrac{1}{2}$，$-\dfrac{1}{2}$ 的几个常见的二项数级数，以备后用：

$$\sqrt{1+x} = 1 + \dfrac{1}{2} x - \dfrac{1}{2 \cdot 4} x^2 + \dfrac{1 \cdot 3}{2 \cdot 4 \cdot 6} x^3 - \dfrac{1 \cdot 3 \cdot 5}{2 \cdot 4 \cdot 6 \cdot 8} x^4 + \cdots, \ (-1 \leqslant x \leqslant 1)$$

$$\dfrac{1}{\sqrt{1+x}} = 1 - \dfrac{1}{2} x + \dfrac{1 \cdot 3}{2 \cdot 4} x^2 - \dfrac{1 \cdot 3 \cdot 5}{2 \cdot 4 \cdot 6} x^3 + \dfrac{1 \cdot 3 \cdot 5 \cdot 7}{2 \cdot 4 \cdot 6 \cdot 8} x^4 - \cdots, \ (-1 < x \leqslant 1)$$

三、间接展开法

如果一个函数能展开成幂级数，可以证明这个展开式是唯一的，并且还可以证明幂级数在收敛区间内可以逐项求导和积分，求导和积分后的幂级数的收敛半径与原幂级数的收敛半径相同，只是端点处的敛散性需要另加讨论。据此我们可以利用一些已知函数的幂级数展开式及幂级数的性质，将某些函数展开成幂级数，这种方法称为间接展开法。

【例 9-25】 试将函数 $f(x) = \ln 3x$ 展开成 x 的幂级数。

【解】 注意到 $f(x) = \ln 3x = \ln(3x - 6 + 6) = \ln 6 \left[1 + \dfrac{x-2}{2} \right] = \ln 6 + \ln\left(1 + \dfrac{x-2}{2}\right)$ 利用函数 $\ln(1+x)$ 的展开式，

$$\ln(1+x) = x - \dfrac{x^2}{2} + \dfrac{x^3}{3} - \cdots + (-1)^n \dfrac{x^{n+1}}{n+1} + \cdots, \ x \in (-1, 1]$$

得 $f(x) = \ln 3x = \ln 6 + \sum_{n=0}^{\infty} (-1)^n \dfrac{\left(\dfrac{x-2}{2}\right)^{n+1}}{n+1} = \ln 6 + \sum_{n=0}^{\infty} (-1)^n \dfrac{1}{2^{n+1}(n+1)} (x-2)^{n+1}$,

又 $\dfrac{x-2}{2} \in (-1, 1]$，即，$0 < x \leqslant 4$。

【例 9-26】 展开函数 $f(x) = \dfrac{1}{3x^2 - 4x + 1}$。

【解】 因为 $f(x) = \dfrac{1}{2}\left(\dfrac{3}{1-3x} - \dfrac{1}{1-x}\right)$

又 $\because \dfrac{1}{1-3x} = \displaystyle\sum_{n=0}^{\infty}(3x)^n \quad 3x \in (-1, 1)$ 即 $x \in \left(\dfrac{-1}{3}, \dfrac{1}{3}\right)$

$\therefore f(x) = \dfrac{1}{2}\left(\dfrac{3}{1-3x} - \dfrac{1}{1-x}\right) = \dfrac{1}{2}\left[3\displaystyle\sum_{n=0}^{\infty}(3x)^n - \displaystyle\sum_{n=0}^{\infty}x^n\right]$

$\qquad = \dfrac{1}{2}\left(\displaystyle\sum_{n=0}^{\infty}3^{n+1}x^n - \displaystyle\sum_{n=0}^{\infty}x^n\right)$

$\qquad = \dfrac{1}{2}\displaystyle\sum_{n=0}^{\infty}(3^{n+1} - 1)x^n, \quad |x| < \dfrac{1}{3}$

第七节 级数、重积分在工程技术中的应用

地球表面是一个弯曲的球面，但其半径很大，如果测量区域较小，可以用一个水平面代替水准面。但用水平面代替水准面时会产生距离误差，我们用级数来计算这个误差。

【例 9-27】 如图 9-7 中 A、B 两点在大地水准面上的距离为 D（弧长 ab），在水平面上的距离为 D'（切线 ab'），两者之差即为水平面代替水准面产生的距离误差 ΔD，

计算距离误差 ΔD。

【解】 如图 9-7 可知

$$\Delta D = D' - D = R(\tan\theta - \theta)$$

将 $\tan\theta$ 展开为级数，得

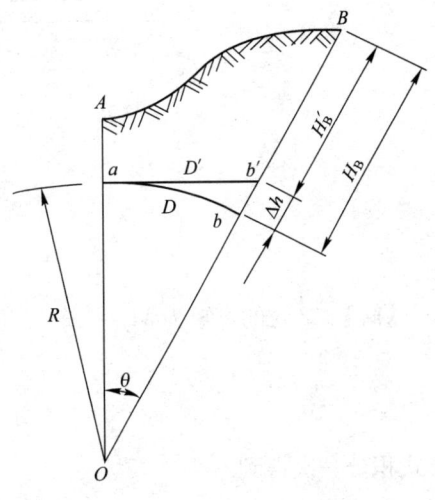

图 9-7

$$\tan\theta = \theta + \dfrac{\theta^3}{3} + \dfrac{\theta^5}{5} + \cdots\cdots$$

因 θ 值很小，取至第二项，代入式 $\Delta D = D' - D = R(\tan\theta - \theta)$，得

$$\Delta D = R\left(\theta + \dfrac{1}{3}\theta^3 - \theta\right) = \dfrac{1}{3}R\theta^3$$

以 $\theta = \dfrac{D}{R}$ 代入上式，得：

$$\Delta D = \dfrac{D^3}{3R^2} \tag{1}$$

$$\dfrac{\Delta D}{D} = \dfrac{D^2}{3R^2} \tag{2}$$

式(1)、(2)中，$R = 6371$ 公里，由不同的 D 值，可以计算相应的 ΔD 和 $\Delta D/D$，结果

如表 9-1

水平面代替水准面对距离的影响　　　　　　　　表 9-1

D（公里）	ΔD（厘米）	$\Delta D/D$	D（公里）	ΔD（厘米）	$\Delta D/D$
10	1	1/1217689	50	103	1/48700
25	13	1/195000	100	821	1/12200

由此可见，用切线 ab' 代替弧长 ab 在距离不到 10 公里时，产生的最大误差约为 1 厘米，这样的误差即使在地球表面上作精密的水平距离测量时，也认为是可以允许的。所以，在半径为 10 公里的小区域内，地球曲率对于水平距离的影响可以略去不计。在精度要求较低的测量中，则测量范围的半径可扩大到 25 公里。

【例 9-28】 建筑结构中用重积分法计算挠度

如图 9-8 所示的悬臂梁，假设 E 和 I 沿梁长为定值，计算悬臂梁的挠度。

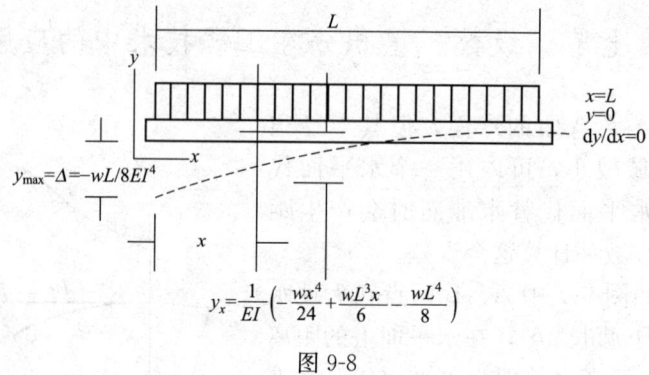

图 9-8

【解】 x 处的弯矩为 $M_x = \dfrac{\omega x^2}{2}$。于是

$$\frac{d^2 y}{dx^2} = \frac{1}{EI}\left(-\frac{\omega x^2}{2}\right)$$

公式积分一次得到

$$\frac{dy}{dx} = \frac{1}{EI}\left(-\frac{\omega x^2}{6} + C_1\right)$$

式中 C_1 是积分常数。它可以由边界条件——在 $x=L$ 处斜率 $\dfrac{dy}{dx}=0$ 来确定。可以求得 C_1 为 $\dfrac{\omega L^3}{6}$，这样

$$\frac{dy}{dx} = \frac{1}{EI}\left(-\frac{\omega x^3}{6} + \frac{\omega L^3}{6}\right)$$

它是梁在任意位置 x 处的斜率，再积分一次

$$y = \frac{1}{EI}\left(-\frac{\omega x^4}{24} + \frac{\omega L^3 x}{6} + C_2\right)$$

式中 C_2 是第二个积分常数，它可以由边界条件——在 $x=L$ 处挠度 $y=0$ 来确定。可以求

得 $C_2 = -\dfrac{\omega L^3}{8}$

$$y = \frac{1}{EI}\left(-\frac{\omega x^4}{24} + \frac{\omega L^3 x}{6} - \frac{\omega L^3}{8}\right)$$

这就是此悬臂梁在局部荷载作用下挠曲的基本方程，最大挠度发生在 $x = 0$ 处。

第八节　利用 MATLAB 计算二重积分及级数

级数是高等数学的重要内容之一，广泛应用于很多工程问题中，在 MATLAB 中可以很方便地对级数问题进行求解。如级数求和及泰勒级数展开问题就可以用以下函数完成：

(1) sum(s、v、a、b)　自变量 v 在 $[a$、$b]$ 之间取值时，对通项 s 求和。

(2) toylor(f、v、n)　求函数 f 对自变量 v 的泰勒级数展开，至 n 阶小。

【例 9-29】　计算级数 $\displaystyle\sum_{n=1}^{\infty} \frac{1}{n^2}$ 的和 S，以及前十项的部分和 S_1。

【解】

≫clear

≫syms n

≫S＝symsum(1/n^2，1，inf)

≫S_1＝symsum(1/n^2，1，10)

ans＝

　　S＝1/6 * pi^2

　　S_1＝1968329/1270080

【例 9-30】　计算级数 $\displaystyle\sum_{n=1}^{\infty} \frac{1}{k}$ 及 $\displaystyle\sum_{n=1}^{\infty} \frac{1}{k \cdot (k+1)}$ 的和。

【解】

≫clear

≫syms k x

≫synsum(1/k，k，1，inf)

ans＝

　　inf

≫symsum(1/(k* (k+1))，k，1，inf)　　％级数求和 1/2＋1/(2* 3)＋1/(3* 4)…＋1/k* (k+1)

ans＝

　　1

【例 9-31】　展开函数 $f(x) = \cos x$，至 11 阶小。

【解】

≫clear

≫taylor(cos(x)，11)　　％cos(x)的泰勒级数展开

ans＝

$1-1/2 * x^2+1/24 * x^4-1/720 * x^6+1/40320 * x^8-1/3628800 * x^{10}$

习　题

1. 将下列各题的积分次序交换

(1) $\int_0^{\frac{1}{2}} \mathrm{d}x \int_x^{1-x} f(x, y)\mathrm{d}y$;

(2) $\int_0^1 \mathrm{d}y \int_y^{\sqrt{y}} f(x, y)\mathrm{d}x$;

(3) $\int_0^a \mathrm{d}y \int_{\sqrt{y}}^{3-2y} f(x, y)\mathrm{d}x$.

2. 化二重积分 $\iint\limits_D f(x, y)\mathrm{d}\sigma$ 为二次积分(写出两种积分次序),积分区域给定如下:

(1) $D=\{(x, y) \mid |x| \leqslant 1, \ |y| \leqslant 1\}$;

(2) D 是以 $(0, 0)$, $(1, 0)$, $(1, 1)$ 为顶点的三角形内部;

(3) D 是由 x 轴、圆 $x^2+y^2-2x=0$ 在第一象限的部分及直线 $x+y=2$ 围成的区域。

3. 已知 xoy 平面第一象限内的区域 D 是由直线 $x=0$,$y=2$ 和抛物线 $y=\dfrac{x^2}{2}$ 所围成,

(1) 求区域 D 的面积 δ;

(2) 求以曲面 $z=f(x, y)=xy$ 为顶,以 D 为底的曲顶柱体的体积 V。

4. 计算下列二重积分

(1) 计算二重积分 $\iint\limits_D xy\mathrm{d}\sigma$,其中 D 是由直线 $y=1$,$x=2$ 及 $y=x$ 所围成的闭区域。

(2) 计算二重积分 $\iint\limits_D xy\mathrm{d}\sigma$,其中 D 是由抛物线 $y^2=x$ 及 $y=x-2$ 所围成的有界闭区域。

(3) $\iint\limits_D (x^2+y^2-x)\mathrm{d}\sigma$,其中 D 是由直线 $y=2$,$y=x$ 及 $y=2x$ 所围成的闭区域。

(4) $\iint\limits_D x^3 y^2 \mathrm{d}x\mathrm{d}y$,$D=\{(x, y) \mid 0\leqslant x\leqslant 2, \ -x\leqslant y\leqslant x\}$.

(5) $\iint\limits_D e^{\frac{x}{y}}\mathrm{d}x\mathrm{d}y$,$D=\{(x, y) \mid 1\leqslant y\leqslant 2, \ y\leqslant x\leqslant y^3\}$.

5. 判定下列级数的敛散性

(1) $\sum\limits_{n=1}^{\infty}(-1)^{n-1}$;

(2) $\sum\limits_{n=1}^{\infty}\dfrac{1}{(3n-2)(3n+1)}$;

(3) $\sum\limits_{n=1}^{\infty} n^2$;

(4) $\sum\limits_{n=1}^{\infty}\dfrac{7n-1}{2n+1}$.

6. 用比较审敛法,判别下列级数的敛散性

(1) $\sum\limits_{n=1}^{\infty}\dfrac{1}{2n^2+1}$;

(2) $\sum\limits_{n=1}^{\infty}\dfrac{1}{(2n-1)\cdot 2n}$;

(3) $\sum\limits_{n=1}^{\infty}\dfrac{1}{n\sqrt{n+1}}$;

(4) $\sum\limits_{n=1}^{\infty}\dfrac{3n^2}{n(\sqrt{n}+1)}$.

7. 用比值审敛法,判别下列级数的敛散性

(1) $\sum\limits_{n=1}^{\infty}\dfrac{4^n}{5^n}$;

(2) $\sum\limits_{n=1}^{\infty}\dfrac{3n-1}{2n^2}$;

(3) $\sum\limits_{n=1}^{\infty}\dfrac{2^n}{n3^n}$;

(4) $\sum\limits_{n=1}^{\infty}\dfrac{5^n}{n!}$.

8. 判别下列级数的敛散性,如果收敛,说明是绝对收敛还是条件收敛

(1) $\sum\limits_{n=1}^{\infty}(-1)^{n+1}\dfrac{1}{n!}$;

(2) $\sum\limits_{n=1}^{\infty}\dfrac{(-1)^{n-1}}{n2^n}$;

(3) $\sum\limits_{n=1}^{\infty} (-1)^{2n-1} \dfrac{2n}{3n+2}$。

9. 求下列幂级数的收敛区间

(1) $\sum\limits_{n=1}^{\infty} \dfrac{x^n}{2n+1}$；

(2) $\sum\limits_{n=1}^{\infty} \dfrac{n}{2^n} x^n$；

(3) $\sum\limits_{n=1}^{\infty} \dfrac{2^n}{n^2+1} x^n$；

(4) $\sum\limits_{n=1}^{\infty} \dfrac{n!}{n^n} x^n$。

10. 直接将函数 $f(x) = \sin 4x$ 展开成幂级数。

11. 利用已知展开式展开下列函数为幂级数，并求出收敛区间。

(1) $f(x) = e^{3x^2}$；

(2) $y = \sin^2 x$；

(3) $y = \ln(2+x)$；

(4) $y = \dfrac{1}{1+x}$。

附录1 积分表

（一）含有 $a+bx$ 的积分

1. $\displaystyle\int \frac{\mathrm{d}x}{a+bx} = \frac{1}{b}\ln(a+bx)+C$

2. $\displaystyle\int (a+bx)^{\mu}\mathrm{d}x = \frac{(a+bx)^{\mu+1}}{b(\mu+1)}+C(\mu\neq-1)$

3. $\displaystyle\int \frac{x\mathrm{d}x}{a+bx} = \frac{1}{b^2}[a+bx-a\ln(a+bx)]+C$

4. $\displaystyle\int \frac{x^2\mathrm{d}x}{a+bx} = \frac{1}{b^3}\left[\frac{1}{2}(a+bx)^2-2a(a+bx)+a^2\ln(a+bx)\right]+C$

5. $\displaystyle\int \frac{\mathrm{d}x}{x(a+bx)} = -\frac{1}{a}\ln\frac{a+bx}{x}+C$

6. $\displaystyle\int \frac{\mathrm{d}x}{x^2(a+bx)} = -\frac{1}{ax}+\frac{b}{a^2}\ln\frac{a+bx}{x}+C$

7. $\displaystyle\int \frac{x\mathrm{d}x}{(a+bx)^2} = \frac{1}{b^2}\left[\ln(a+bx)+\frac{a}{a+bx}\right]+C$

8. $\displaystyle\int \frac{x^2\mathrm{d}x}{(a+bx)^2} = \frac{1}{b^3}\left[a+bx-2a\ln(a+bx)-\frac{a^2}{a+bx}\right]+C$

9. $\displaystyle\int \frac{\mathrm{d}x}{x(a+bx)^2} = \frac{1}{a(a+bx)}-\frac{1}{a^2}\ln\frac{a+bx}{x}+C$

（二）含有 $\sqrt{a+bx}$ 的积分

10. $\displaystyle\int \sqrt{a+bx}\,\mathrm{d}x = \frac{2}{3b}\sqrt{(a+bx)^3}+C$

11. $\displaystyle\int x\sqrt{a+bx}\,\mathrm{d}x = -\frac{2(2a-3bx)\sqrt{(a+bx)^3}}{15b^2}+C$

12. $\displaystyle\int x^2\sqrt{a+bx}\,\mathrm{d}x = \frac{2(8a^2-12abx+15b^2x^2)\sqrt{(a+bx)^3}}{105b^3}+C$

13. $\displaystyle\int \frac{x\mathrm{d}x}{\sqrt{a+bx}} = -\frac{2(2a-bx)}{3b^2}\sqrt{a+bx}+C$

14. $\displaystyle\int \frac{x^2\mathrm{d}x}{\sqrt{a+bx}} = \frac{2(8a^2-4abx+3b^2x^2)}{15b^3}\sqrt{a+bx}+C$

15. $\displaystyle\int \frac{\mathrm{d}x}{x\sqrt{a+bx}} = \begin{cases} \dfrac{1}{\sqrt{a}}\ln\dfrac{\sqrt{a+bx}-\sqrt{a}}{\sqrt{a+bx}+\sqrt{a}}+C(a>0) \\[3mm] \dfrac{2}{\sqrt{-a}}\arctan\sqrt{\dfrac{a+bx}{-a}}+C(a<0) \end{cases}$

16. $\displaystyle\int \frac{\mathrm{d}x}{x^2\sqrt{a+bx}} = -\frac{\sqrt{a+bx}}{ax}-\frac{b}{2a}\int\frac{\mathrm{d}x}{x\sqrt{a+bx}}$

17. $\displaystyle\int \frac{\sqrt{a+bx}\,\mathrm{d}x}{x} = 2\sqrt{a+bx} + a\int \frac{\mathrm{d}x}{x\sqrt{a+bx}}$

（三）含有 $a^2 \pm x^2$ 的积分

18. $\displaystyle\int \frac{\mathrm{d}x}{a^2+x^2} = \frac{1}{a}\arctan\frac{x}{a} + C$

19. $\displaystyle\int \frac{\mathrm{d}x}{(x^2+a^2)^n} = \frac{x}{2(n-1)a^2(x^2+a^2)^{n-1}} + \frac{2n-3}{2(n-1)a^2}\int \frac{\mathrm{d}x}{(x^2+a^2)^{n-1}}$

20. $\displaystyle\int \frac{\mathrm{d}x}{a^2-x^2} = \frac{1}{2a}\ln\frac{a+x}{a-x} + C\,(|x|<a)$

21. $\displaystyle\int \frac{\mathrm{d}x}{x^2-a^2} = \frac{1}{2a}\ln\frac{x-a}{x+a} + C\,(|x|>a)$

（四）含有 $a \pm bx^2$ 的积分

22. $\displaystyle\int \frac{\mathrm{d}x}{a+bx^2} = \frac{1}{\sqrt{ab}}\arctan\sqrt{\frac{b}{a}}x + C\,(a>0,\,b>0)$

23. $\displaystyle\int \frac{\mathrm{d}x}{a-bx^2} = \frac{1}{2\sqrt{ab}}\ln\frac{\sqrt{a}+\sqrt{b}x}{\sqrt{a}-\sqrt{b}x} + C$

24. $\displaystyle\int \frac{x\,\mathrm{d}x}{a+bx^2} = \frac{1}{2b}\ln(a+bx^2) + C$

25. $\displaystyle\int \frac{x^2\,\mathrm{d}x}{a+bx^2} = \frac{x}{b} - \frac{a}{b}\int \frac{\mathrm{d}x}{a+bx^2}$

26. $\displaystyle\int \frac{\mathrm{d}x}{x(a+bx^2)} = \frac{1}{2a}\ln\frac{x^2}{a+bx^2} + C$

27. $\displaystyle\int \frac{\mathrm{d}x}{x^2(a+bx^2)} = -\frac{1}{ax} - \frac{b}{a}\int \frac{\mathrm{d}x}{a+bx^2}$

28. $\displaystyle\int \frac{\mathrm{d}x}{(a+bx^2)^2} = \frac{x}{2a(a+bx^2)} + \frac{1}{2a}\int \frac{\mathrm{d}x}{a+bx^2}$

（五）含有 $\sqrt{x^2+a^2}$ 的积分

29. $\displaystyle\int \sqrt{x^2+a^2}\,\mathrm{d}x = \frac{x}{2}\sqrt{x^2+a^2} + \frac{a^2}{2}\ln(x+\sqrt{x^2+a^2}) + C$

30. $\displaystyle\int \sqrt{(x^2+a^2)^3}\,\mathrm{d}x = \frac{x}{8}(2x^2+5a^2)\sqrt{x^2+a^2} + \frac{3a^4}{8}\ln(x+\sqrt{x^2+a^2}) + C$

31. $\displaystyle\int x\sqrt{x^2+a^2}\,\mathrm{d}x = \frac{\sqrt{(x^2+a^2)^3}}{3} + C$

32. $\displaystyle\int x^2\sqrt{x^2+a^2}\,\mathrm{d}x = \frac{x}{8}(2x^2+a^2)\sqrt{x^2+a^2} - \frac{a^4}{8}\ln(x+\sqrt{x^2+a^2}) + C$

33. $\displaystyle\int \frac{\mathrm{d}x}{\sqrt{x^2+a^2}} = \ln(x+\sqrt{x^2+a^2}) + C_1 = \operatorname{arsh}\frac{x}{a} + C$

34. $\displaystyle\int \frac{\mathrm{d}x}{\sqrt{(x^2+a^2)^3}} = \frac{x}{a^2\sqrt{x^2+a^2}} + C$

35. $\displaystyle\int \frac{x\,\mathrm{d}x}{\sqrt{x^2+a^2}} = \sqrt{x^2+a^2} + C$

36. $\int \dfrac{x^2 \mathrm{d}x}{\sqrt{x^2+a^2}} = \dfrac{x}{2}\sqrt{x^2+a^2} - \dfrac{a^2}{2}\ln(x+\sqrt{x^2+a^2}) + C$

37. $\int \dfrac{x^2 \mathrm{d}x}{\sqrt{(x^2+a^2)^3}} = -\dfrac{x}{\sqrt{x^2+a^2}} + \ln(x+\sqrt{x^2+a^2}) + C$

38. $\int \dfrac{\mathrm{d}x}{x\sqrt{x^2+a^2}} = \dfrac{1}{a}\ln\dfrac{x}{a+\sqrt{x^2+a^2}} + C$

39. $\int \dfrac{\mathrm{d}x}{x^2\sqrt{x^2+a^2}} = -\dfrac{\sqrt{x^2+a^2}}{a^2 x} + C$

40. $\int \dfrac{\sqrt{x^2+a^2}\,\mathrm{d}x}{x} = \sqrt{x^2+a^2} - a\ln\dfrac{a+\sqrt{x^2+a^2}}{x} + C$

41. $\int \dfrac{\sqrt{x^2+a^2}\,\mathrm{d}x}{x^2} = -\dfrac{\sqrt{x^2+a^2}}{x} + \ln(x+\sqrt{x^2+a^2}) + C$

(六) 含有 $\sqrt{x^2-a^2}$ 的积分

42. $\int \dfrac{\mathrm{d}x}{\sqrt{x^2-a^2}} = \ln(x+\sqrt{x^2-a^2}) + C_1 = \mathrm{arch}\dfrac{x}{a} + C$

43. $\int \dfrac{\mathrm{d}x}{\sqrt{(x^2-a^2)^3}} = \dfrac{x}{a^2\sqrt{x^2-a^2}} + C$

44. $\int \dfrac{x\mathrm{d}x}{\sqrt{x^2-a^2}} = \sqrt{x^2-a^2} + C$

45. $\int \sqrt{x^2-a^2}\,\mathrm{d}x = \dfrac{x}{2}\sqrt{x^2-a^2} - \dfrac{a^2}{2}\ln(x+\sqrt{x^2-a^2}) + C$

46. $\int \sqrt{(x^2-a^2)^3}\,\mathrm{d}x = \dfrac{x}{8}(2x^2-5a^2)\sqrt{x^2-a^2} + \dfrac{3a^4}{8}\ln(x+\sqrt{x^2-a^2}) + C$

47. $\int x\sqrt{x^2-a^2}\,\mathrm{d}x = \dfrac{\sqrt{(x^2-a^2)^3}}{3} + C$

48. $\int x\sqrt{(x^2-a^2)^3}\,\mathrm{d}x = \dfrac{\sqrt{(x^2-a^2)^5}}{5} + C$

49. $\int x^2\sqrt{x^2-a^2}\,\mathrm{d}x = \dfrac{x}{8}(2x^2-a^2)\sqrt{x^2-a^2} - \dfrac{a^4}{8}\ln(x+\sqrt{x^2-a^2}) + C$

50. $\int \dfrac{x^2 \mathrm{d}x}{\sqrt{x^2-a^2}} = \dfrac{x}{2}\sqrt{x^2-a^2} + \dfrac{a^2}{2}\ln(x+\sqrt{x^2-a^2}) + C$

51. $\int \dfrac{x^2 \mathrm{d}x}{\sqrt{(x^2-a^2)^3}} = -\dfrac{x}{\sqrt{x^2-a^2}} + \ln(x+\sqrt{x^2-a^2}) + C$

52. $\int \dfrac{\mathrm{d}x}{x\sqrt{x^2-a^2}} = \dfrac{1}{a}\arccos\dfrac{a}{x} + C$

53. $\int \dfrac{\mathrm{d}x}{x^2\sqrt{x^2-a^2}} = \dfrac{\sqrt{x^2-a^2}}{a^2 x} + C$

54. $\int \dfrac{\sqrt{x^2-a^2}}{x^2}\mathrm{d}x = \sqrt{x^2-a^2} - a\arccos\dfrac{a}{x} + C$

55. $\int \dfrac{\sqrt{x^2-a^2}}{x^2}\mathrm{d}x = -\dfrac{\sqrt{x^2-a^2}}{x} + \ln(x+\sqrt{x^2-a^2}) + C$

（七）含有 $\sqrt{a^2-x^2}$ 的积分

56. $\displaystyle\int \frac{\mathrm{d}x}{\sqrt{a^2-x^2}} = \arcsin\frac{x}{a}+C$

57. $\displaystyle\int \frac{\mathrm{d}x}{\sqrt{(a^2-x^2)^3}} = \frac{x}{a^2\sqrt{a^2-x^2}}+C$

58. $\displaystyle\int \frac{x\mathrm{d}x}{\sqrt{a^2-x^2}} = -\sqrt{a^2-x^2}+C$

59. $\displaystyle\int \frac{x\mathrm{d}x}{\sqrt{(a^2-x^2)^3}} = \frac{1}{\sqrt{a^2-x^2}}+C$

60. $\displaystyle\int \frac{x^2\mathrm{d}x}{\sqrt{a^2-x^2}} = -\frac{x}{2}\sqrt{a^2-x^2}+\frac{a^2}{2}\arcsin\frac{x}{a}+C$

61. $\displaystyle\int \sqrt{a^2-x^2}\,\mathrm{d}x = \frac{x}{2}\sqrt{a^2-x^2}+\frac{a^2}{2}\arcsin\frac{x}{a}+C$

62. $\displaystyle\int \sqrt{(a^2-x^2)^3}\,\mathrm{d}x = \frac{x}{8}(5a^2-2x^2)\sqrt{a^2-x^2}+\frac{3a^4}{8}\arcsin\frac{x}{a}+C$

63. $\displaystyle\int x\sqrt{a^2-x^2}\,\mathrm{d}x = -\frac{\sqrt{(a^2-x^2)^3}}{3}+C$

64. $\displaystyle\int x\sqrt{(a^2-x^2)^3}\,\mathrm{d}x = -\frac{\sqrt{(a^2-x^2)^5}}{5}+C$

65. $\displaystyle\int x^2\sqrt{a^2-x^2}\,\mathrm{d}x = \frac{x}{8}(2x^2-a^2)\sqrt{a^2-x^2}+\frac{a^4}{8}\arcsin\frac{x}{a}+C$

66. $\displaystyle\int \frac{x^2\mathrm{d}x}{\sqrt{(a^2-x^2)^3}} = \frac{x}{\sqrt{a^2-x^2}}-\arcsin\frac{x}{a}+C$

67. $\displaystyle\int \frac{\mathrm{d}x}{x\sqrt{a^2-x^2}} = \frac{1}{a}\ln\frac{x}{a+\sqrt{a^2-x^2}}+C$

68. $\displaystyle\int \frac{\mathrm{d}x}{x^2\sqrt{a^2-x^2}} = -\frac{\sqrt{a^2-x^2}}{a^2x}+C$

69. $\displaystyle\int \frac{\sqrt{a^2-x^2}}{x}\mathrm{d}x = \sqrt{a^2-x^2}-a\ln\frac{a+\sqrt{a^2-x^2}}{x}+C$

70. $\displaystyle\int \frac{\sqrt{a^2-x^2}}{x^2}\mathrm{d}x = -\frac{\sqrt{a^2-x^2}}{x}-\arcsin\frac{x}{a}+C$

（八）含有 $a+bx\pm cx^2(c>0)$ 的积分

71. $\displaystyle\int \frac{\mathrm{d}x}{a+bx-cx^2} = \frac{1}{\sqrt{b^2+4ac}}\ln\frac{\sqrt{b^2+4ac}+2cx-b}{\sqrt{b^2+4ac}-2cx+b}+C.$

72. $\displaystyle\int \frac{\mathrm{d}x}{a+bx+cx^2} = \begin{cases} \dfrac{2}{\sqrt{4ac-b^2}}\arctan\dfrac{2cx+b}{\sqrt{4ac-b^2}}+C(b^2<4ac) \\[4mm] \dfrac{1}{\sqrt{b^2-4ac}}\ln\dfrac{2cx+b-\sqrt{b^2-4ac}}{2cx+b+\sqrt{b^2-4ac}}+C(b^2>4ac) \end{cases}$

（九）含有 $\sqrt{a+bx \pm cx^2}(c>0)$ 的积分

73. $\displaystyle\int \frac{\mathrm{d}x}{\sqrt{a+bx+cx^2}} = \frac{1}{\sqrt{c}}\ln(2cx+b+2\sqrt{c}\sqrt{a+bx+cx^2})+C$

74. $\displaystyle\int \sqrt{a+bx+cx^2}\,\mathrm{d}x = \frac{2cx+b}{4c}\sqrt{a+bx+cx^2} - \frac{b^2-4ac}{8\sqrt{c^3}}\ln(2cx+b+2\sqrt{c}\sqrt{a+bx+cx^2})+C$

75. $\displaystyle\int \frac{x\mathrm{d}x}{\sqrt{a+bx+cx^2}} = \frac{\sqrt{a+bx+cx^2}}{c} - \frac{b}{2\sqrt{c^3}}\ln(2cx+b+2\sqrt{c}\sqrt{a+bx+cx^2})+C$

76. $\displaystyle\int \frac{\mathrm{d}x}{\sqrt{a+bx-cx^2}} = \frac{1}{\sqrt{c}}\arcsin\frac{2cx-b}{\sqrt{b^2+4ac}}+C$

77. $\displaystyle\int \sqrt{a+bx-cx^2}\,\mathrm{d}x = \frac{2cx-b}{4c}\sqrt{a+bx-cx^2} + \frac{b^2+4ac}{8\sqrt{c^3}}\arcsin\frac{2cx-b}{\sqrt{b^2+4ac}}+C$

78. $\displaystyle\int \frac{x\mathrm{d}x}{\sqrt{a+bx-cx^2}} = -\frac{\sqrt{a+bx-cx^2}}{c} + \frac{b}{2\sqrt{c^3}}\arcsin\frac{2cx-b}{\sqrt{b^2+4ac}}+C$

（十）含有 $\sqrt{\dfrac{a\pm x}{b\pm x}}$ 的积分、含有 $\sqrt{(x-a)(b-x)}$ 的积分

79. $\displaystyle\int \sqrt{\frac{a+x}{b+x}}\,\mathrm{d}x = \sqrt{(a+x)(b+x)} + (a-b)\ln(\sqrt{a+x}+\sqrt{b+x})+C$

80. $\displaystyle\int \sqrt{\frac{a-x}{b+x}}\,\mathrm{d}x = \sqrt{(a-x)(b+x)} + (a+b)\arcsin\sqrt{\frac{x+b}{a+b}}+C$

81. $\displaystyle\int \sqrt{\frac{a+x}{b-x}}\,\mathrm{d}x = -\sqrt{(a+x)(b-x)} - (a+b)\arcsin\sqrt{\frac{b-x}{a+b}}+C$

82. $\displaystyle\int \frac{\mathrm{d}x}{\sqrt{(x-a)(b-x)}} = 2\arcsin\sqrt{\frac{x-a}{b-a}}+C$

（十一）含有三角函数的积分

83. $\displaystyle\int \sin x\,\mathrm{d}x = -\cos x+C$

84. $\displaystyle\int \cos x\,\mathrm{d}x = \sin x+C$

85. $\displaystyle\int \tan x\,\mathrm{d}x = -\ln\cos x+C$

86. $\displaystyle\int \cot x\,\mathrm{d}x = \ln\sin x+C$

87. $\displaystyle\int \sec x\,\mathrm{d}x = \ln(\sec x+\tan x)+C = \ln\tan\left(\frac{\pi}{4}+\frac{x}{2}\right)+C$

88. $\displaystyle\int \csc x\,\mathrm{d}x = \ln(\csc x-\cot x)+C = \ln\tan\frac{x}{2}+C$

89. $\displaystyle\int \sec^2 x\,\mathrm{d}x = \tan x+C$

90. $\displaystyle\int \csc^2 x\,\mathrm{d}x = -\cot x+C$

91. $\displaystyle\int \sec x\tan x\,\mathrm{d}x = \sec x+C$

92. $\int \csc x \cot x \, dx = -\csc x + C$

93. $\int \sin^2 x \, dx = \dfrac{x}{2} - \dfrac{1}{4}\sin 2x + C$

94. $\int \cos^2 x \, dx = \dfrac{x}{2} + \dfrac{1}{4}\sin 2x + C$

95. $\int \sin^n x \, dx = -\dfrac{\sin^{n-1} x \cos x}{n} + \dfrac{n-1}{n}\int \sin^{n-2} x \, dx$

96. $\int \cos^n x \, dx = \dfrac{\cos^{n-1} x \sin x}{n} + \dfrac{n-1}{n}\int \cos^{n-2} x \, dx$

97. $\int \dfrac{dx}{\sin^n x} = -\dfrac{1}{n-1}\dfrac{\cos x}{\sin^{n-1} x} + \dfrac{n-2}{n-1}\int \dfrac{dx}{\sin^{n-2} x}$

98. $\int \dfrac{dx}{\cos^n x} = \dfrac{1}{n-1}\dfrac{\sin x}{\cos^{n-1} x} + \dfrac{n-2}{n-1}\int \dfrac{dx}{\cos^{n-2} x}$

99. $\int \cos^m x \sin^n x \, dx = \dfrac{\cos^{m-1} x \sin^{n+1} x}{m+n} + \dfrac{m-1}{m+n}\int \cos^{m-2} x \sin^n x \, dx$

$\qquad = -\dfrac{\sin^{n-1} x \cos^{m+1} x}{m+n} + \dfrac{n-1}{m+n}\int \cos^m x \sin^{n-2} x \, dx$

100. $\int \sin mx \cos nx \, dx = -\dfrac{\cos(m+n)x}{2(m+n)} - \dfrac{\cos(m-n)x}{2(m-n)} + C$ $\left.\right\}$

101. $\int \sin mx \sin nx \, dx = -\dfrac{\sin(m+n)x}{2(m+n)} + \dfrac{\sin(m-n)x}{2(m-n)} + C$ $\quad m \neq n$

102. $\int \cos mx \cos nx \, dx = \dfrac{\sin(m+n)x}{2(m+n)} + \dfrac{\sin(m-n)x}{2(m-n)} + C$ $\left.\right\}$

103. $\int \dfrac{dx}{a+b\sin x} = \dfrac{2}{a}\sqrt{\dfrac{a^2}{a^2-b^2}}\arctan\left[\sqrt{\dfrac{a^2}{a^2-b^2}}\tan\left(\dfrac{x}{2}+\dfrac{b}{a}\right)\right] + C \,(a^2 < b^2)$

104. $\int \dfrac{dx}{a+b\sin x} = \dfrac{1}{a}\sqrt{\dfrac{a^2}{b^2-a^2}}\ln\dfrac{\tan\dfrac{x}{2}+\dfrac{b}{a}-\sqrt{\dfrac{b^2-a^2}{a^2}}}{\tan\dfrac{x}{2}+\dfrac{b}{a}+\sqrt{\dfrac{b^2-a^2}{a^2}}} + C \,(a^2 < b^2)$

105. $\int \dfrac{dx}{a+b\cos x} = \dfrac{2}{a-b}\sqrt{\dfrac{a-b}{a+b}}\arctan\left(\sqrt{\dfrac{a-b}{a+b}}\tan\dfrac{x}{2}\right) + C \,(a^2 > b^2)$

106. $\int \dfrac{dx}{a+b\cos x} = \dfrac{1}{b+a}\sqrt{\dfrac{b-a}{b+a}}\ln\dfrac{\tan\dfrac{x}{2}+\sqrt{\dfrac{b+a}{b-a}}}{\tan\dfrac{x}{2}-\sqrt{\dfrac{b+a}{b-a}}} + C \,(a^2 < b^2)$

107. $\int \dfrac{dx}{a^2\cos^2 x + b^2\sin^2 x} = \dfrac{1}{ab}\arctan\left(\dfrac{b\tan x}{a}\right) + C$

108. $\int \dfrac{dx}{a^2\cos^2 x - b^2\sin^2 x} = \dfrac{1}{2ab}\ln\dfrac{b\tan x + a}{b\tan x - a} + C$

109. $\int x\sin ax \, dx = \dfrac{1}{a^2}\sin ax - \dfrac{1}{a}x\cos ax + C$

110. $\int x^2\sin ax \, dx = -\dfrac{1}{a}x^2\cos ax + \dfrac{2}{a^2}x\sin ax + \dfrac{2}{a^3}\cos ax + C$

111. $\int x\cos ax\,\mathrm{d}x = \dfrac{1}{a^2}\cos ax + \dfrac{1}{a}x\sin ax + C$

112. $\int x^2\cos ax\,\mathrm{d}x = \dfrac{1}{a}x^2\sin ax + \dfrac{2}{a^2}x\cos ax - \dfrac{2}{a^3}\sin ax + C$

（十二）含有反三角函数的积分

113. $\int \arcsin\dfrac{x}{a}\,\mathrm{d}x = x\arcsin\dfrac{x}{a} + \sqrt{a^2 - x^2} + C$

114. $\int x\arcsin\dfrac{x}{a}\,\mathrm{d}x = \left(\dfrac{x^2}{2} - \dfrac{a^2}{4}\right)\arcsin\dfrac{x}{a} + \dfrac{x}{4}\sqrt{a^2 - x^2} + C$

115. $\int x^2\arcsin\dfrac{x}{a}\,\mathrm{d}x = \dfrac{x^3}{3}\arcsin\dfrac{x}{a} + \dfrac{1}{9}(x^2 + 2a^2)\sqrt{a^2 - x^2} + C$

116. $\int \arccos\dfrac{x}{a}\,\mathrm{d}x = x\arccos\dfrac{x}{a} - \sqrt{a^2 - x^2} + C$

117. $\int x\arccos\dfrac{x}{a}\,\mathrm{d}x = \left(\dfrac{x^2}{2} - \dfrac{a^2}{4}\right)\arccos\dfrac{x}{a} - \dfrac{x}{4}\sqrt{a^2 - x^2} + C$

118. $\int x^2\arccos\dfrac{x}{a}\,\mathrm{d}x = \dfrac{x^3}{3}\arccos\dfrac{x}{a} - \dfrac{1}{9}(x^2 + 2a^2)\sqrt{a^2 - x^2} + C$

119. $\int \arctan\dfrac{x}{a}\,\mathrm{d}x = x\arctan\dfrac{x}{a} - \dfrac{a}{2}\ln(a^2 + x^2) + C$

120. $\int x\arctan\dfrac{x}{a}\,\mathrm{d}x = \dfrac{1}{2}(x^2 + a^2)\arctan\dfrac{x}{a} - \dfrac{ax}{2} + C$

121. $\int x^2\arctan\dfrac{x}{a}\,\mathrm{d}x = \dfrac{x^3}{3}\arctan\dfrac{x}{a} - \dfrac{ax^2}{6} + \dfrac{a^3}{6}\ln(a^2 + x^2) + C$

（十三）含有指数函数的积分

122. $\int a^x\,\mathrm{d}x = \dfrac{a^x}{\ln a} + C$

123. $\int \mathrm{e}^{ax}\,\mathrm{d}x = \dfrac{\mathrm{e}^{ax}}{a} + C$

124. $\int \mathrm{e}^{ax}\sin bx\,\mathrm{d}x = \dfrac{\mathrm{e}^{ax}(a\sin bx - b\cos bx)}{a^2 + b^2} + C$

125. $\int \mathrm{e}^{ax}\cos bx\,\mathrm{d}x = \dfrac{\mathrm{e}^{ax}(b\sin bx + a\cos bx)}{a^2 + b^2} + C$

126. $\int x\mathrm{e}^{ax}\,\mathrm{d}x = \dfrac{\mathrm{e}^{ax}}{a^2}(ax - 1) + C$

127. $\int x^n\mathrm{e}^{ax}\,\mathrm{d}x = \dfrac{x^n\mathrm{e}^{ax}}{a} - \dfrac{n}{a}\int x^{n-1}\mathrm{e}^{ax}\,\mathrm{d}x$

128. $\int x a^{mx}\,\mathrm{d}x = \dfrac{x a^{mx}}{m\ln a} - \dfrac{a^{mx}}{(m\ln a)^2} + C$

129. $\int x^n a^{mx}\,\mathrm{d}x = \dfrac{a^{mx}x^n}{m\ln a} - \dfrac{n}{m\ln a}\int x^{n-1}a^{mx}\,\mathrm{d}x$

130. $\int \mathrm{e}^{ax}\sin^n bx\,\mathrm{d}x = \dfrac{\mathrm{e}^{ax}\sin^{n-1}bx}{a^2 + b^2n^2}(a\sin bx - nb\cos bx) + \dfrac{n(n-1)}{a^2 + b^2n^2}b^2\int \mathrm{e}^{ax}\sin^{n-2}bx\,\mathrm{d}x$

131. $\int \mathrm{e}^{ax}\cos^n bx\,\mathrm{d}x = \dfrac{\mathrm{e}^{ax}\cos^{n-1}bx}{a^2 + b^2n^2}(a\cos bx + nb\sin bx) + \dfrac{n(n-1)}{a^2 + b^2n^2}b^2\int \mathrm{e}^{ax}\cos^{n-2}bx\,\mathrm{d}x$

（十四）含有对数函数积分

132. $\int \ln x \, \mathrm{d}x = x\ln x - x + C$

133. $\int \dfrac{\mathrm{d}x}{x\ln x} = \ln(\ln x) + C$

134. $\int x^n \ln x \, \mathrm{d}x = x^{n+1}\left[\dfrac{\ln x}{n+1} - \dfrac{1}{(n+1)^2}\right] + C$

135. $\int \ln^n x \, \mathrm{d}x = x\ln^n x - n\int \ln^{n-1} x \, \mathrm{d}x$

136. $\int x^m \ln^n x \, \mathrm{d}x = \dfrac{x^{m+1}}{m+1}\ln^n x - \dfrac{n}{m+1}\int x^m \ln^{n-1} x \, \mathrm{d}x$

（十五）含有双曲线的积分

137. $\int \mathrm{sh}x \, \mathrm{d}x = \mathrm{ch}x + C$

138. $\int \mathrm{ch}x \, \mathrm{d}x = \mathrm{sh}x + C$

139. $\int \mathrm{th}x \, \mathrm{d}x = \mathrm{lnch}x + C$

140. $\int \mathrm{sh}^2 x \, \mathrm{d}x = -\dfrac{x}{2} + \dfrac{1}{4}\mathrm{sh}2x + C$

141. $\int \mathrm{ch}^2 x \, \mathrm{d}x = \dfrac{x}{2} + \dfrac{1}{4}\mathrm{sh}2x + C$

（十六）定积分

142. $\int_{-\pi}^{\pi} \cos nx \, \mathrm{d}x = \int_{-\pi}^{\pi} \sin nx \, \mathrm{d}x = n$

143. $\int_{-\pi}^{\pi} \cos mx \sin nx \, \mathrm{d}x = 0$

144. $\int_{-\pi}^{\pi} \cos mx \cos nx \, \mathrm{d}x = \begin{cases} 0, & m \neq n \\ \pi, & m = n \end{cases}$

145. $\int_{-\pi}^{\pi} \sin mx \sin nx \, \mathrm{d}x = \begin{cases} 0, & m \neq n \\ \pi, & m = n \end{cases}$

146. $\int_{0}^{\pi} \sin mx \sin nx \, \mathrm{d}x = \int_{0}^{\pi} \cos mx \cos nx \, \mathrm{d}x = \begin{cases} 0, & m \neq n \\ \pi/2, & m = n \end{cases}$

147. $I_n = \int_{0}^{\frac{\pi}{2}} \sin^n x \, \mathrm{d}x = \int_{0}^{\frac{\pi}{2}} \cos^n x \, \mathrm{d}x$

$\quad\quad I_n = \dfrac{n-1}{n} I_{n-2}$

$\begin{cases} I_n = \dfrac{n-1}{n} \cdot \dfrac{n-3}{n-2} \cdots \dfrac{4}{5} \cdot \dfrac{2}{3} \\ （n \text{ 为大于 } 1 \text{ 的正奇数}），I_1 = 1 \\ I_n = \dfrac{n-1}{n} \cdot \dfrac{n-3}{n-2} \cdots \dfrac{3}{4} \cdot \dfrac{1}{2} \cdot \dfrac{\pi}{2} \\ （n \text{ 为正偶数}），I_0 = \dfrac{\pi}{2} \end{cases}$

附录2 初等数学常用公式及常用结论

一、代数公式

1. 元素与集合的关系

$x \in A \Leftrightarrow x \notin C_U A$，

$x \in C_U A \Leftrightarrow x \notin A$。

2. 德摩根公式

$C_U (A \cap B) = C_U A \cup C_U B$，

$C_U (A \cup B) = C_U A \cap C_U B$。

3. 包含关系

$A \cap B = A \Leftrightarrow A \cup B = B \Leftrightarrow A \subseteq B \Leftrightarrow C_U B \subseteq C_U A$

$\Leftrightarrow A \cap C_U B = \Phi \Leftrightarrow C_U A \cup B = R$

4. 容斥原理

$\mathrm{card}(A \cup B) = \mathrm{card} A + \mathrm{card} B - \mathrm{card}(A \cap B)$

$\mathrm{card}(A \cup B \cup C) = \mathrm{card} A + \mathrm{card} B + \mathrm{card} C - \mathrm{card}(A \cap B)$

$\qquad - \mathrm{card}(A \cap B) - \mathrm{card}(B \cap C) - \mathrm{card}(C \cap A) + \mathrm{card}(A \cap B \cap C)$

5. 集合 $\{a_1, a_2, \cdots, a_n\}$ 的子集个数共有 2^n 个；真子集有 $2^n - 1$ 个；非空子集有 $2^n - 1$ 个；非空的真子集有 $2^n - 2$ 个。

6. 二次函数的解析式的三种形式

(1) 一般式 $f(x) = ax^2 + bx + c (a \neq 0)$；

(2) 顶点式 $f(x) = a(x-h)^2 + k (a \neq 0)$；

(3) 零点式 $f(x) = a(x-x_1)(x-x_2)(a \neq 0)$。

7. 解不等式 $N < f(x) < M$ 常有以下转化形式

$N < f(x) < M \Leftrightarrow [f(x) - M][f(x) - N] < 0$

$\Leftrightarrow \left| f(x) - \dfrac{M+N}{2} \right| < \dfrac{M-N}{2} \Leftrightarrow \dfrac{f(x) - N}{M - f(x)} > 0$

$\Leftrightarrow \dfrac{1}{f(x) - N} > \dfrac{1}{M - N}$

8. 方程 $f(x) = 0$ 在 (k_1, k_2) 上有且只有一个实根，与 $f(k_1)f(k_2) < 0$ 不等价，前者是后者的一个必要而不是充分条件。特别地，方程 $ax^2 + bx + c = 0 (a \neq 0)$ 有且只有一个实根在 (k_1, k_2) 内，等价于 $f(k_1)f(k_2) < 0$，或 $f(k_1) = 0$ 且 $k_1 < -\dfrac{b}{2a} < \dfrac{k_1 + k_2}{2}$，或 $f(k_2) = 0$ 且 $\dfrac{k_1 + k_2}{2} < -\dfrac{b}{2a} < k_2$。

9. 闭区间上的二次函数的最值

二次函数 $f(x)=ax^2+bx+c(a\neq0)$ 在闭区间 $[p,q]$ 上的最值只能在 $x=-\dfrac{b}{2a}$ 处及区间的两端点处取得，具体如下：

(1) $a>0$ 时，若 $x=-\dfrac{b}{2a}\in[p,q]$，则 $f(x)_{\min}=f\left(-\dfrac{b}{2a}\right)$，$f(x)_{\max}=\max\{f(p),f(q)\}$；$x=-\dfrac{b}{2a}\notin[p,q]$，$f(x)_{\max}=\max\{f(p),f(q)\}$，$f(x)_{\min}=\min\{f(p),f(q)\}$。

(2) 当 $a<0$ 时，若 $x=-\dfrac{b}{2a}\in[p,q]$，则 $f(x)_{\min}=\min\{f(p),f(q)\}$，$x=-\dfrac{b}{2a}\notin[p,q]$，则 $f(x)_{\max}=\max\{f(p),f(q)\}$，$f(x)_{\min}=\min\{f(p),f(q)\}$。

10. 一元二次方程的实根分布

根的存在性定理：若 $f(m)f(n)<0$，则方程 $f(x)=0$ 在区间 (m,n) 内至少有一个实根。

设 $f(x)=x^2+px+q$，则

(1) 方程 $f(x)=0$ 在区间 $(m,+\infty)$ 内有根的充要条件为 $f(m)=0$ 或 $\begin{cases}p^2-4q\geq0\\-\dfrac{p}{2}>m\end{cases}$；

(2) 方程 $f(x)=0$ 在区间 (m,n) 内有根的充要条件为 $f(m)f(n)<0$ 或 $\begin{cases}f(m)>0\\f(n)>0\\p^2-4q\geq0\\m<-\dfrac{p}{2}<n\end{cases}$ 或 $\begin{cases}f(m)=0\\af(n)>0\end{cases}$ 或 $\begin{cases}f(n)=0\\af(m)>0\end{cases}$；

(3) 方程 $f(x)=0$ 在区间 $(-\infty,n)$ 内有根的充要条件为 $f(m)<0$ 或 $\begin{cases}p^2-4q\geq0\\-\dfrac{p}{2}<m\end{cases}$

11. 定区间上含参数的二次不等式恒成立的条件依据

(1) 在给定区间 $(-\infty,+\infty)$ 的子区间 L(形如 $[\alpha,\beta]$，$(-\infty,\beta]$，$[\alpha,+\infty)$ 下同) 上含参数的二次不等式 $f(x,t)\geq0(t$ 为参数) 恒成立的充要条件是 $f(x,t)_{\min}\geq0(x\notin L)$。

(2) 在给定区间 $(-\infty,+\infty)$ 的子区间上含参数的二次不等式 $f(x,t)\geq0(t$ 为参数) 恒成立的充要条件是 $f(x,t)_{\max}\leq0(x\notin L)$。

(3) $f(x)=ax^4+bx^2+c>0$ 恒成立的充要条件是 $\begin{cases}a\geq0\\b\geq0\\c>0\end{cases}$ 或 $\begin{cases}a<0\\b^2-4ac<0\end{cases}$。

12. 真值表

p	q	非 p	p 或 q	p 且 q
真	真	假	真	真
真	假	假	真	假
假	真	真	真	假
假	假	真	假	假

13. 常见结论的否定形式

原结论	反设词	原结论	反设词
是	不是	至少有一个	一个也没有
都是	不都是	至多有一个	至少有两个
大于	不大于	至少有 n 个	至多有 $(n-1)$ 个
小于	不小于	至多有 n 个	至少有 $(n+1)$ 个
对所有 x，成立	存在某 x，不成立	p 或 q	$\neg p$ 且 $\neg q$
对任何 x，不成立	存在某 x，成立	p 且 q	$\neg p$ 或 $\neg q$

14. 四种命题的相互关系

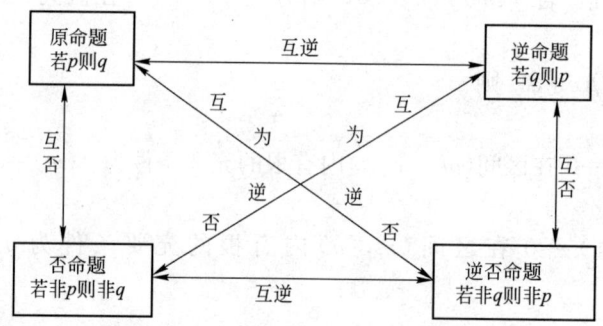

15. 充要条件

(1) 充分条件：若 $p \Rightarrow q$，则 p 是 q 充分条件。

(2) 必要条件：若 $q \Rightarrow p$，则 p 是 q 必要条件。

(3) 充要条件：若 $p \Rightarrow q$，且 $q \Rightarrow p$，则 p 是 q 充要条件。

注：如果甲是乙的充分条件，则乙是甲的必要条件；反之亦然。

16. 函数的单调性

(1) 设 $x_1 \cdot x_2 \in [a, b]$，$x_1 \neq x_2$ 那么

$$(x_1 - x_2)[f(x_1) - f(x_2)] > 0 \Leftrightarrow \frac{f(x_1) - f(x_2)}{x_1 - x_2} > 0 \Leftrightarrow f(x) 在 [a, b] 上是增函数；$$

$$(x_1 - x_2)[f(x_1) - f(x_2)] < 0 \Leftrightarrow \frac{f(x_1) - f(x_2)}{x_1 - x_2} < 0 \Leftrightarrow f(x) 在 [a, b] 上是减函数。$$

(2) 设函数 $y = f(x)$ 在某个区间内可导，如果 $f'(x) > 0$，则 $f(x)$ 为增函数；如果 $f'(x) < 0$，则 $f(x)$ 为减函数。

17. 如果函数 $f(x)$ 和 $g(x)$ 都是减函数，则在公共定义域内，和函数 $f(x) + g(x)$ 也是减函数；如果函数 $y = f(u)$ 和 $u = g(x)$ 在其对应的定义域上都是减函数，则复合函数 $y = f[g(x)]$ 是增函数。

18. 奇偶函数的图象特征

奇函数的图象关于原点对称，偶函数的图象关于 y 轴对称；反过来，如果一个函数的图象关于原点对称，那么这个函数是奇函数；如果一个函数的图象关于 y 轴对称，那么这个函数是偶函数。

19. 若函数 $y = f(x)$ 是偶函数，则 $f(x+a) = f(-x-a)$；若函数 $y = f(x+a)$ 是偶函

数，则 $f(x+a)=f(-x-a)$。

20. 对于函数 $y=f(x)(x\in R)$，$f(x+a)=f(b-x)$ 恒成立，则函数 $f(x)$ 的对称轴是函数 $x=\dfrac{a+b}{2}$；两个函数 $y=f(x+a)$ 与 $y=f(b-x)$ 的图象关于直线 $x=\dfrac{a+b}{2}$ 对称。

21. 若 $f(x)=-f(-x+a)$，则函数 $y=f(x)$ 的图象关于点 $\left(\dfrac{a}{2}, 0\right)$ 对称；若 $f(x)=-f(x+a)$，则函数 $y=f(x)$ 为周期为 $2a$ 的周期函数。

22. 多项式函数 $P(x)=a_nx^n+a_{n-1}x^{n-1}+\cdots+a_0$ 的奇偶性

多项式函数 $P(x)$ 是奇函数 $\Leftrightarrow P(x)$ 的偶次项(即奇数项)的系数全为零。

多项式函数 $P(x)$ 是偶函数 $\Leftrightarrow P(x)$ 的奇次项(即偶数项)的系数全为零。

23. 函数 $y=f(x)$ 的图象的对称性

(1) 函数 $y=f(x)$ 的图象关于直线 $x=a$ 对称 $\Leftrightarrow f(a+x)=f(a-x)\Leftrightarrow f(2a-x)=f(x)$。

(2) 函数 $y=f(x)$ 的图象关于直线 $x=\dfrac{a+b}{2}$ 对称 $\Leftrightarrow f(a+mx)=f(b-mx)\Leftrightarrow f(a+b-mx)=f(mx)$。

24. 两个函数图象的对称性

(1) 函数 $y=f(x)$ 与函数 $y=f(-x)$ 的图象关于直线 $x=0$(即 y 轴)对称。

(2) 函数 $y=f(mx-a)$ 与函数 $y=f(b-mx)$ 的图象关于直线 $x=\dfrac{a+b}{2m}$ 对称。

(3) 函数 $y=f(x)$ 和 $y=f^{-1}(x)$ 的图象关于直线 $y=x$ 对称。

25. 若将函数 $y=f(x)$ 的图象右移 a、上移 b 个单位，得到函数 $y=f(x-a)+b$ 的图象；若将曲线 $f(x, y)=0$ 的图象右移 a、上移 b 个单位，得到曲线 $f(x-a, y-b)=0$ 的图象。

26. 互为反函数的两个函数的关系

$$f(a)=b\Leftrightarrow f^{-1}(b)=a$$

27. 若函数 $y=f(kx+b)$ 存在反函数，则其反函数为 $y=\dfrac{1}{k}\left[f^{-1}(x)-b\right]$，并不是 $y=f^{-1}(kx+b)$，而函数 $y=f^{-1}(kx+b)$ 是 $y=\dfrac{1}{k}\left[f(x)-b\right.$ 的反函数。

28. 几个常见的函数方程

(1) 正比例函数 $f(x)=cx$，$f(x+y)=f(x)+f(y)$，$f(1)=c$。

(2) 指数函数 $f(x)=a^x$，$f(x+y)=f(x)f(y)$，$f(1)=a\neq 0$。

(3) 对数函数 $f(x)=\log_a x$，$f(xy)=f(x)+f(y)$，$f(a)=1(a>0, a\neq 1)$。

(4) 幂函数 $f(x)=x^a$，$f(xy)=f(x)f(y)$，$f'(1)=\alpha$。

(5) 余弦函数 $f(x)=\cos x$，正弦函数 $g(x)=\sin x$，$f(x-y)=f(x)f(y)+g(x)g(y)$，$f(0)=1$，$\lim\limits_{x\to 0}\dfrac{g(x)}{x}=1$。

29. 几个函数方程的周期(约定 $a>0$)

(1) $f(x)=f(x+a)$，则 $f(x)$ 的周期 $T=a$；

(2) $f(x)=f(x+a)=0$，

或 $f(x+a)=\dfrac{1}{f(x)}(f(x)\neq 0)$,

或 $f(x+a)=-\dfrac{1}{f(x)}(f(x)\neq 0)$,

或 $\dfrac{1}{2}+\sqrt{f(x)-f^2(x)}=f(x+a)$, $(f(x)\in[0, 1])$, 则 $f(x)$ 的周期 $T=2a$;

(3) $f(x)=1-\dfrac{1}{f(x+a)}(f(x)\neq 0)$, 则 $f(x)$ 的周期 $T=3a$;

(4) $f(x_1+x_2)=\dfrac{f(x_1)+f(x_2)}{1-f(x_1)f(x_2)}$ 且 $f(a)=1(f(x_1)\cdot f(x_2)\neq 1, 0<|x_1-x_2|<2a)$, 则 $f(x)$ 的周期 $T=4a$;

(5) $f(x)+f(x+a)+f(x+2a)f(x+3a)+f(x+4a)=f(x)f(x+a)f(x+2a)f(x+3a)f(x+4a)$, 则 $f(x)$ 的周期 $T=5a$;

(6) $f(x+a)=f(x)-f(x+a)$, 则 $f(x)$ 的周期 $T=6a$。

30. 分数指数幂

(1) $a^{\frac{m}{n}}=\dfrac{1}{\sqrt[n]{a^m}}(a>0, m, n\in N^*,$ 且 $n>1)$。

(2) $a^{-\frac{m}{n}}=\dfrac{1}{a^{\frac{m}{n}}}(a>0, m, n\in N^*,$ 且 $n>1)$。

31. 根式的性质

(1) $(\sqrt[n]{a})^n=a$;

(2) 当 n 为奇数时, $\sqrt[n]{a^n}=a$;

当 n 为偶数时, $\sqrt[n]{a^n}=|a|=\begin{cases}a, & a\geqslant 0\\ -a, & a<0\end{cases}$。

32. 有理指数幂的运算性质

(1) $a^r\cdot a^s=a^{r+s}(a>0, r, s\in Q)$。

(2) $(a^r)^s=a^{rs}(a>0, r, s\in Q)$。

(3) $(ab)^r=a^rb^r(a>0, b>0, r\in Q)$。

注: 若 $a>0$, p 是一个无理数, 则 a^p 表示一个确定的实数. 上述有理指数幂的运算性质, 对于无理数指数幂都适用。

33. 指数式与对数式的互化式

$\log_a N=b\Leftrightarrow a^b=N(a>0, a\neq 1, N>0)$。

34. 对数的换底公式

$\log_a N=\dfrac{\log_m N}{\log_m a}(a>0,$ 且 $a\neq 1, m>0,$ 且 $m\neq 1, N>0)$。

推论: $\log_{a^m} b^n=\dfrac{n}{m}\log_a b(a>0,$ 且 $a>1, m, n>0,$ 且 $m\neq 1, n\neq 1, N>0)$。

35. 对数的四则运算法则

若 $a>0, a\neq 1, M>0, N>0$, 则

(1) $\log_a(MN)=\log_a M+\log_a N$;

(2) $\log_a\dfrac{M}{N}=\log_aM-\log_aN$；

(3) $\log_aM^n=n\log_aM(n\in R)$。

36. 设函数 $f(x)=\log_m(ax^2+bx+c)(a\neq0)$，记 $\Delta=b^2-4ac$。若 $f(x)$ 的定义域为 R，则 $a>0$，且 $\Delta<0$；若 $f(x)$ 的值域为 R，则 $a>0$，且 $\Delta\geqslant0$. 对于 $a=0$ 的情形，需要单独检验。

37. 对数换底不等式及其推广

若 $a>0$，$b>0$，$x>0$，$x\neq\dfrac{1}{a}$，则函数 $y=\log_{ax}(bx)$

(1) 当 $a>b$ 时，在 $\left(0,\dfrac{1}{a}\right)$ 和 $\left(\dfrac{1}{a},+\infty\right)$ 上 $y=\log_{ax}(bx)$ 为增函数。

(2) 当 $a<b$ 时，在 $\left(0,\dfrac{1}{a}\right)$ 和 $\left(\dfrac{1}{a},+\infty\right)$ 上 $y=\log_{ax}(bx)$ 为减函数。

推论： 设 $n>m>1$，$p>0$，$a>0$，且 $a\neq1$，则

(1) $\log_{m+p}(n+p)<\log_mn$。

(2) $\log_am\log_an<\log_a^2\dfrac{m+n}{2}$。

38. 平均增长率的问题

如果原来产值的基础数为 N，平均增长率为 p，则对于时间 x 的总产值 y，有 $y=N(1+p)^x$。

39. 数列的同项公式与前 n 项的和的关系

$a_n=\begin{cases}s_1,&n=1\\s_n-s_{n-1},&n\geqslant2\end{cases}$（数列 $\{a_n\}$ 的前 n 项的和为 $s_n=a_1+a_2+\cdots+a_n$）。

40. 等差数列的通项公式

$a_n=a_1+(n-1)d=dn+a_1-d(n\in N^*)$；

其前 n 项和公式为

$s_n=\dfrac{n(a_1+a_n)}{2}=na_1+\dfrac{n(n-1)}{2}d$

$\quad=\dfrac{d}{2}n^2+(a_1-\dfrac{1}{2}d)n$。

41. 等比数列的通项公式

$a_n=a_1q^{n-1}=\dfrac{a_1}{q}\cdot q^n(n\in N^*)$；

其前 n 项的和公式为

$s_n=\begin{cases}\dfrac{a_1(1-q^n)}{1-q},&q\neq1\\na_1,&q=1\end{cases}$

或 $s_n=\begin{cases}\dfrac{a_1-a_nq}{1-q},&q\neq1\\na_1,&q=1\end{cases}$。

42. 等比差数列 $\{a_n\}$：$a_{n+1}=qa_n+d$，$a_1=b(q\neq0)$ 的通项公式为

$$a_n = \begin{cases} b+(n-1)d, & q=1 \\ \dfrac{bq^n+(d-b)q^{n-1}-d}{q-1}, & q \neq 1 \end{cases};$$

其前 n 项和公式为

$$s_n = \begin{cases} nb+n(n-1)d, & (q=1) \\ \left(b-\dfrac{d}{1-q}\right)\dfrac{1-q^n}{q-1}+\dfrac{d}{1-q}n, & (q \neq 1) \end{cases}。$$

43. 分期付款（按揭贷款）

每次还款 $x = \dfrac{ab(1+b)^n}{(1+b)^n-1}$ 元(贷款 a 元，n 次还清，每期利率为 b)。

44. 常用不等式：

(1) $a，b \in R \Rightarrow a^2+b^2 \geqslant 2ab$(当且仅当 $a=b$ 时取 "=" 号)。

(2) $a，b \in R^+ \Rightarrow \dfrac{a+b}{2} \geqslant \sqrt{ab}$(当且仅当 $a=b$ 时取 "=" 号)。

(3) $a^3+b^3+c^3 \geqslant 3abc(a>0，b>0，c>0)$。

(4) 柯西不等式

$(a^2+b^2)(c^2+d^2) \geqslant (ac+bd)^2$，$a，b，c，d \in R$。

(5) $|a|-|b| \leqslant |a+b| \leqslant |a|+|b|$。

45. 极值定理

已知 $x，y$ 都是正数，则有

(1) 若积 xy 是定值 p，则当 $x=y$ 时和 $x+y$ 有最小值 $2\sqrt{p}$；

(2) 若和 $x+y$ 是定值 s，则当 $x=y$ 时积 xy 有最大值 $\dfrac{1}{4}s^2$。

推广：已知 $x，y \in R$，则有 $(x+y)^2=(x-y)^2+4xy$

(1) 若积 xy 是定值，则当 $|x-y|$ 最大时，$|x+y|$ 最大；

当 $|x-y|$ 最小时，$|x+y|$ 最小。

(2) 若和 $|x+y|$ 是定值，则当 $|x-y|$ 最大时，$|xy|$ 最小；

当 $|x-y|$ 最小时，$|xy|$ 最大。

46. 一元二次不等式 $ax^2+bx+c>0$(或<0)($a \neq 0$，$\Delta=b^2-4ac>0$)，如果 a 与 ax^2+bx+c 同号，则其解集在两根之外；如果 a 与 ax^2+bx+c 异号，则其解集在两根之间。
简言之：同号两根之外，异号两根之间。

$x_1<x<x_2 \Leftrightarrow (x-x_1)(x-x_2)<0(x_1<x_2)$；

$x<x_1$ 或 $x>x_2 \Leftrightarrow (x-x_1)(x-x_2)>0(x_1<x_2)$。

47. 含有绝对值的不等式

当 $a>0$ 时，有

$|x|<a \Leftrightarrow x^2<a^2 \Leftrightarrow -a<x<a$。

$|x|>a \Leftrightarrow x^2>a^2 \Leftrightarrow x>a$ 或 $x<-a$。

48. 无理不等式

(1) $\sqrt{f(x)} > \sqrt{g(x)} \Leftrightarrow \begin{cases} f(x) \geqslant 0 \\ g(x) \geqslant 0 \\ f(x)>g(x) \end{cases}$。

$$(2)\ \sqrt{f(x)}>g(x)\Leftrightarrow\begin{cases}f(x)\geqslant0\\g(x)\geqslant0\\f(x)>[g(x)]^2\end{cases}\text{或}\begin{cases}f(x)\geqslant0\\g(x)<0\end{cases}。$$

$$(3)\ \sqrt{f(x)}<g(x)\Leftrightarrow\begin{cases}f(x)\geqslant0\\g(x)>0\\f(x)<[g(x)]^2\end{cases}。$$

49. 指数不等式与对数不等式

(1) 当 $a>1$ 时，

$$a^{f(x)}>a^{g(x)}\Leftrightarrow f(x)>g(x);$$

$$\log_a f(x)>\log_a g(x)\Leftrightarrow\begin{cases}f(x)>0\\g(x)>0\\f(x)>g(x)\end{cases}。$$

(2) 当 $0<a<1$ 时，

$$a^{f(x)}>a^{g(x)}\Leftrightarrow f(x)<g(x);$$

$$\log_a f(x)>\log_a g(x)\Leftrightarrow\begin{cases}f(x)>0\\g(x)>0\\f(x)<g(x)\end{cases}。$$

50. 复数的相等

$a+bi=c+di\Leftrightarrow a=c,\ b=d。(a,\ b,\ c,\ d\in R)$。

198. 复数 $z=a+bi$ 的模(或绝对值)

$|z|=|a+bi|=\sqrt{a^2+b^2}$。

51. 复数的四则运算法则

(1) $(a+bi)+(c+di)=(a+c)+(b+d)i$；

(2) $(a+bi)-(c+di)=(a-c)+(b-d)i$；

(3) $(a+bi)(c+di)=(ac-bd)+(bc+ad)i$；

(4) $(a+bi)\div(c+di)=\dfrac{ac+bd}{c^2+d^2}+\dfrac{bc-ad}{c^2+d^2}i(c+di\neq0)$。

52. 复数的乘法的运算律

对于任何 $z_1,\ z_2,\ z_3\in C$，有

交换律：$z_1\cdot z_2=z_2\cdot z_1$。

结合律：$(z_1\cdot z_2)\cdot z_3=z_1\cdot(z_2\cdot z_3)$。

分配律：$z_1\cdot(z_2+z_3)=z_1\cdot z_2+z_1\cdot z_3$。

53. 复平面上的两点间的距离公式

$d=|z_1-z_2|=\sqrt{(x_2-x_1)^2+(y_2-y_1)^2}(z_1=x_1+y_1i,\ z_2=x_2+y_2i)$。

54. 向量的垂直

非零复数 $z_1=a+bi$，$z_2=c+di$ 对应的向量分别是 $\overrightarrow{OZ_1}$，$\overrightarrow{OZ_2}$，则

$\overrightarrow{OZ_1}\perp\overrightarrow{OZ_2}\Leftrightarrow\overline{z_1}\cdot z_2$ 的实部为零 $\Leftrightarrow\dfrac{z_2}{z_1}$ 为纯虚数 $\Leftrightarrow|z_1+z_2|^2=|z_1|^2+|z_2|^2$

$\Leftrightarrow|z_1-z_2|^2=|z_1|^2+|z_2|^2\Leftrightarrow|z_1+z_2|=|z_1-z_2|\Leftrightarrow ac+bd=0\Leftrightarrow z_1=\lambda iz_2(\lambda$ 为非零实数)。

55. 实系数一元二次方程的解

实系数一元二次方程 $ax^2+bx+c=0$,

① 若 $\Delta=b^2-4ac>0$, 则 $x_{1,2}=\dfrac{-b\pm\sqrt{b^2-4ac}}{2a}$;

② 若 $\Delta=b^2-4ac=0$, 则 $x_1=x_2=-\dfrac{b}{2a}$;

③ 若 $\Delta=b^2-4ac<0$, 它在实数集 R 内没有实数根; 在复数集 C 内有且仅有两个共

轭复数根 $x=\dfrac{-b\pm\sqrt{-(b^2-4ac)}\,i}{2a}(b^2-4ac<0)$。

56. 空间向量的加法与数乘向量运算的运算律

(1) 加法交换律: $\boldsymbol{a}+\boldsymbol{b}=\boldsymbol{b}+\boldsymbol{a}$。

(2) 加法结合律: $(\boldsymbol{a}+\boldsymbol{b})+\boldsymbol{c}=\boldsymbol{a}+(\boldsymbol{b}+\boldsymbol{c})$。

(3) 数乘分配律: $\lambda(\boldsymbol{a}+\boldsymbol{b})=\lambda\boldsymbol{a}+\lambda\boldsymbol{b}$。

57. 平面向量加法的平行四边形法则向空间的推广

始点相同且不在同一个平面内的三个向量之和, 等于以这三个向量为棱的平行六面体的以公共始点为始点的对角线所表示的向量。

58. 共线向量定理

对空间任意两个向量 $\boldsymbol{a}$、$\boldsymbol{b}(\boldsymbol{b}\neq 0)$, $\boldsymbol{a}/\!/\boldsymbol{b}\Leftrightarrow$存在实数 λ 使 $\boldsymbol{a}=\lambda\boldsymbol{b}$。

P、A、B 三点共线$\Leftrightarrow AP/\!/AB\Leftrightarrow\overrightarrow{AP}=t\overrightarrow{AB}\Leftrightarrow\overrightarrow{OP}=(1-t)\overrightarrow{OA}+t\overrightarrow{OB}$。

$AB/\!/CD\Leftrightarrow\overrightarrow{AB}$、$\overrightarrow{CD}$ 共线且 AB、CD 不共线$\Leftrightarrow\overrightarrow{AB}=t\overrightarrow{CD}$且 AB、CD 不共线。

59. 共面向量定理

向量 p 与两个不共线的向量 a、b 共面$\Leftrightarrow$存在实数对 x, y, 使 $p=ax+by$。

推论: 空间一点 P 位于平面 MAB 内$\Leftrightarrow$存在有序实数对 x, y, 使 $\overrightarrow{MP}=x\overrightarrow{MA}+y\overrightarrow{MB}$, 或对空间任一定点 O, 有序实数对 x, y, 使 $\overrightarrow{OP}=\overrightarrow{OM}+x\overrightarrow{MA}+y\overrightarrow{MB}$。

60. 对空间任一点 O 和不共线的三点 A、B、C, 满足 $\overrightarrow{OP}=x\overrightarrow{OA}+y\overrightarrow{OB}+z\overrightarrow{OC}$($x+y+z=k$), 则当 $k=1$ 时, 对于空间任一点 O, 总有 P、A、B、C 四点共面; 当 $k\neq 1$ 时, 若 $O\in$ 平面 ABC, 则 P、A、B、C 四点共面; 若 $O\notin$ 平面 ABC, 则 P、A、B、C 四点不共面。

A、B、C、D 四点共面$\Leftrightarrow\overrightarrow{AD}$与$\overrightarrow{AB}$、$\overrightarrow{AC}$共面$\Leftrightarrow\overrightarrow{AD}=x\overrightarrow{AB}+y\overrightarrow{AC}\Leftrightarrow\overrightarrow{OD}=(1-x-y)\overrightarrow{OA}+x\overrightarrow{OB}+y\overrightarrow{OC}(O\notin$ 平面 $ABC)$。

61. 空间向量基本定理

如果三个向量 a、b、c 不共面, 那么对空间任一向量 p, 存在一个唯一的有序实数组 x、y、z; 使 $p=xa+yb+zc$。

推论: 设 O、A、B、C 是不共面的四点, 则对空间任一点 P, 都存在唯一的三个有序实数 x、y、z, 使 $\overrightarrow{OP}=x\overrightarrow{OA}+y\overrightarrow{OB}+z\overrightarrow{OC}$。

62. 射影公式

已知向量 $\overrightarrow{AB}=a$ 和轴 l, e 是 l 上与 l 同方向的单位向量。作 A 点在 l 上的射影 A', 作 B 点在 l 上的射影 B', 则

$$A'B' = |\overrightarrow{AB}| \cos\langle a, e \rangle = a \cdot e$$

63. 向量的直角坐标运算

设 $a = (a_1, a_2, a_3)$，$b = (b_1, b_2, b_3)$ 则

(1) $a + b = (a_1 + b_1, a_2 + b_2, a_3 + b_3)$；

(2) $a - b = (a_1 - b_1, a_2 - b_2, a_3 - b_3)$；

(3) $\lambda a = (\lambda a_1, \lambda a_2, \lambda a_3)(\lambda \in R)$；

(4) $a \cdot b = a_1 b_1 + a_2 b_2 + a_3 b_3$。

64. 设 $A(x_1, y_1, z_1)$，$B(x_2, y_2, z_2)$，则

$\overrightarrow{AB} = \overrightarrow{OB} - \overrightarrow{OA} = (x_2 - x_1, y_2 - y_1, z_2 - z_1)$。

65. 空间的线线平行或垂直

设 $\vec{a} = (x_1, y_1, z_1)$，$\vec{b} = (x_2, y_2, z_2)$，则

$$\vec{a} /\!/ \vec{b} \Leftrightarrow \vec{a} = \lambda \vec{b}\,(\vec{b} \neq \vec{0}) \Leftrightarrow \begin{cases} x_1 = \lambda x_2 \\ y_1 = \lambda y_2\,; \\ z_1 = \lambda z_2 \end{cases}$$

$\vec{a} \perp \vec{b} \Leftrightarrow \vec{a} \cdot \vec{b} = 0 \Leftrightarrow x_1 x_2 + y_1 y_2 + z_1 z_2 = 0$。

66. 夹角公式

设 $a = (a_1, a_2, a_3)$，$b = (b_1, b_2, b_3)$，则

$$\cos\langle a, b \rangle = \frac{a_1 b_1 + a_2 b_2 + a_3 b_3}{\sqrt{a_1^2 + a_2^2 + a_3^2}\sqrt{b_1^2 + b_2^2 + b_3^2}}。$$

推论： $(a_1 b_1 + a_2 b_2 + a_3 b_3)^2 \leqslant (a_1^2 + a_2^2 + a_3^2)(b_1^2 + b_2^2 + b_3^2)$，此即三维柯西不等式。

二、三角函数公式

67. 常见三角不等式

(1) 若 $x \in \left(0, \dfrac{\pi}{2}\right)$，则 $\sin x < x < \tan x$。

(2) 若 $x \in \left(0, \dfrac{\pi}{2}\right)$，则 $1 < \sin x + \cos x \leqslant \sqrt{2}$。

(3) $|\sin x| + |\cos x| \geqslant 1$。

68. 同角三角函数的基本关系式

$\sin^2\theta + \cos^2\theta = 1$，

$\sin\alpha \cdot \csc\alpha = 1$，$\cos\alpha \cdot \sec\alpha = 1$，

$\tan\alpha = \dfrac{\sin\alpha}{\cos\alpha} = \dfrac{\sec\alpha}{\csc\alpha}$，$\cot\alpha = \dfrac{\cos\alpha}{\sin\alpha} = \dfrac{\csc\alpha}{\sec\alpha}$，

$1 + \tan^2\alpha = \sec^2\alpha$，$1 + \cot^2\alpha = \csc^2\alpha$。

69. 正弦、余弦的诱导公式

$\sin(-\alpha) = -\sin\alpha$，

$\cos(-\alpha) = \cos\alpha$，

$\tan(-\alpha) = -\tan\alpha$，

$\cot(-\alpha) = -\cot\alpha$，

$$\sin\left(\frac{\pi}{2}-\alpha\right)=\cos\alpha, \qquad \sin\left(\frac{\pi}{2}+\alpha\right)=\cos\alpha,$$

$$\cos\left(\frac{\pi}{2}-\alpha\right)=\sin\alpha, \qquad \cos\left(\frac{\pi}{2}+\alpha\right)=-\sin\alpha,$$

$$\tan\left(\frac{\pi}{2}-\alpha\right)=\cot\alpha, \qquad \tan\left(\frac{\pi}{2}+\alpha\right)=-\cot\alpha,$$

$$\cot\left(\frac{\pi}{2}-\alpha\right)=\tan\alpha, \qquad \cot\left(\frac{\pi}{2}+\alpha\right)=-\tan\alpha,$$

$$\sin(\pi-\alpha)=\sin\alpha, \qquad \sin(\pi+\alpha)=-\sin\alpha,$$

$$\cos(\pi-\alpha)=-\cos\alpha, \qquad \cos(\pi+\alpha)=-\cos\alpha,$$

$$\tan(\pi-\alpha)=-\tan\alpha, \qquad \tan(\pi+\alpha)=\tan\alpha,$$

$$\cot(\pi-\alpha)=-\cot\alpha, \qquad \cot(\pi+\alpha)=\cot\alpha,$$

$$\sin\left(\frac{3\pi}{2}-\alpha\right)=-\cos\alpha, \qquad \sin\left(\frac{3\pi}{2}+\alpha\right)=-\cos\alpha,$$

$$\cos\left(\frac{3\pi}{2}-\alpha\right)=-\sin\alpha, \qquad \cos\left(\frac{3\pi}{2}+\alpha\right)=\sin\alpha,$$

$$\tan\left(\frac{3\pi}{2}-\alpha\right)=\cot\alpha, \qquad \tan\left(\frac{3\pi}{2}+\alpha\right)=-\cot\alpha,$$

$$\cot\left(\frac{3\pi}{2}-\alpha\right)=\tan\alpha, \qquad \cot\left(\frac{3\pi}{2}+\alpha\right)=-\tan\alpha,$$

$$\sin(2\pi-\alpha)=-\sin\alpha, \qquad \sin(2k\pi+\alpha)=\sin\alpha\,(\text{其中 } k\in Z),$$

$$\cos(2\pi-\alpha)=\cos\alpha, \qquad \cos(2k\pi+\alpha)=\cos\alpha\,(\text{其中 } k\in Z),$$

$$\tan(2\pi-\alpha)=-\tan\alpha, \qquad \tan(2k\pi+\alpha)=\tan\alpha\,(\text{其中 } k\in Z),$$

$$\cot(2\pi-\alpha)=-\cot\alpha, \qquad \cot(2k\pi+\alpha)=\cot\alpha\,(\text{其中 } k\in Z)。$$

70. 和角与差角公式

$$\sin(\alpha\pm\beta)=\sin\alpha\cos\beta\pm\cos\alpha\sin\beta;$$

$$\cos(\alpha\pm\beta)=\cos\alpha\cos\beta\mp\sin\alpha\sin\beta;$$

$$\tan(\alpha\pm\beta)=\frac{\tan\alpha\pm\tan\beta}{1\mp\tan\alpha\tan\beta};$$

$$\sin(\alpha+\beta)\sin(\alpha-\beta)=\sin^2\alpha-\sin^2\beta\,(\text{平方正弦公式});$$

$$\cos(\alpha+\beta)\cos(\alpha-\beta)=\cos^2\alpha-\sin^2\beta;$$

$$a\sin\alpha+b\cos\alpha=\sqrt{a^2+b^2}\sin(\alpha+\varphi)\left(\text{辅助角 } \varphi \text{ 所在象限由点}(a,\ b)\text{的象限决定，}\tan\varphi=\frac{b}{a}\right)。$$

71. 二倍角公式

$$\sin2\alpha=\sin\alpha\cos\alpha。$$

$$\cos2\alpha=\cos^2\alpha-\sin^2\alpha=2\cos^2\alpha-1=1-2\sin^2\alpha。$$

$$\tan2\alpha=\frac{2\tan\alpha}{1-\tan^2\alpha}。$$

72. 三倍角公式

$$\sin3\theta=3\sin\theta-4\sin^3\theta=4\sin\theta\sin\left(\frac{\pi}{3}-\theta\right)\sin\left(\frac{\pi}{3}+\theta\right)。$$

$$\cos3\theta=4\cos^3\theta-3\cos\theta=4\cos\theta\cos\left(\frac{\pi}{3}-\theta\right)\cos\left(\frac{\pi}{3}+\theta\right)。$$

$$\tan 3\theta = \frac{3\tan\theta - \tan^3\theta}{1 - 3\tan^2\theta} = \tan\theta\tan\left(\frac{\pi}{3} - \theta\right)\tan\left(\frac{\pi}{3} + \theta\right)。$$

73. 万能公式

$$\sin\alpha = \frac{2\tan\frac{\alpha}{2}}{1 + \tan^2\frac{\alpha}{2}};$$

$$\cos\alpha = \frac{1 - \tan^2\frac{\alpha}{2}}{1 + \tan^2\frac{\alpha}{2}};$$

$$\tan\alpha = \frac{2\tan\frac{\alpha}{2}}{1 - \tan^2\frac{\alpha}{2}}。$$

74. 半角的正弦、余弦和正切公式

$$\sin\frac{\alpha}{2} = \pm\sqrt{\frac{1 - \cos\alpha}{2}};$$

$$\cos\frac{\alpha}{2} = \pm\sqrt{\frac{1 + \cos\alpha}{2}};$$

$$\tan\frac{\alpha}{2} = \pm\sqrt{\frac{1 - \cos\alpha}{1 + \cos\alpha}} = \frac{1 - \cos\alpha}{\sin\alpha} = \frac{\sin\alpha}{1 + \cos\alpha}。$$

75. 三角函数的降幂公式

$$\sin^2\alpha = \frac{1 - \cos 2\alpha}{2};$$

$$\cos^2\alpha = \frac{1 + \cos 2\alpha}{2}。$$

76. 三角函数的和差化积公式

$$\sin\alpha + \sin\beta = 2\sin\frac{\alpha + \beta}{2}\cos\frac{\alpha - \beta}{2};$$

$$\sin\alpha - \sin\beta = 2\cos\frac{\alpha + \beta}{2}\sin\frac{\alpha - \beta}{2};$$

$$\cos\alpha + \cos\beta = 2\cos\frac{\alpha + \beta}{2}\cos\frac{\alpha - \beta}{2};$$

$$\cos\alpha - \cos\beta = -2\sin\frac{\alpha + \beta}{2}\sin\frac{\alpha - \beta}{2}。$$

77. 三角函数的积化和差公式

$$\sin\alpha\sin\beta = -\frac{1}{2}\left[\cos(\alpha + \beta) - \cos(\alpha - \beta)\right];$$

$$\cos\alpha\cos\beta = \frac{1}{2}\left[\cos(\alpha + \beta) + \cos(\alpha - \beta)\right];$$

$$\sin\alpha\cos\beta = \frac{1}{2}\left[\sin(\alpha + \beta) + \sin(\alpha - \beta)\right];$$

$$\cos\alpha\sin\beta=\frac{1}{2}\big[\sin(\alpha+\beta)-\sin(\alpha-\beta)\big]。$$

78. 化 $a\sin\alpha\pm b\cos\alpha$ 为一个角的一个三角函数的形式(辅助角的三角函数的公式)

$$a\sin x\pm b\cos x=\sqrt{a^2+b^2}\sin(x\pm\phi)$$

$\left(\text{其中}\phi\text{角所在象限由}a\text{、}b\text{的符号确定，}\phi\text{角的值由}\tan\phi=\frac{b}{a}\text{确定}\right)。$

79. 三角函数的周期公式

函数 $y=\sin(\omega x+\varphi)$，$x\in R$ 及函数 $y=\cos(\omega x+\varphi)$，$x\in R(A$、ω、φ 为常数，且 $A\neq 0$，$\omega>0)$的周期 $T=\frac{2\pi}{\omega}$；函数 $y=\tan(\omega x+\varphi)$，$x\neq k\pi+\frac{\pi}{2}$，$k\in Z(A$、ω、φ 为常数，且 $A\neq 0$，$\omega>0)$的周期 $T=\frac{\pi}{\omega}$。

80. 正弦定理

$$\frac{a}{\sin A}=\frac{b}{\sin B}=\frac{c}{\sin C}=2R。$$

81. 余弦定理

$a^2=b^2+c^2-2bc\cos A$；

$b^2=c^2+a^2-2ca\cos B$；

$c^2=a^2+b^2-2ab\cos C。$

82. 面积定理

(1) $S=\frac{1}{2}ah_a=\frac{1}{2}bh_b=\frac{1}{2}ch_c(h_a$、$h_b$、$h_c$ 分别表示 a、b、c 边上的高)；

(2) $S=\frac{1}{2}ab\sin C=\frac{1}{2}bc\sin A=\frac{1}{2}ca\sin B$；

(3) $S_{\triangle OAB}=\frac{1}{2}\sqrt{(|\overrightarrow{OA}|\cdot|\overrightarrow{OB}|)^2-(\overrightarrow{OA}\cdot\overrightarrow{OB})^2}。$

83. 三角形内角和定理

在 $\triangle ABC$ 中，有 $A+B+C=\pi\Leftrightarrow C=\pi-(A+B)$

$\Leftrightarrow\frac{C}{2}=\frac{\pi}{2}-\frac{A+B}{2}\Leftrightarrow 2C=2\pi-2(A+B)。$

84. 简单的三角方程的通解

$\sin x=a\Leftrightarrow x=k\pi+(-1)^k\arcsin a(k\in Z$，$|a|\leqslant 1)$；

$\cos x=a\Leftrightarrow x=2k\pi\pm\arccos a(k\in Z$，$|a|\leqslant 1)$；

$\tan x=a\Rightarrow x=k\pi+\arctan a(k\in Z$，$a\in R)。$

特别地，有

$\sin\alpha=\sin\beta\Leftrightarrow\alpha=k\pi+(-1)^k\beta(k\in Z)$；

$\cos\alpha=\cos\beta\Leftrightarrow\alpha=2k\pi\pm\beta(k\in Z)$；

$\tan\alpha=\tan\beta\Rightarrow\alpha=k\pi+\beta(k\in Z)。$

85. 最简单的三角不等式及其解集

$\sin x>a(|a|\leqslant 1)\Leftrightarrow x\in(2k\pi+\arcsin a$，$2k\pi+\pi-\arcsin a)$，$k\in Z$；

$\sin x<a(|a|\leqslant 1)\Leftrightarrow x\in(2k\pi-\pi-\arcsin a$，$2k\pi+\arcsin a)$，$k\in Z$；

$\cos x>a(|a|\leqslant 1)\Leftrightarrow x\in(2k\pi-\arccos a,\ 2k\pi+\arccos a),\ k\in Z;$

$\cos x<a(|a|\leqslant 1)\Leftrightarrow x\in(2k\pi+\arccos a,\ 2k\pi+2\pi-\arccos a),\ k\in Z;$

$\tan x>a(a\in R)\Rightarrow x\in\left(k\pi+\arctan a,\ k\pi+\dfrac{\pi}{2}\right),\ k\in Z;$

$\tan x<a(a\in R)\Rightarrow x\in\left(k\pi-\dfrac{\pi}{2},\ k\pi+\arctan a\right),\ k\in Z。$

三、几何公式

86. 实数与向量的积的运算律

设 λ、μ 为实数，那么

(1) 结合律：$\lambda(\mu a)=(\lambda\mu)a$；

(2) 第一分配律：$(\lambda+\mu)a=\lambda a+\mu a$；

(3) 第二分配律：$\lambda(a+b)=\lambda a+\lambda b$。

87. 向量的数量积的运算律：

(1) $a\cdot b=b\cdot a$(交换律)；

(2) $(\lambda a)\cdot b=\lambda(a\cdot b)=\lambda a\cdot b=a\cdot(\lambda b)$；

(3) $(a+b)\cdot c=a\cdot c+b\cdot c$。

88. 平面向量基本定理

如果 e_1、e_2 是同一平面内的两个不共线向量，那么对于这一平面内的任一向量，有且只有一对实数 λ_1、λ_2，使得 $a=\lambda_1 e_1+\lambda_2 e_2$。

不共线的向量 e_1、e_2 叫做表示这一平面内所有向量的一组基底。

89. 向量平行的坐标表示

设 $a=(x_1,\ y_1)$，$b=(x_2,\ y_2)$，且 $b\neq 0$，则 $a//b(b\neq 0)\Leftrightarrow x_1 y_2-x_2 y_1=0$。

90. a 与 b 的数量积(或内积)

$a\cdot b=|a||b|\cos\theta$。

91. $a\cdot b$ 的几何意义

数量积 $a\cdot b$ 等于 a 的长度 $|a|$ 与 b 在 a 的方向上的投影 $|b|\cos\theta$ 的乘积。

92. 平面向量的坐标运算

(1) 设 $a=(x_1,\ y_1)$，$b=(x_2,\ y_2)$，则 $a+b=(x_1+x_2,\ y_1+y_2)$；

(2) 设 $a=(x_1,\ y_1)$，$b=(x_2,\ y_2)$，则 $a-b=(x_1-x_2,\ y_1-y_2)$；

(3) 设 $A(x_1,\ y_1)$，$B(x_2,\ y_2)$，则 $\overrightarrow{AB}=\overrightarrow{OB}-\overrightarrow{OA}=(x_2-x_1,\ y_2-y_1)$；

(4) 设 $a=(x,\ y)$，$\lambda\in R$，则 $\lambda a=(\lambda x,\ \lambda y)$；

(5) 设 $a=(x_1,\ y_1)$，$b=(x_2,\ y_2)$，则 $a\cdot b=(x_1 x_2+y_1 y_2)$。

93. 平面两点间的距离公式

$$d_{A,B}=|\overrightarrow{AB}|=\sqrt{\overrightarrow{AB}\cdot\overrightarrow{AB}}$$

$$=\sqrt{(x_2-x_1)^2+(y_2-y_1)^2}(A(x_1,\ y_1),\ B(x_2,\ y_2))。$$

94. 向量的平行与垂直

设 $a=(x_1,\ y_1)$，$b=(x_2,\ y_2)$，且 $b\neq 0$，则

$a//b\Leftrightarrow b=\lambda a\Leftrightarrow x_1 y_2-x_2 y_1=0$；

$a \perp b (a \neq 0) \Leftrightarrow a \cdot b = 0 \Leftrightarrow x_1 x_2 + y_1 y_2 = 0$。

95. 线段的定比分公式

设 $P_1(x_1, y_1)$，$P_2(x_2, y_2)$，$P(x, y)$ 是线段 P_1P_2 的分点，λ 是实数，且 $\overrightarrow{P_1P} = \lambda \overrightarrow{PP_2}$，则

$$\begin{cases} x = \dfrac{x_1 + \lambda x_2}{1 + \lambda} \\ y = \dfrac{y_1 + \lambda y_2}{1 + \lambda} \end{cases} \Leftrightarrow \overrightarrow{OP} = \dfrac{\overrightarrow{OP_1} + \lambda \overrightarrow{OP_2}}{1 + \lambda}$$

$$\Leftrightarrow \overrightarrow{OP} = t\overrightarrow{OP_1} + (1-t)\overrightarrow{OP_2} \left(t = \dfrac{1}{1+\lambda}\right)。$$

96. 三角形的重心坐标公式

$\triangle ABC$ 三个顶点的坐标分别为 $A(x_1, y_1)$、$B(x_2, y_2)$、$C(x_3, y_3)$，则 $\triangle ABC$ 的重心的坐标是 $G\left(\dfrac{x_1 + x_2 + x_3}{3}, \dfrac{y_1 + y_2 + y_3}{3}\right)$。

97. 点的平移公式

$$\begin{cases} x' = x + h \\ y' = y + k \end{cases} \Leftrightarrow \begin{cases} x = x' - h \\ y = y' - k \end{cases} \Leftrightarrow \overrightarrow{OP'} = \overrightarrow{OP} + \overrightarrow{PP'}。$$

注：图形 F 上的任意一点 $P(x, y)$ 在平移后图形 F' 上的对应点为 $P'(x', y')$，且 $\overrightarrow{PP'}$ 的坐标为 (h, k)。

98. "按向量平移"的几个结论

（1）点 $P(x, y)$ 按向量 $a = (h, k)$ 平移后得到点 $P'(x+h, y+k)$。

（2）函数 $y = f(x)$ 的图象 C 按向量 $a = (h, k)$ 平移后得到图象 C'，则 C' 的函数解析式为 $y = f(x-h) + k$。

（3）图象 C' 按向量 $a = (h, k)$ 平移后得到图象 C，若 C 的解析式 $y = f(x)$，则 C' 的函数解析式为 $y = f(x+h) - k$。

（4）曲线 C：$f(x, y) = 0$ 按向量 $a = (h, k)$ 平移后得到图象 C'，则 C' 的方程为 $f(x-h, y-k) = 0$。

（5）向量 $m = (x, y)$ 按向量 $a = (h, k)$ 平移后得到的向量仍然为 $m = (x, y)$。

99. 三角形五"心"向量形式的充要条件

设 O 为 $\triangle ABC$ 所在平面上一点，角 A, B, C 所对边长分别为 a、b、c，则

(1) O 为 $\triangle ABC$ 的外心 $\Leftrightarrow \overrightarrow{OA}^2 = \overrightarrow{OB}^2 = \overrightarrow{OC}^2$；

(2) O 为 $\triangle ABC$ 的重心 $\Leftrightarrow \overrightarrow{OA} + \overrightarrow{OB} + \overrightarrow{OC} = \vec{0}$；

(3) O 为 $\triangle ABC$ 的垂心 $\Leftrightarrow \overrightarrow{OA} \cdot \overrightarrow{OB} = \overrightarrow{OB} \cdot \overrightarrow{OC} = \overrightarrow{OC} \cdot \overrightarrow{OA}$；

(4) O 为 $\triangle ABC$ 的内心 $\Leftrightarrow a\overrightarrow{OA} + b\overrightarrow{OB} + c\overrightarrow{OC} = \vec{0}$；

(5) O 为 $\triangle ABC$ 的 $\angle A$ 的旁心 $\Leftrightarrow a\overrightarrow{OA} = b\overrightarrow{OB} + c\overrightarrow{OC}$。

100. 斜率公式

$k = \dfrac{y_2 - y_1}{x_2 - x_1}$（$P_1(x_1, y_1)$、$P_2(x_2, y_2)$）。

101. 直线的五种方程

(1) 点斜式 $y-y_1=k(x-x_1)$(直线 l 过点 $P_1(x_1，y_1)$，且斜率为 k)；

(2) 斜截式 $y=kx+b$(b 为直线 l 在 y 轴上的截距)；

(3) 两点式 $\dfrac{y-y_1}{y_2-y_1}=\dfrac{x-x_1}{x_2-x_1}$($y_1\neq y_2$)($P_1(x_1，y_1)$、$P_2(x_2，y_2)$($x_1\neq x_2$)；

(4) 截距式 $\dfrac{x}{a}+\dfrac{y}{b}=1$($a$，$b$ 分别为直线的横、纵截距，a、$b\neq 0$)；

(5) 一般式 $Ax+By+C=0$(其中 A、B 不同时为 0)。

102. 两条直线的平行和垂直

(1) 若 l_1：$y=k_1x+b_1$，l_2：$y=k_2x+b_2$

① $l_1/\!/l_2\Leftrightarrow k_1=k_2$，$b_1\neq b_2$；

② $l_1\perp l_2\Leftrightarrow k_1k_2=-1$。

(2) 若 l_1：$A_1x+B_1y+C_1=0$，l_2：$A_2x+B_2y+C_2=0$，且 A_1、A_2、B_1、B_2 都不为零，

① $l_1/\!/l_2\Leftrightarrow \dfrac{A_1}{A_2}=\dfrac{B_1}{B_2}\neq\dfrac{C_1}{C_2}$；

② $l_1\perp l_2\Leftrightarrow A_1A_2+B_1B_2=0$。

103. 夹角公式

(1) $\tan\alpha=\left|\dfrac{k_2-k_1}{1+k_2k_1}\right|$

(l_1：$y=k_1x+b_1$，l_2：$y=k_2x+b_2$，$k_1k_2\neq -1$)；

(2) $\tan\alpha=\left|\dfrac{A_1B_2-A_2B_1}{A_1A_2+B_1B_2}\right|$

(l_1：$A_1x+B_1y+C_1=0$，l_2：$A_2x+B_2y+C_2=0$，$A_1A_2+B_1B_2\neq 0$)，

直线 $l_1\perp l_2$ 时，直线 l_1 与 l_2 的夹角是 $\dfrac{\pi}{2}$。

104. l_1 到 l_2 的角公式

(1) $\tan\alpha=\dfrac{k_2-k_1}{1+k_2k_1}$

(l_1：$y=k_1x+b_1$，l_2：$y=k_2x+b_2$，$k_1k_2\neq -1$)；

(2) $\tan\alpha=\dfrac{A_1B_2-A_2B_1}{A_1A_2+B_1B_2}$

(l_1：$A_1x+B_1y+C_1=0$，l_2：$A_2x+B_2y+C_2=0$，$A_1A_2+B_1B_2\neq 0$)，

直线 $l_1\perp l_2$ 时，直线 l_1 到 l_2 的角是 $\dfrac{\pi}{2}$。

105. 四种常用直线系方程

(1) 定点直线系方程：经过定点 $P_0(x_0，y_0)$ 的直线系方程为 $y-y_0=k(x-x_0)$(除直线 $x=x_0$)，其中 k 是待定的系数；经过定点 $P_0(x_0，y_0)$ 的直线系方程为 $A(x-x_0)+B(y-y_0)=0$，其中 A，B 是待定的系数。

(2) 共点直线系方程：经过两直线 l_1：$A_1x+B_1y+C_1=0$，l_2：$A_2x+B_2y+C_2=0$ 的交点的直线系方程为 $(A_1x+B_1y+C_1)+\lambda(A_2x+B_2y+C_2)=0$(除 l_2)，其中 λ 是待定的系数。

(3) 平行直线系方程：直线 $y=kx+b$ 中当斜率 k 一定而 b 变动时，表示平行直线系

方程。与直线 $Ax+By+C=0$ 平行的直线系方程是 $Ax+By+\lambda=0(\lambda\neq0)$，$\lambda$ 是参变量。

（4）垂直直线系方程：与直线 $Ax+By+C=0$（$A\neq0$，$B\neq0$）垂直的直线系方程是 $Bx-Ay+\lambda=0$，λ 是参变量。

106．点到直线的距离

$$d=\frac{|Ax_0+By_0+C|}{\sqrt{A^2+B^2}}(\text{点}\ P(x_0,\ y_0)，\text{直线}\ l：Ax+By+C=0)。$$

107．$Ax+By+C>0$ 或 <0 所表示的平面区域

设直线 l：$Ax+By+C=0$，则 $Ax+By+C>0$ 或 <0 所表示的平面区域是：

若 $B\neq0$，当 B 与 $Ax+By+C$ 同号时，表示直线 l 的上方的区域；当 B 与 $Ax+By+C$ 异号时，表示直线 l 的下方的区域．简言之，同号在上，异号在下；

若 $B=0$，当 A 与 $Ax+By+C$ 同号时，表示直线 l 的右方的区域；当 A 与 $Ax+By+C$ 异号时，表示直线 l 的左方的区域．简言之，同号在右，异号在左。

108．$(A_1x+B_1y+C_1)(A_2x+B_2y+C_2)>0$ 或 <0 所表示的平面区域

设曲线 C：$(A_1x+B_1y+C_1)(A_2x+B_2y+C_2)=0(A_1A_2B_1B_2\neq0)$，则 $(A_1x+B_1y+C_1)(A_2x+B_2y+C_2)>0$ 或 <0 所表示的平面区域是：

$(A_1x+B_1y+C_1)(A_2x+B_2y+C_2)<0$ 所表示的平面区域上下两部分。

109．圆的四种方程

（1）圆的标准方程 $(x-a)^2+(y-b)^2=r^2$；

（2）圆的一般方程 $x^2+y^2+Dx+Ey+F=0(D^2+E^2-4F>0)$；

（3）圆的参数方程 $\begin{cases}x=a+r\cos\theta\\y=b+r\sin\theta\end{cases}$；

（4）圆的直径式方程 $(x-x_1)(x-x_2)+(y-y_1)(y-y_2)=0$（圆的直径的端点是 $A(x_1,\ y_1)$、$B(x_2,\ y_2)$）。

110．圆系方程

（1）过点 $A(x_1,\ y_1)$，$B(x_2,\ y_2)$ 的圆系方程是

$(x-x_1)(x-x_2)+(y-y_1)(y-y_2)+\lambda[(x-x_1)(y_1-y_2)-(y-y_1)(x_1-x_2)]=0$

$\Leftrightarrow(x-x_1)(x-x_2)+(y-y_1)(y-y_2)+\lambda(ax+by+c)=0$，其中 $ax+by+c=0$ 是直线 AB 的方程，λ 是待定的系数；

（2）过直线 l：$Ax+By+C=0$ 与圆 C：$x^2+y^2+Dx+Ey+F=0$ 的交点的圆系方程是 $x^2+y^2+Dx+Ey+F+\lambda(Ax+By+C)=0$，$\lambda$ 是待定的系数；

（3）过圆 C_1：$x^2+y^2+D_1x+E_1y+F_1=0$ 与圆 C_2：$x^2+y^2+D_2x+E_2y+F_2=0$ 的交点的圆系方程是 $x^2+y^2+D_1x+E_1y+F_1+\lambda(x^2+y^2+D_2x+E_2y+F_2)=0$，$\lambda$ 是待定的系数。

111．点与圆的位置关系

点 $P(x_0,\ y_0)$ 与圆 $(x-a)^2+(y-b)^2=r^2$ 的位置关系有三种

若 $d=\sqrt{(a-x_0)^2+(b-y_0)^2}$，则

$d>r\Leftrightarrow$点 P 在圆外；$d=r\Leftrightarrow$点 P 在圆上；$d<r\Leftrightarrow$点 P 在圆内。

112．直线与圆的位置关系

直线 $Ax+By+C=0$ 与圆 $(x-a)^2+(y-b)^2=r^2$ 的位置关系有三种：

$d>r\Leftrightarrow$相离$\Leftrightarrow\Delta<0$；

$d=r\Leftrightarrow$相切$\Leftrightarrow\Delta=0$；

$d<r\Leftrightarrow$相交$\Leftrightarrow\Delta>0$。

其中$d=\dfrac{|Aa+Bb+C|}{\sqrt{A^2+B^2}}$。

113. 两圆位置关系的判定方法

设两圆圆心分别为O_1，O_2，半径分别为r_1，r_2，$|O_1O_2|=d$

$d>r_1+r_2\Leftrightarrow$外离$\Leftrightarrow 4$条公切线；

$d=r_1+r_2\Leftrightarrow$外切$\Leftrightarrow 3$条公切线；

$|r_1-r_2|<d<r_1+r_2\Leftrightarrow$相交$\Leftrightarrow 2$条公切线；

$d=|r_1-r_2|\Leftrightarrow$内切$\Leftrightarrow 1$条公切线；

$0<d<|r_1-r_2|\Leftrightarrow$内含$\Leftrightarrow$无公切线。

114. 圆的切线方程

(1) 已知圆$x^2+y^2+Dx+Ey+F=0$

① 若已知切点$(x_0，y_0)$在圆上，则切线只有一条，其方程是

$x_0x+y_0y+\dfrac{D(x_0+x)}{2}+\dfrac{E(y_0+y)}{2}+F=0$；

当$(x_0，y_0)$在圆外时，$x_0x+y_0y+\dfrac{D(x_0+x)}{2}+\dfrac{E(y_0+y)}{2}+F=0$ 表示过两个切点的切点弦方程；

② 过圆外一点的切线方程可设为$y-y_0=k(x-x_0)$，再利用相切条件求k，这时必有两条切线，注意不要漏掉平行于y轴的切线；

③ 斜率为k的切线方程可设为$y=kx+b$，再利用相切条件求b，必有两条切线。

(2) 已知圆$x^2+y^2=r^2$

① 过圆上的$P_0(x_0，y_0)$点的切线方程为$x_0x+y_0y=r^2$；

② 斜率为k的圆的切线方程为$y=kx\pm r\sqrt{1+k^2}$。

115. 椭圆$\dfrac{x^2}{a^2}+\dfrac{y^2}{b^2}=1(a>b>0)$的参数方程是$\begin{cases}x=a\cos\theta\\y=b\sin\theta\end{cases}$。

116. 椭圆$\dfrac{x^2}{a^2}+\dfrac{y^2}{b^2}=1(a>b>0)$焦半径公式

$|PF_1|=e\left(x+\dfrac{a^2}{c}\right)$，$|PF_2|=e\left(\dfrac{a^2}{c}-x\right)$。

117. 椭圆的内外部

(1) 点$P(x_0，y_0)$在椭圆$\dfrac{x^2}{a^2}+\dfrac{y^2}{b^2}=1(a>b>0)$的内部$\Leftrightarrow\dfrac{x_0^2}{a^2}+\dfrac{y_0^2}{b^2}<1$；

(2) 点$P(x_0，y_0)$在椭圆$\dfrac{x^2}{a^2}+\dfrac{y^2}{b^2}=1(a>b>0)$的外部$\Leftrightarrow\dfrac{x_0^2}{a^2}+\dfrac{y_0^2}{b^2}>1$。

118. 椭圆切线方程

(1) 椭圆$\dfrac{x^2}{a^2}+\dfrac{y^2}{b^2}=1(a>b>0)$上一点$P(x_0，y_0)$处的切线方程是$\dfrac{x_0x}{a^2}+\dfrac{y_0y}{b^2}=1$；

(2) 过椭圆$\dfrac{x^2}{a^2}+\dfrac{y^2}{b^2}=1(a>b>0)$外一点$P(x_0，y_0)$所引两条切线的切点弦方程是$\dfrac{x_0x}{a^2}+$

$\dfrac{y_0 y}{b^2}=1$；

（3）椭圆$\dfrac{x^2}{a^2}+\dfrac{y^2}{b^2}=1(a>b>0)$与直线$Ax+By+C=0$相切的条件是$A^2a^2+B^2b^2=c^2$。

119. 双曲线$\dfrac{x^2}{a^2}-\dfrac{y^2}{b^2}=1(a>0,\ b>0)$的焦半径公式

$$|PF_1|=\left|e\left(x+\dfrac{a^2}{c}\right)\right|,\quad |PF_2|=\left|e\left(\dfrac{a^2}{c}-x\right)\right|。$$

120. 双曲线的内外部

（1）点$P(x_0,\ y_0)$在双曲线$\dfrac{x^2}{a^2}-\dfrac{y^2}{b^2}=1(a>0,\ b>0)$的内部$\Leftrightarrow\dfrac{x_0^2}{a^2}-\dfrac{y_0^2}{b^2}>1$；

（2）点$P(x_0,\ y_0)$在双曲线$\dfrac{x^2}{a^2}-\dfrac{y^2}{b^2}=1(a>0,\ b>0)$的外部$\Leftrightarrow\dfrac{x_0^2}{a^2}-\dfrac{y_0^2}{b^2}<1$。

121. 双曲线的方程与渐近线方程的关系

（1）若双曲线方程为$\dfrac{x^2}{a^2}-\dfrac{y^2}{b^2}=1\Rightarrow$渐近线方程：$\dfrac{x^2}{a^2}-\dfrac{y^2}{b^2}=0\Leftrightarrow y=\pm\dfrac{b}{a}x$；

（2）若渐近线方程为$y=\pm\dfrac{b}{a}x\Leftrightarrow\dfrac{x}{a}\pm\dfrac{y}{b}=0\Rightarrow$双曲线可设为$\dfrac{x^2}{a^2}-\dfrac{y^2}{b^2}=\lambda$；

（3）若双曲线与$\dfrac{x^2}{a^2}-\dfrac{y^2}{b^2}=1$有公共渐近线，可设为$\dfrac{x^2}{a^2}-\dfrac{y^2}{b^2}=\lambda(\lambda>0$，焦点在$x$轴上，$\lambda<0$，焦点在$y$轴上）。

122. 双曲线的切线方程

（1）双曲线$\dfrac{x^2}{a^2}-\dfrac{y^2}{b^2}=1(a>0,\ b>0)$上一点$P(x_0,\ y_0)$处的切线方程是$\dfrac{x_0 x}{a^2}-\dfrac{y_0 y}{b^2}=1$；

（2）过双曲线$\dfrac{x^2}{a^2}-\dfrac{y^2}{b^2}=1(a>0,\ b>0)$外一点$P(x_0,\ y_0)$所引两条切线的切点弦方程是$\dfrac{x_0 x}{a^2}-\dfrac{y_0 y}{b^2}=1$；

（3）双曲线$\dfrac{x^2}{a^2}-\dfrac{y^2}{b^2}=1(a>0,\ b>0)$与直线$Ax+By+C=0$相切的条件是$A^2a^2-B^2b^2=c^2$。

123. 抛物线$y^2=2px$的焦半径公式

抛物线$y^2=2px(p>0)$焦半径$|CF|=x_0+\dfrac{p}{2}$；

过焦点弦长$|CD|=x_1+\dfrac{p}{2}+x_2+\dfrac{p}{2}=x_1+x_2+p$。

124. 抛物线$y^2=2px$上的动点可设为$P\left(\dfrac{y_0^2}{2p},\ y_0\right)$或$P(2pt^2,\ 2pt)$或$P(x_0,\ y_0)$，其中$y_0^2=2px_0$。

125. 二次函数$y=ax^2+bx+c=a\left(x+\dfrac{b}{2a}\right)^2+\dfrac{4ac-b^2}{4a}(a\neq0)$的图象是抛物线：（1）顶点坐标为$\left(-\dfrac{b}{2a},\ \dfrac{4ac-b^2}{4a}\right)$；（2）焦点的坐标为$\left(-\dfrac{b}{2a},\ \dfrac{4ac-b^2+1}{4a}\right)$；（3）准线方程是$y=\dfrac{4ac-b^2-1}{4a}$。

126. 抛物线的内外部

(1) 点 $P(x_0, y_0)$ 在抛物线 $y^2 = 2px(p>0)$ 的内部 $\Leftrightarrow y^2 < 2px(p>0)$，
点 $P(x_0, y_0)$ 在抛物线 $y^2 = 2px(p>0)$ 的外部 $\Leftrightarrow y^2 > 2px(p>0)$；

(2) 点 $P(x_0, y_0)$ 在抛物线 $y^2 = -2px(p>0)$ 的内部 $\Leftrightarrow y^2 < -2px(p>0)$，
点 $P(x_0, y_0)$ 在抛物线 $y^2 = -2px(p>0)$ 的外部 $\Leftrightarrow y^2 > -2px(p>0)$；

(3) 点 $P(x_0, y_0)$ 在抛物线 $x^2 = 2py(p>0)$ 的内部 $\Leftrightarrow x^2 < 2py(p>0)$，
点 $P(x_0, y_0)$ 在抛物线 $x^2 = 2py(p>0)$ 的外部 $\Leftrightarrow x^2 > 2py(p>0)$；

(4) 点 $P(x_0, y_0)$ 在抛物线 $x^2 = -2py(p>0)$ 的内部 $\Leftrightarrow x^2 < 2py(p>0)$，
点 $P(x_0, y_0)$ 在抛物线 $x^2 = -2py(p>0)$ 的外部 $\Leftrightarrow x^2 > 2py(p>0)$。

127. 抛物线的切线方程

(1) 抛物线 $y^2 = 2px$ 上一点 $P(x_0, y_0)$ 处的切线方程是 $y_0 y = p(x + x_0)$；

(2) 过抛物线 $y^2 = 2px$ 外一点 $P(x_0, y_0)$ 所引两条切线的切点弦方程是 $y_0 y = p(x + x_0)$；

(3) 抛物线 $y^2 = 2px(p>0)$ 与直线 $Ax + By + C = 0$ 相切的条件是 $pB^2 = 2AC$。

128. 两个常见的曲线系方程

(1) 过曲线 $f_1(x, y) = 0$，$f_2(x, y) = 0$ 的交点的曲线系方程是
$f_1(x, y) + \lambda f_2(x, y) = 0$($\lambda$ 为参数)；

(2) 共焦点的有心圆锥曲线系方程 $\dfrac{x^2}{a^2 - k} + \dfrac{y^2}{b^2 - k} = 1$，其中 $k < \max\{a^2, b^2\}$。当 $k > \min\{a^2, b^2\}$ 时，表示椭圆；当 $\min\{a^2, b^2\} < k < \max\{a^2, b^2\}$ 时，表示双曲线。

129. 直线与圆锥曲线相交的弦长公式 $|AB| = \sqrt{(x_1 - x_2)^2 + (y_1 - y_2)^2}$ 或 $|AB| = \sqrt{(1 + k^2)(x_2 - x_1)^2} = |x_1 - x_2|\sqrt{1 + \tan^2 \alpha} = |y_1 - y_2|\sqrt{1 + \cot^2 \alpha}$(弦端点 A$(x_1, y_1)$，B$(x_2, y_2)$，由方程 $\begin{cases} y = kx + b \\ F(x, y) = 0 \end{cases}$ 消去 y 得到 $ax^2 + bx + c = 0$，$\Delta > 0$，α 为直线 AB 的倾斜角，k 为直线的斜率)。

130. 圆锥曲线的两类对称问题

(1) 曲线 $F(x, y) = 0$ 关于点 $P(x_0, y_0)$ 成中心对称的曲线是 $F(2x_0 - x, 2y_0 - y) = 0$。

(2) 曲线 $F(x, y) = 0$ 关于直线 $Ax + By + C = 0$ 成轴对称的曲线是
$F\left(x - \dfrac{2A(Ax + By + C)}{A^2 + B^2}, \ y - \dfrac{2B(Ax + By + C)}{A^2 + B^2}\right) = 0$。

131. "四线"一方程

对于一般的二次曲线 $Ax^2 + Bxy + Cy^2 + Dx + Ey + F = 0$，用 $x_0 x$ 代 x^2，用 $y_0 y$ 代 y^2，用 $\dfrac{x_0 y + x y_0}{2}$ 代 xy，用 $\dfrac{x_0 + x}{2}$ 代 x，用 $\dfrac{y_0 + y}{2}$ 代 y 即得方程

$Ax_0 x + B \cdot \dfrac{x_0 y + x y_0}{2} + Cy_0 y + D \cdot \dfrac{x_0 + x}{2} + E \cdot \dfrac{y_0 + y}{2} + F = 0$，曲线的切线，切点弦，中点弦，弦中点方程均由此方程得到。

主 要 参 考 文 献

[1] 阎章杭，许鹊君，郭建萍. 高等数学. 北京：化学工业出版社，2007.

[2] 李天然. 高等数学. 北京：高等教育出版社，2008.

[3] 张志通. MATLAB 教程. 北京：北京航空航天大学出版社，2006.

[4] 王金玲. 土木工程测量. 武汉：武汉大学出版社，2008.

[5] 吴大炜. 结构力学. 北京：化学工业出版社，2005.

[6] 王富彬. 高等数学基础. 哈尔滨：黑龙江教育出版社，2007.

[7] 盛祥耀. 高等数学. 北京：高等教育出版社，1992.

[8] 王波. 经济数学基础辅导教程. 北京：清华大学出版社，2008.